高等学校数据结构课程系列教材

数据结构教程(第4版)学习指导

李春葆　主编

尹为民　蒋晶珏　喻丹丹　安　杨　编著

清华大学出版社

北　京

内 容 简 介

本书是与《数据结构教程》(第 4 版)(李春葆等编著,清华大学出版社出版)配套的学习辅导书。两书章次一一对应,内容包括绪论、线性表、栈和队列、串、递归、数组和广义表、树形结构、图、查找、内排序、外排序和文件。各章中除给出本章练习题的参考答案外,还总结了本章的知识体系结构,并补充了大量的练习题并予以解析。附录中给出了几份近年来本科生、研究生数据结构考试试题及参考答案。书中列出了全部的练习题,因此自成一体,可以脱离主教材单独使用。

本书适合高等院校计算机及相关专业本科生及研究生使用。

图书在版编目(CIP)数据

数据结构教程(第 4 版)学习指导/李春葆主编. —北京: 清华大学出版社,2013.1 (2016.1 重印)
高等学校数据结构课程系列教材
ISBN 978-7-302-25706-6

Ⅰ. ①数… Ⅱ. ①李… Ⅲ. ①数据结构—高等学校—习题集 Ⅳ. ①TP311.12-44

中国版本图书馆 CIP 数据核字(2011)第 106110 号

责任编辑: 魏江江 薛 阳
封面设计: 杨 兮
责任校对: 焦丽丽
责任印制: 宋 林

出版发行: 清华大学出版社
网 址: http://www.tup.com.cn, http://www.wqbook.com
地 址: 北京清华大学学研大厦 A 座　　邮 编: 100084
社 总 机: 010-62770175　　邮 购: 010-62786544
投稿与读者服务: 010-62776969, c-service@tup.tsinghua.edu.cn
质 量 反 馈: 010-62772015, zhiliang@tup.tsinghua.edu.cn
课 件 下 载: http://www.tup.com.cn, 010-62795954
印 装 者: 北京鑫海金澳胶印有限公司
经 销: 全国新华书店
开 本: 185mm×260mm　　**印 张:** 18　　**字 数:** 440 千字
版 次: 2013 年 1 月第 1 版　　**印 次:** 2016 年 1 月第 4 次印刷
印 数: 9001~11000
定 价: 29.00 元

产品编号: 041578-01

FOREWORD

前言

本书是《数据结构教程》(第4版,清华大学出版社,以下简称为《教程》)的配套学习辅导书。全书分为12章,第1章为绪论;第2章为线性表;第3章为栈和队列;第4章为串;第5章为递归;第6章为数组和广义表;第7章为树形结构;第8章为图;第9章为查找;第10章为内排序;第11章为外排序;第12章为文件。各章次与《教程》的章次相对应。另有4个附录,附录A给出了4份近年来本科生数据结构期末考试试题及参考答案,附录B给出了三份近年来计算机专业数据结构考研试题参考答案,附录C给出了2009年全国联考数据结构部分的试题参考答案,附录D给出了2010年全国联考数据结构部分的试题参考答案。附录E给出了2011年全国联考数据结构部分的试题参考答案。

每章包括如下内容:

- 本章知识体系结构:高度概括本章知识要点及其联系。
- 教材中练习题及参考答案:给出了《教程》中对应章次练习题的参考答案。
- 补充练习题及参考答案:列出了大量相关的练习题,并按单项选择题、填空题、判断题、简答题和算法分析题或算法设计题分类,同时给出了这些题目的参考答案。其中许多题目是多年来全国各高校计算机专业的数据结构考研试题。

书中列出了全部的练习题题目,因此自成一体,可以脱离《教程》单独使用。

由于水平所限,尽管编者不遗余力,仍可能存在错误和不足之处,敬请教师和同学们批评指正。

编　者

CONTENTS

目录

CHAPTER 1

绪　　论　第1章

基本知识点：数据结构和算法的概念。

重点：数据结构的逻辑结构、存储结构、数据运算三方面的概念及相互关系；算法时间复杂度分析。

难点：分析算法的时间复杂度。

1.1　本章知识体系结构

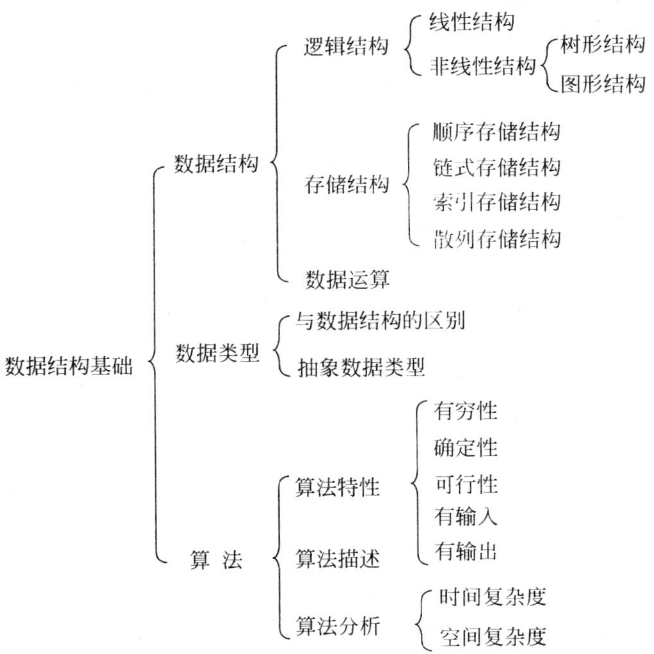

1.2 教材中练习题及参考答案

1.1 简述数据与数据元素的关系与区别。

答:凡是能被计算机存储、加工的对象统称为数据,数据是一个集合。数据元素是数据的基本单位,是数据的个体。数据元素与数据之间的关系是元素与集合之间的关系。

1.2 数据结构和数据类型有什么区别?

答:数据结构是相互之间存在一种或多种特定关系的数据元素的集合,一般包括三个方面的内容,即数据的逻辑结构、存储结构和数据的运算。而数据类型是一个值的集合和定义在这个集合上的一组运算的总称,如 C 语言中的 int 数据类型是由 $-32768 \sim 32767$(16 位机)的整数和+、-、*、/、%等运算符构成。

1.3 设 3 个表示算法频度的函数 f(n)、g(n)和 h(n)分别为:

$$f(n)=100n^3+n^2+1000$$

$$g(n)=25n^3+5000n^2$$

$$h(n)=n^{1.5}+5000n\log_2 n$$

求它们对应的时间复杂度。

答:$f(n)=100n^3+n^2+1000=O(n^3)$,$g(n)=25n^3+5000n^2=O(n^3)$

当 $n\to\infty$ 时,$\sqrt{n}>\log_2 n$,所以 $h(n)=n^{1.5}+5000n\log_2 n=O(n^{1.5})$。

1.4 用 C/C++语言描述下列算法,并给出算法的时间复杂度。

(1) 求一个 n 阶方阵的所有元素之和。

(2) 对于输入的任意三个整数,将它们按从小到大的顺序输出。

(3) 对于输入的任意 n 个整数,输出其中的最大和最小元素。

答:(1) 算法如下:

```
int sum(int A[n][n],int n)
{   int i,j,s = 0;
    for (i = 0;i < n;i ++ )
        for (j = 0;j < n;j ++ )
            s = s + A[i][j];
    return(s);
}
```

本算法的时间复杂度为 $O(n^2)$。

(2) 算法如下:

```
void order(int a,int b,int c)
{   if (a > b)
    {   if (b > c)
            printf(" %d, %d, %d\n",c,b,a);
        else if (a > c)
            printf(" %d, %d, %d\n",b,c,a);
        else
            printf(" %d, %d, %d\n",b,a,c);
    }
    else
```

```
    {   if (b>c)
        {  if (a>c)
              printf("%d, %d, %d\n",c,a,b);
         else
              printf("%d, %d, %d\n",a,c,b);
        }
        else printf("%d, %d, %d\n",a,b,c);
    }
}
```

本算法的时间复杂度为 O(1)。

(3) 算法如下：

```
void maxmin(int A[],int n,int &max,int &min)
{   int i;
    min=min=A[0];
    for (i=1;i<n;i++)
    {  if (A[i]>max)   max=A[i];
       if (A[i]<min)   min=A[i];
    }
}
```

本算法的时间复杂度为 O(n)。

1.5　设 n 为正整数,给出下列各种算法关于 n 的时间复杂度。

(1)

```
void fun1(int n)
{   i=1,k=100;
    while (i<n)
    {   k=k+1;
        i+=2;
    }
}
```

(2)

```
void fun2(int b[],int n)
{   int i,j,k,x;
    for (i=0;i<n-1;i++)
    {   k=i;
        for (j=i+1;j<n;j++)
           if (b[k]>b[j]) k=j;
        x=b[i];b[i]=b[k];b[k]=x;
    }
}
```

(3)

```
void fun3(int n)
{   int i=0,s=0;
    while (s<n)
    {   i++;
```

```
        s = s + i;
    }
}
```

答：(1) 设 while 循环语句执行次数为 T(n)，则：

$i=2T(n)+1\leqslant n-1$，即 $T(n)\leqslant\frac{n}{2}-1=O(n)$。

(2) 算法中的基本运算语句是 if (b[k]>b[j]) k=j，其执行次数 T(n)为：

$$T(n)=\sum_{i=0}^{n-2}\sum_{j=i+1}^{n-1}1=\sum_{i=0}^{n-2}(n-i-1)=\frac{n(n-1)}{2}=O(n^2)$$

(3) 设 while 循环语句执行次数为 T(n)，则：

$s=1+2+\cdots+T(n)=\frac{T(n)(T(n)+1)}{2}\leqslant n-1$，则 $T(n)=O(\sqrt{n})$。

1.6　有以下递归算法用于对数组 a[i..j]的元素进行归并排序：

```
void mergesort(int a[],int i,int j)
{   int m;
    if (i!= j)
    {   m = (i + j)/2;
        mergesort(a,i,m);
        mergesort(a,m + 1,j);
        merge(a,i,j,m);
    }
}
```

求 mergesort(a,0,n−1)的时间复杂度。其中，merge(a,i,j,m)用于两个有序子序列 a[i..m]和 a[m+1..j]的合并，是非递归函数，它的时间复杂度为 O(合并的元素个数)。

答：设 mergesort(a,0,n−1)的执行次数为 T(n)，分析得到以下递归关系：

$$T(n)=\begin{cases}O(1) & n=1\\ 2T\left(\frac{n}{2}\right)+O(n) & n>1\end{cases}$$

O(n)为 merge()所需的时间，设为 cn(c 为常量)。因此：

$$\begin{aligned}T(n)&=2T\left(\frac{n}{2}\right)+cn=2\left(2T\left(\frac{n}{2^2}\right)+\left(\frac{cn}{2}\right)\right)+cn=2^2T\left(\frac{n}{2^2}\right)+2cn=2^3T\left(\frac{n}{2^3}\right)+3cn\\ &\vdots\\ &=2^kT\left(\frac{n}{2^k}\right)+kcn=2^kO(1)+kcn\end{aligned}$$

由于$\frac{n}{2^k}$趋近于 1，则 $k=\log_2 n$。

所以 $T(n)=2^{\log_2 n}O(1)+cn\log_2 n=n+cn\log_2 n=O(n\log_2 n)$。

1.3　补充练习题及参考答案

1.3.1　单项选择题

1. 数据结构是一门研究程序设计中数据的__①__以及它们之间的__②__和运算等的学科。

① A. 元素　　B. 计算方法　　C. 逻辑存储　　D. 映像

② A. 结构　　B. 关系　　C. 运算　　D. 算法

答：① A ② B。

2. 在数据结构中，从逻辑上可以把数据结构分为________两类。

A. 动态结构和静态结构　　B. 紧凑结构和非紧凑结构

C. 线性结构和非线性结构　　D. 内部结构和外部结构

答：C。

3. 数据的逻辑结构是________关系的整体。

A. 数据元素之间逻辑　　B. 数据项之间逻辑

C. 数据类型之间　　D. 存储结构之间

答：A。

4. 在计算机的存储器中表示数据时，物理地址和逻辑地址的相对位置相同并且是连续的，称之为________。

A. 逻辑结构　　B. 顺序存储结构

C. 链式存储结构　　D. 以上都对

答：B。

5. 在链式存储结构中，通常一个存储节点用于存储一个________。

A. 数据项　　B. 数据元素　　C. 数据结构　　D. 数据类型

答：B。

6. 数据运算的执行________。

A. 效率与采用何种存储结构有关　　B. 是根据存储结构来定义的

C. 有算术运算和关系运算两大类　　D. 必须用程序设计语言来描述

答：A。

7. 数据结构在计算机内存中的表示是指________。

A. 数据的存储结构　　B. 数据结构

C. 数据的逻辑结构　　D. 数据元素之间的关系

答：A。

8. 在数据结构中，与所使用的计算机无关的是________。

A. 逻辑结构　　B. 存储结构

C. 逻辑结构和存储结构　　D. 物理结构

答：A。

9. 数据采用链式存储结构存储，要求________。

A. 每个节点占用一片连续的存储区域

B. 所有节点占用一片连续的存储区域

C. 节点的最后一个数据域是指针类型

D. 每个节点有多少个后继，就设多少个指针域

答：A。

10. 下列说法中，不正确的是________。

A. 数据元素是数据的基本单位

B. 数据项是数据中不可分割的最小可标识单位

C. 数据可由若干个数据元素构成

D. 数据项可由若干个数据元素构成

答:数据元素可由若干个数据项构成。本题答案为D。

11. 以下________不是算法的基本特性。

A. 可行性　　B. 长度有限

C. 在确定的时间内完成　　D. 确定性

答:选项C指的是有穷性,属算法的基本特性。本题答案为B。

12. 在计算机中算法指的是解决某一问题的有限运算序列,它必须具备输入、输出、________。

A. 可行性、可移植性和可扩充性　　B. 可行性、有穷性和确定性

C. 确定性、有穷性和稳定性　　D. 易读性、稳定性和确定性

答:B。

13. 下面关于算法的说法正确的是________。

A. 算法最终必须由计算机程序实现

B. 一个算法所花时间等于该算法中每条语句的执行时间之和

C. 算法的可行性是指指令不能有二义性

D. 以上说法都是错误的

答:算法最终不一定由计算机程序实现,算法的确定性是指不能有二义性。本题答案为B。

14. 算法的时间复杂度与________有关。

A. 问题规模　　B. 计算机硬件性能

C. 编译程序质量　　D. 程序设计语言

答:A。

15. 算法分析的主要任务之一是分析________。

A. 算法是否具有较好的可读性　　B. 算法中是否存在语法错误

C. 算法的功能是否符合设计要求　　D. 算法的执行时间和问题规模之间的关系

答:D。

16. 算法分析的目的是________。

A. 找出数据结构的合理性　　B. 研究算法中输入和输出关系

C. 分析算法的效率以求改进　　D. 分析算法的易读性和文档性

答:算法分析即算法效率分析,包括时间复杂度和空间复杂度分析,其目的是为了改进算法效率。本题答案为C。

17. 某算法的时间复杂度为$O(n^2)$,表明该算法的________。

A. 问题规模是n^2　　B. 执行时间等于n^2

C. 执行时间与n^2成正比　　D. 问题规模与n^2成正比

答:C。

1.3.2　填空题

1. 数据的逻辑结构是指________。

答：数据元素之间的逻辑关系。

2. 一个数据结构在计算机中的________称为存储结构。

答：映像。

3. 顺序存储方法是把逻辑上__①__存储在物理位置上__②__里；链式存储方法中节点间的逻辑关系是由__③__的。

答：① 相邻的节点　② 相邻的存储单元　③ 附加的指针字段表示。

4. 一个算法具有 5 个特性：________、________、________、输入和输出。

答：可行性、有穷性、确定性

5. 算法的执行时间是________的函数。

答：问题规模。

6. 以下为各算法所有语句频度之和的表达式，其中时间复杂度相同的是________。

A. $T_A(n)=2n^3+3n^2+1000$　　B. $T_B(n)=n^3-n^2\log_2 n-1000$

C. $T_C(n)=n^2\log_2 n+n^2$　　D. $T_D(n)=n^2+1000$

答：$T_A(n)=O(n^3)$，$T_B(n)=O(n^3)$，$T_C(n)=O(n^2\log_2 n)$，$T_D(n)=O(n^2)$，所以，时间复杂度相同的是 A 和 B。

1.3.3　判断题

1. 判断以下叙述的正确性。

(1) 数据元素是数据的最小单位。

(2) 数据对象就是一组数据元素的集合。

(3) 任何数据结构都具备三个基本运算：插入、删除和查找。

(4) 数据对象是由有限个类型相同的数据元素构成的。

(5) 数据的逻辑结构与各数据元素在计算机中如何存储有关。

(6) 如果数据元素值发生改变，则数据的逻辑结构也随之改变。

(7) 逻辑结构相同的数据，可以采用多种不同的存储方法。

(8) 逻辑结构不相同的数据，必须采用不同的存储方法来存储。

(9) 数据的逻辑结构是指数据元素的各数据项之间的逻辑关系。

答：

(1) 数据项是数据的最小单位。错误。

(2) 这里未强调数据元素的性质相同。错误。

(3) 如队列和栈等数据结构并不具备查找运算。错误。

(4) 正确。

(5) 错误。

(6) 错误。

(7) 正确。

(8) 错误。

(9) 数据的逻辑结构是指数据的各数据元素之间的逻辑关系。错误。

2. 判断以下叙述的正确性。

(1) 顺序存储方式只能用于存储线性结构。

(2) 数据元素是数据的最小单位。

(3) 算法可以用不同的语言描述,如果用C语言或Pascal语言等高级语言来描述,则算法就等同于程序。

(4) 数据结构是带有结构的数据元素的集合。

(5) 数据的逻辑结构是指各数据元素之间的逻辑关系。

(6) 数据结构、数据元素、数据项在计算机中的映像(或表示)分别称为存储结构、节点和数据域。

(7) 数据的物理结构是指数据在计算机内的实际的存储形式。

答:

(1) 错误。顺序存储方式也可用来存储树形结构,如完全二叉树可用一维数组存储。

(2) 错误。数据元素是数据的基本单位,数据元素可以由数据项组成。

(3) 错误。算法用各种计算机语言描述则表现为一个程序逻辑但并不等于程序,因为程序逻辑不一定满足有穷性。

(4) 正确。

(5) 正确。

(6) 正确。

(7) 正确。

1.3.4 简答题

1. 数据运算是数据结构的一个重要方面。试举一例说明两个数据结构的逻辑结构和存储方式完全相同,只是对于运算的定义不同,因而两个结构具有显著不同的特性,是两个不同的数据结构。

答: 在数据结构中这类例子较多,如线性表和栈等。下面以二叉树和二叉排序树进行说明。

二叉树的定义为:二叉树是由有限的节点构成的,或者是空,或者由一个根节点和两棵互不相交的称为左子树和右子树的二叉树组成。

二叉排序树的定义为:二叉排序树或者是空树,或者是满足如下性质的二叉树:

(1) 若它的左子树非空,则左子树上所有记录的值均小于根记录的值。

(2) 若它的右子树非空,则右子树上所有记录的值均大于根记录的值。

(3) 左、右子树本身又各是一棵二叉排序树。

两者在逻辑结构和存储方式完全相同,因为二叉排序树完全可以采用二叉树的逻辑表示和存储方式。两者的运算有建立树和查找节点等。对于二叉树和二叉排序树,这些运算的定义是不同的,以查找节点为例,二叉树的时间复杂度为O(n),而二叉排序树的时间复杂度为O(h),h为二叉排序树的高度。

二叉树和二叉排序树是两个不同的数据结构。前者通常用于表示层次关系,后者通常用于排序和查找。

2. 当为解决某一问题而选择数据的存储结构时，应从哪些方面考虑？

答：通常从两方面考虑：算法所需的存储空间量和算法所需的执行时间。

3. 按增长率由小至大的顺序排列下列各函数：

$$2^{100},(2/3)^n,(3/2)^n,n^n,n!,2^n,\log_2 n,n^{\log 2n},n^{3/2},\sqrt{n}$$

答：按增长率由小至大的顺序可排列如下：

$$(2/3)^n<2^{100}<\log_2 n<\sqrt{n}<n^{3/2}<n^{\log 2n}<(3/2)^n<2^n<n!<n^n$$

1.3.5 算法设计及算法分析题

1. 分析以下算法的时间复杂度。

```
void fun(int n)
{   int y = 0;
    while (y * y <= n)
        y++;
}
```

答：设 while 语句的执行频度为 T(n)，每循环一次 y 增大 1，即 y=T(n)，有：

$T(n)\times T(n)\leqslant n$ 即 $T(n)^2\leqslant n$

$T(n)\leqslant\sqrt{n}=O(\sqrt{n})$

2. 分析以下算法的时间复杂度。

```
void fun(int n)
{   int i,x = 0;
    for (i = 1;i < n;i++)
        for (j = i + 1;j <= n;j++)
            x++;
}
```

答：设 x++语句执行次数为 T(n)，则：

$$T(n)=\sum_{i=1}^{n-1}\sum_{j=i+1}^{n}1=\sum_{i=1}^{n-1}(n-i)=n(n-1)/2=O(n^2)$$

该算法的时间复杂度为 $O(n^2)$。

3. 分析以下算法的时间复杂度。

```
void fun(int n)
{   int s = 0,i,j,k;
    for (i = 0;i <= n;i++)
        for (j = 0;j <= i;j++)
            for (k = 0;k < j;k++)
                s++;
}
```

答：该算法的基本运算是语句 s++，其频度：

$$T(n)=\sum_{i=0}^{n}\sum_{j=0}^{i}\sum_{k=0}^{j-1}1=\sum_{i=0}^{n}\sum_{j=0}^{i}(j-1-0+1)=\sum_{i=0}^{n}\sum_{j=0}^{i}j$$

$$= \sum_{i=0}^{n}\frac{i(i+1)}{2} = \frac{1}{2}\left(\sum_{i=0}^{n}i^2 + \sum_{i=0}^{n}i\right) = \frac{1}{2}\left(\frac{n(n+1)(2n+1)}{6} + \frac{n(n+1)}{2}\right)$$

$$= \frac{2n^3 + 6n^2 + 4n}{12} = O(n^3)$$

则该算法的时间复杂度为 $O(n^3)$。

4. 设 n 是偶数,试计算运行下列算法后 m 的值并给出其时间复杂度。

```
void fun(int n)
{   int m = 0,i,j;
    for (i = 1;i <= n;i ++ )
        for (j = 2 * i;j <= n;j ++ )
            m ++ ;
}
```

答:算法的基本运算为 m++,由于内循环从 2i 至 n,即 i 的最大值满足:$2i \leqslant n, i \leqslant n/2$,所以该语句的频度:

$$T(n) = \sum_{i=1}^{n/2}\sum_{j=2i}^{n}1 = \sum_{i=1}^{n/2}(n-2i+1) = n * \frac{n}{2} - 2\sum_{i=1}^{n/2}i + \frac{n}{2} = \frac{n^2}{4} = O(n^2)$$

该算法的时间复杂度为 $O(n^2)$。

5. 设 n 为正整数,分析以下算法中各语句的频度。

```
void fun(int n)
{   int i,j,k;
    for (i = 0;i < n;i ++ )                               //语句①
        for (j = 0;j < n;j ++ )                           //语句②
            {   c[i][j] = 0;                              //语句③
                for (k = 0;k < n;k ++ )                   //语句④
                    c[i][j] = c[i][j] + a[i][k] * b[k][j]; //语句⑤
            }
}
```

解:语句①的频度为 n+1(i 从 0 到 n−1,共计 n 次,当 i=n 时还要执行一次 i<n 的比较,故总共 n+1 次);语句②的频度为 $\sum_{i=0}^{n-1}(n+1) = n(n+1)$;语句③的频度为 $\sum_{i=0}^{n-1}\sum_{j=0}^{n-1}1 = n^2$;语句④的频度为 $\sum_{i=0}^{n-1}\sum_{j=0}^{n-1}(n+1) = n^3 + n^2$;语句⑤的频度为 $\sum_{i=0}^{n-1}\sum_{j=0}^{n-1}\sum_{k=0}^{n-1}1 = n^3$。

6. 设 n 为 3 的倍数,分析以下算法的时间复杂度。

```
void fun(int n)
{   int i,j,x,y;
    for (i = 1;i <= n;i ++ )
        if (3 * i <= n)
            for (j = 3 * i;j <= n;j ++ )
            {   x ++ ;
                y = 3 * x + 2;
            }
}
```

解：该算法中的基本运算是“x++”和“y=3*x+2”语句。对于最外层的for循环，其执行频度为n+1，但对于里层的for循环，只在3i≤n即i≤n/3时才执行，故基本运算的执行频度为 $\sum_{i=1}^{n/3}\sum_{j=3i}^{n}1=\sum_{i=1}^{n/3}(n-3i+1)=\frac{n(n-1)}{6}=O(n^2)$。故本算法的时间复杂度为 $O(n^2)$。

7. 分析以下算法的时间复杂度(其中问题规模n=j−i+1)。

```
void fun(ElemType A[], int i, int j, ElemType &max, ElemType &min)
{   int mid;
    ElemType gmax, gmin, hmax, hmin;
    if (i == j)
    {   max = min = A[i];
        return;
    }
    if (i == j - 1)
    {   if (A[i]< A[j])
        {   max = A[j];min = A[i]; }
        else
        {   max = A[i];min = A[j]; }
        return;
    }
    mid = (i + j)/2;
    fun(A, i, mid, gmax, gmin);
    fun(A, mid + 1, j, hmax, hmin);
    max = (gmax > hmax?gmax:hmax);
    min = (gmin < hmin?gmin:hmin);
}
```

解：本算法采用递归方法求一维数组A[i..j]中的最大元素max和最小元素min。本算法的主要时间花在元素比较上，设T(n)表示本算法中的比较次数(设n=j−i+1)，因此有以下递归表达式：

$$T(n)=\begin{cases}0 & n=1\text{(即满足 i==j 条件，没有元素比较)}\\1 & n=2\text{(即满足 i==j−1 条件，有1次元素比较)}\\T\left(\left\lfloor\frac{n}{2}\right\rfloor\right)+T\left(\left\lceil\frac{n}{2}\right\rceil\right)+2 & n>2\text{(2次递归调用，求max和min的2次元素比较)}\end{cases}$$

当n是2的幂时(即存在正整数k，使得 $n=2^k$)有：

$$T(n)=2\times T\left(\frac{n}{2}\right)+2=2\times\left(2*T\left(\frac{n}{4}\right)+2\right)+2=4\times T\left(\frac{n}{4}\right)+4+2=\cdots$$

$$=2^{k-1}\times T(2)+\sum_{i=1}^{k-1}2^i=2^{k-1}+2^k-2=\frac{3}{2}n-2=O(n)$$

故本算法的时间复杂度为O(n)。

8. 编写一个算法以较高的时间效率求一个整数数组中的最大和次大元素。并分析该算法的最好和最坏情况下的比较次数和时间复杂度。

解：对应算法如下：

```
void maxmin(int a[], int n, int &max, int &min)
{   int i;
```

```
    min = (a[0]> a[1])?a[1]:a[0];
    max = (a[0]> a[1])?a[0]:a[1];
    for (i = 2;i < n;i ++ )
        if (a[i]> max) max = a[i];
        else if (a[i]< min) min = a[i];
}
```

显然,for 循环中的 if 语句是算法的基本运算语句。在最好的情况下,for 循环中的 if 条件(a[i]>max)总是满足的,即数组 a 中的元素递增排列,这样不会执行 else 语句部分,则 for 循环中总的比较次数为 n－2 次。

在最坏的情况下,for 循环中的 if 条件(a[i]>max)总不满足,即数组 a 中的元素递减排列,这样就会执行 else 语句部分,则 for 循环中总的比较次数为 2n－4 次;本算法的时间复杂度为 O(n)。

9. 设计一个算法求解 Hanoi 问题:有三根柱子 A、B、C,有 n 个半径不同的中间有孔的圆盘,这 n 个圆盘在柱子 A 上,从上往下半径依次增大。要求把所有圆盘移至目标盘 C 上,可将柱子 B 作为辅助柱,移动圆盘时必须服从以下规则:

(1) 每次只可搬动一个圆盘。

(2) 任何柱子上都不允许大圆盘在小圆盘的上面。

并分析算法的时间复杂度。

解:求解 Hanoi 问题的思路为:当 n=1 时,搬动一次即可;当 n>1 时,分三步进行:

(1) 将 n－1 个圆盘(除最大的圆盘外)从柱子 A 移到柱子 B;

(2) 将最大的圆盘从柱子 A 移动到柱子 C;

(3) 将柱子 B 上的 n－1 个圆盘从柱子 B 移动到柱子 C。

由此得到以下求解算法:

```
void hanoi(int n,char a,char b,char c)
{   if (n == 1)
        printf("move %d disk from %c to %c\n",n,a,c);
    else
    {   hanoi(n-1,a,c,b);
        printf("move %d disk from %c to %c\n",n,a,c);
        hanoi(n-1,b,a,c);
    }
}
```

由上述算法得到时间复杂度的递归关系如下:

$T(n)=1 \qquad n=1$

$T(n)=2T(n-1)+1 \qquad n>1$

所以 $T(n)=2T(n-1)+1$

$=2(2T(n-2)+1)+1=2^2T(n-2)+2^2+1$

$=2^2(2T(n-3)+1)+2^2+1=2^3T(n-3)+2^3+1$

$\vdots$

$=2^{n-1}T(1)+2^{n-1}+1=2^n+1$

$=O(2^n)$

CHAPTER 2

第2章 线性表

基本知识点：线性表的逻辑结构特征；线性表的基本运算；线性表的两种存储结构以及在这两种存储结构下线性表基本运算算法的实现；顺序表与链表的优缺点比较。

重点：掌握线性表的定义和特点，线性表的存储结构，顺序表和链表的组织方法和算法设计。

难点：单链表和双链表上的各种算法设计。

2.1 本章知识体系结构

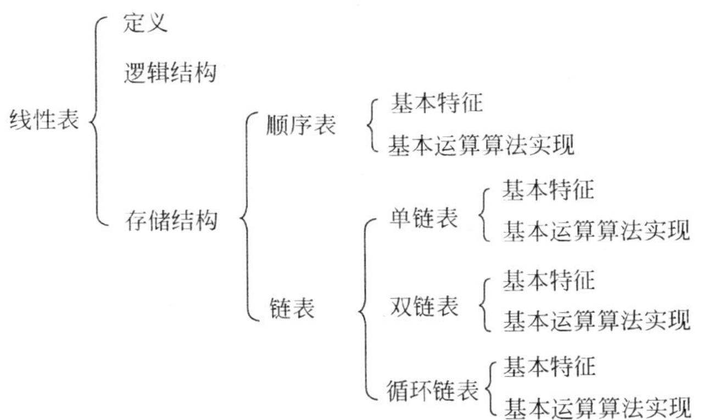

2.2 教材中练习题及参考答案

2.1 叙述线性表两种存储结构各自的主要特点。

答：线性表的两种存储结构分别是顺序存储结构和链式存储结构。顺序存储结构的主要特点如下：

(1) 节点中只有自身的数据域，没有指针域。因此，顺序存储结构的存储密度大、存储空间利用率高。

(2) 可以通过序号直接访问任何数据元素,即可以随机存取。

(3) 插入和删除操作会引起大量元素的移动。

链式存储结构的主要特点如下:

(1) 节点中除自身的数据域,还有表示关联信息的指针域。因此,链式存储结构比顺序存储结构的存储密度小、存储空间利用率较低。

(2) 在逻辑上相邻的节点在物理上不必相邻,因此不可以随机存取,只能顺序存取。

(3) 插入和删除操作方便灵活,不必移动节点,只需修改节点中的指针域即可。

2.2 设计一个算法,将x插入到一个有序(从小到大排序)的线性表(顺序存储结构)的适当位置上,并保持线性表的有序性。

解:通过比较在顺序表L中找到插入x的位置i,将该位置及后面的元素后移一个位置,将x插入到位置i中,最后将L的长度增1。对应的算法如下:

```
void Insert(SqList &L,ElemType x)
{   int i = 0,j;
    while (i < L.length && L.data[i]< x) i ++ ;
    for (j = L.length - 1;j > = i;j -- )
        L.data[j + 1] = L.data[j];
    L.data[i] = x;
    L.length ++ ;
}
```

2.3 假设一个顺序表L中所有元素为整数,设计一个算法调整该顺序表,使其中所有小于零的元素放在所有大于等于零的元素的前面。

解:i、j分别置初值为0和L.length−1,当i<j时循环:i从前向后扫描顺序表L,找大于等于0的元素,j从后向前扫描顺序表L,找小于0的元素,当i<j时将两元素交换。对应的算法如下:

```
void fun(SqList &L)
{   int i = 0,j = L.length - 1;
    ElemType tmp;
    while (i < = j)
    {   while (L.data[i]< 0) i ++ ;
        while (L.data[j]> = 0) j -- ;
        printf("A[ %d]: %d A[ %d]: %d 交换\n",i,j,L.data[i],L.data[j]);
        if (i < j)          //L.data[i]与L.data[j]交换
        {   tmp = L.data[i];
            L.data[i] = L.data[j];
            L.data[j] = tmp;
        }
    }
}
```

2.4 设计一个算法,将一个带头节点的数据域依次为$a_1,a_2,\cdots,a_n(n\geqslant 3)$的单链表的所有节点逆置,即第一个节点的数据域变为$a_n$,…,最后一个节点的数据域为$a_1$。

解:用p指针扫描单链表,将当前节点*p采用头插法插入到新建的单链表中。对应的算法如下：

```
void Reverse(LinkList *&L)
{   LinkList *p = L->next, *q;
    L->next = NULL;
    while (p!= NULL)                    //扫描所有的节点
    {   q = p->next;                    //让 q 指向 *p 节点的下一个节点
        p->next = L->next;              //总是将 *p 节点作为第一个数据节点
        L->next = p;
        p = q;                          //让 p 指向下一个节点
    }
}
```

2.5　设有一个带头节点的单链表 L，节点的结构为(data,next)，data 为整数元素，next 为后继节点的指针。设计一个算法，按递减次序输出该单链表中各节点的数据元素，并释放节点所占的存储空间，并要求算法的空间复杂度为 O(1)。

解：对应的算法如下：

```
void DispList(LinkList *L)              //输出单链表
{   LinkList *p = L->next;              //p 指向开始节点
    while (p!= NULL)                    //p 不为 NULL,输出 *p 节点的 data 域
    {   printf(" %d ",p->data);
        p = p->next;                    //p 移向下一个节点
    }
    printf("\n");
}
void Sort(LinkList *&L)                 //对 L 递减排序
{   LinkList *p = L->next, *q, *pre;
    if (p!= NULL)
    {   p = p->next;                    //p 指向第 2 个数据节点
        L->next->next = NULL;
        while (p!= NULL)
        {   q = p->next;
            pre = L;
            while (pre->next!= NULL && pre->next->data > p->data)
                pre = pre->next;
            p->next = pre->next;        //在 *pre 之后插入 *p 节点
            pre->next = p;
            p = q;
        }
    }
}
void Release(LinkList *&L)              //释放单链表 L
{   LinkList *p = L->next, *pre = L;
    while (p!= NULL)
    {   free(pre);
        pre = p;
        p = p->next;
    }
    free(pre);
```

```
}
void fun(LinkList *&L)                //完成本题的算法
{   printf("排序前单链表 L:"); DispList(L);
    Sort(L);
    printf("排序后单链表 L:"); DispList(L);
    printf("释放单链表 L\n");
    Release(L);
}
```

2.6 设有一个双链表 h,每个节点中除有 prior、data 和 next 三个域外,还有一个访问频度域 freq,在链表被起用之前,其值均初始化为零。每当进行"LocateNode(h,x)"运算时,令元素值为 x 的节点中 freq 域的值加 1,并调整表中节点的次序,使其按访问频度的递减顺序排列,以便使频繁访问的节点总是靠近表头。试写一符合上述要求的 LocateNode 运算的算法。

解:在 DLinkList 类型的定义中添加 int freq 域,将该域初始化为 0。在每次查找到一个节点 *p 时,将其 freq 域增 1,再与它前面的一个节点 *q 进行比较,若 *p 节点的 freq 域值较大,则两者交换,如此找一个合适的位置。对应的算法如下:

```
bool LocateNode(DLinkList *h,ElemType x)
{   DLinkList *p=h->next, *q;
    while (p!=NULL && p->data!=x)
        p=p->next;                                      //找 data 域值为 x 的节点 *p
    if (p==NULL)                                        //未找到的情况
        return false;
    else                                                //找到的情况
    {   p->freq++;                                      //频度增 1
        q=p->prior;                                     //*q 为 p 的前驱节点
        while (q!=h && q->freq<p->freq)
        {   p->prior=q->prior;p->prior->next=p;         //交换 *p 和 *q 的位置
            q->next=p->next;
            if (q->next!=NULL)                          //*p 不为最后一个节点时
                q->next->prior=q;
            p->next=q;q->prior=p;
            q=p->prior;                                 //q 重指向 *p 的前驱节点
        }
        return true;
    }
}
```

2.7 设 ha=(a_1,a_2,…,a_n)和 hb=(b_1,b_2,…,b_m)是两个带头节点的循环单链表,设计一个算法将这两个表合并为带头节点的循环单链表 hc。

解:先找到 ha 的最后一个节点 *p,将 ha 的最后一个节点的 next 指向 hb 的第一个数据节点,再找到 hb 的最后一个节点 *p,将其构成循环单链表。对应的算法如下:

```
void Merge(LinkList *ha, LinkList *hb, LinkList *&hc)
{   LinkList *p=ha->next;
    hc=ha;
    while (p->next!=ha)                 //找到 ha 的最后一个节点 *p
        p=p->next;
```

```
    p->next = hb->next;                 //将 ha 的最后一个节点的 next 指向 hb 的第一个数据节点
    while (p->next!= hb) p = p->next;  //找到 hb 的最后一个节点 *p
    p->next = hc;                       //构成循环单链表
    free(hb);                           //释放 hb 单链表的头节点
}
```

2.8　设非空线性表 ha 和 hb 都用带头节点的循环双链表表示。设计一个算法 Insert(ha,hb,i)。其功能是：i=0 时，将线性表 hb 插入到线性表 ha 的最前面；当 i>0 时，将线性表 hb 插入到线性表 ha 中第 i 个节点的后面；当 i 大于等于线性表 ha 的长度时，将线性表 hb 插入到线性表 ha 的最后面。

解：利用带头节点的循环双链表的特点设计的算法如下：

```
void Insert(DLinkList *&ha, DLinkList *&hb,int i)
{   DLinkList *p = ha->next, *q;
    int lena = 1,j = 0;
    while (p->next!= ha)                //求出 ha 的长度 lena
    {   lena++;
        p = p->next;
    }
    if (i == 0)                  //将 hb 的所有数据节点插入到 ha 的头节点和第 1 个数据节点之间
    {   p = hb->prior;                  //p 指向 hb 的最后一个节点/
        p->next = ha->next;             //将 *p 连到 ha 的第 1 个数据节点的前面
        ha->next->prior = p;
        ha->next = hb->next;
        hb->next->prior = ha;           //将 ha 头节点与 hb 的第 1 个数据节点连起来
    }
    else if (i < lena)                  //将 hb 插入到 ha 中间
    {   p = ha->next;
        while (j < i)                   //在 ha 中查找第 i 个节点 *p
        {   p = p->next;
            j++;
        }
        q = p->next;                    //q 指向 *p 节点的后继节点
        p->next = hb->next;             //hb->prior 指向 hb 的最后一个节点
        hb->next->prior = p;
        hb->prior->next = q;
        q->prior = hb->prior;
    }
    else                                //将 hb 连到 ha 之后
    {   ha->prior->next = hb->next; //ha->prior 指向 ha 的最后一个节点
        hb->next->prior = ha->prior;
        hb->prior->next = ha;
        ha->prior = hb->prior;
    }
    free(hb);                           //释放 hb 头节点
}
```

2.9　用带头节点的单链表表示整数集合，完成以下算法并分析时间复杂度：

(1) 设计一个算法求两个集合 A 和 B 的并运算，即 C=A∪B。要求不破坏原有的单链表 A 和 B。

(2) 假设集合中的元素按递增排列，设计一个高效算法求两个集合 A 和 B 的并运算，即 C=A∪B。要求不破坏原有的单链表 A 和 B。

解：(1) 先将 ha 单链表中所有节点复制到 hc 中，然后扫描单链表 hb，将其中所有不属于 ha 的节点复制到 hc 中。对应的算法如下：

```
void Union1(LinkList * ha,LinkList * hb,LinkList * &hc)
{   LinkList * pa = ha -> next, * pb = hb -> next, * pc, * rc;
    hc = (LinkList * )malloc(sizeof(LinkList));
    rc = hc;
    while (pa!= NULL)                        //将 A 复制到 C 中
    {   pc = (LinkList * )malloc(sizeof(LinkList));
        pc -> data = pa -> data;
        rc -> next = pc;
        rc = pc;
        pa = pa -> next;
    }
    while (pb!= NULL)                        //将 B 中不属于 A 的元素复制到 C 中
    {   pa = ha -> next;
        while (pa!= NULL && pa -> data!= pb -> data)
            pa = pa -> next;
        if (pa == NULL)                      //pb -> data 不在 A 中
        {   pc = (LinkList * )malloc(sizeof(LinkList));
            pc -> data = pb -> data;
            rc -> next = pc;
            rc = pc;
        }
        pb = pb -> next;
    }
    rc -> next = NULL;
}
```

本算法的时间复杂度为 O(mn)，其中 m、n 为单链表 ha 和 hb 中的节点个数。

(2) 算法中可以利用单链表中节点值的有序性来提高运行效率。对应的算法如下：

```
void Union2(LinkList * ha,LinkList * hb,LinkList * &hc)
{   LinkList * pa = ha -> next, * pb = hb -> next, * pc, * rc;
    hc = (LinkList * )malloc(sizeof(LinkList));
    rc = hc;
    while (pa!= NULL && pb!= NULL)
    {   if (pa -> data < pb -> data)
        {   pc = (LinkList * )malloc(sizeof(LinkList));
            pc -> data = pa -> data;
            rc -> next = pc;
            rc = pc;
            pa = pa -> next;
        }
        else if (pa -> data > pb -> data)
        {   pc = (LinkList * )malloc(sizeof(LinkList));
            pc -> data = pb -> data;
            rc -> next = pc;
```

```
            rc = pc;
            pb = pb -> next;
        }
        else                              //pa -> data = pb -> data
        {   pc = (LinkList * )malloc(sizeof(LinkList));
            pc -> data = pa -> data;
            rc -> next = pc;
            rc = pc;
            pa = pa -> next;
            pb = pb -> next;
        }
    }
    while (pa!= NULL)
    {   pc = (LinkList * )malloc(sizeof(LinkList));
        pc -> data = pa -> data;
        rc -> next = pc;
        rc = pc;
        pa = pa -> next;
    }
    while (pb!= NULL)
    {   pc = (LinkList * )malloc(sizeof(LinkList));
        pc -> data = pb -> data;
        rc -> next = pc;
        rc = pc;
        pb = pb -> next;
    }
    rc -> next = NULL;
}
```

本算法的时间复杂度为 O(m+n),其中 m、n 为单链表 ha 和 hb 中的节点个数。

2.10 用带头节点的单链表表示整数集合,完成以下算法并分析时间复杂度:

(1) 设计一个算法求两个集合 A 和 B 的差运算,即 C=A−B。要求算法的空间复杂度为 O(1),并释放单链表 A 和 B 中不需要的节点。

(2) 假设集合中的元素按递增排列,设计一个高效算法求两个集合 A 和 B 的差运算,即 C=A−B。要求算法的空间复杂度为 O(1),并释放单链表 A 和 B 中不需要的节点。

解:(1) 将 ha 单链表中所有在 hb 中出现的节点删除,最后将 hb 中所有节点删除。对应的算法如下:

```
void Sub1(LinkList * ha,LinkList * hb,LinkList * &hc)
{   LinkList * prea = ha, * pa = ha -> next, * pb, * p, * q;
    hc = ha;                            //ha 的头节点作为 hc 的头节点
    while (pa!= NULL)                   //删除 A 中属于 B 的节点
    {   pb = hb -> next;
        while (pb!= NULL && pb -> data!= pa -> data)
            pb = pb -> next;
        if (pb!= NULL)                  //pa -> data 在 B 中,从 A 中删除 * pa
        {   prea -> next = pa -> next;
            free(pa);
            pa = prea -> next;
```

```
        }
        else
        {   prea = pa;                        //prea 和 pa 同步后移
            pa = pa -> next;
        }
    }
    p = hb;q = hb -> next;                    //释放 B 中所有节点
    while (q!= NULL)
    {   free(p);
        p = q;
        q = q -> next;
    }
    free(p);
}
```

本算法的时间复杂度为 O(mn)，其中 m、n 为单链表 ha 和 hb 中的节点个数。

(2) 算法中可以利用单链表中节点值的有序性来提高运行效率，并且一边比较一边将不需要的节点删除。对应的算法如下：

```
void Sub2(LinkList *ha,LinkList *hb,LinkList *&hc)
{   LinkList *prea = ha, *pa = ha -> next, *preb = hb, *pb = hb -> next, *pc, *rc;
    hc = ha;                                  //将 ha 的头节点作为 hc 的头节点
    rc = hc;
    while (pa!= NULL && pb!= NULL)
    {   if (pa -> data < pb -> data)          //此时将 *pa 连到 hc 之后
        {   rc -> next = pa;
            rc = pa;
            prea = pa;                        //pra 和 p 同步后移
            pa = pa -> next;
        }
        else if (pa -> data > pb -> data) //删除 *pb 节点
        {   preb -> next = pb -> next;
            free(pb);
            pb = preb -> next;
        }
        else                                  //pa -> data = pb -> data,删除 *pa 节点和 *pb 节点
        {   prea -> next = pa -> next;
            free(pa);
            pa = prea -> next;
            preb -> next = pb -> next;
            free(pb);
            pb = preb -> next;
        }
    }
    while (pb!= NULL)                         //删除 *pb 余下的节点
    {   preb -> next = pb -> next;
        free(pb);
        pb = preb -> next;
    }
    free(hb);                                 //删除 hb 的头节点
    rc -> next = NULL;
}
```

本算法的时间复杂度为 O(m+n)，其中 m、n 为单链表 ha 和 hb 中的节点个数。

2.3　补充练习题及参考答案

2.3.1　单项选择题

1. 线性表是________。

A. 一个有限序列，可以为空　　B. 一个有限序列，不可以为空

C. 一个无限序列，可以为空　　D. 一个元限序列，不可以为空

答：A。

2. 在一个长度为 n 的顺序表中于第 i 个元素(1≤i≤n+1)之前插入一个新元素，需要向后移动________个元素。

A. n−i　　B. n−i+1　　C. n−i−1　　D. i

答：在第 i 个元素之前插入一个新元素，必须将原来第 i 个元素之后的所有元素都后移，这样后移的元素个数为 n−i+1。所以本题选 B。

3. 链表不具有的特点是________。

A. 可随机访问任一元素　　B. 插入删除不需要移动元素

C. 不必事先估计存储空间　　D. 所需空间与线性表长度成正比

答：链表不同于顺序表，它不适合随机存取元素。所以本题选 A。

4. 线性表采用链式存储结构时，各节点之间的地址________。

A. 必须是连续的　　B. 一定是不连续的

C. 部分地址必须是连续的　　D. 连续与否均可以

答：链式存储结构并不需要地址是连续的，这是与顺序表存储结构最大的不同。所以本题选 D。

5. 在线性表的下列存储结构中，读取指定序号的元素花费时间最少的是________。

A. 单链表　　B. 双链表　　C. 循环链表　　D. 顺序表

答：D。

6. 若线性表最常用的运算是存取第 i 个元素及其前驱的值，则采用________存储方式最节省时间。

A. 单链表　　B. 双链表　　C. 循环单链表　　D. 顺序表

答：顺序表适合于随机存取。所以本题选 D。

7. 对于用一维数组 d[0..n−1]顺序存储的线性表，其算法的时间复杂度为 O(1)的操作是________。

A. 将 n 个元素从小到大排序　　B. 从线性表中删除第 i 个元素(1≤i≤n)

C. 查找第 i 个元素(1≤i≤n)　　D. 在线性表中第 i 个元素之后插入一个元素

答：A 操作的时间复杂度为 $O(n^2)$或 $O(n\log_2 n)$；B 操作需要移动元素，时间复杂度为 O(n)；C 操作可以直接由 d[i−1]得到，时间复杂度为 O(1)；D 操作需要移动元素，时间复杂度为 O(n)。本题答案为 C。

8. 在单链表中，若 *p 节点不是尾节点，在其后插入 *s 节点的操作是________。

A. s−>next=p;p−>next=s;　　B. s−>next=p−>next;p−>next=s;

C. s->next=p->next;p=s;　　　　D. p->next=s;s->next=p;

答：先要将 * s 节点的 next 指向 * p 之后的节点(s->next=p->next)，然后将 * p 节点的 next 指向 * s(p->next=s)，所以答案为 B。

9. 在一个具有 n 个节点的有序单链表中插入一个新节点使其仍然有序，其算法的时间复杂度为________。

A. $O(\log_2 n)$　　B. $O(1)$　　C. $O(n^2)$　　D. $O(n)$

答：先要查找到插入节点的前驱节点的地址，其时间复杂度为 O(n)。本题答案为 D。

10. 在一个单链表中，删除 * p 节点(非尾节点)之后的一个节点的操作是________。

A. p->next=p　　　　B. p->next->next=p->next

C. p->next->next=p　　　　D. p->next=p->next->next

答：D。

11. 在一个双链表中，在 * p 节点(非尾节点)之后插入一个节点 * s 的操作是________。

A. s->prior=p;p->next=s; p->next->prior=s;s->next=p->next;

B. s->next=p->next;p->next->prior=s;p->next=s;s->prior=p;

C. p->next=s;s->prior=p;s->next=p->next;p->next->prior=s;

D. p->prior=s;s->next=p;s->next->prior=p;p->next=s->next;

答：B。

12. 在一个双链表中，删除 * p 节点(非尾节点)之后的一个节点的操作是________。

A. p->next=p->next->next;p->next->next->prior=p

B. p->next->prior=p;p->next=p->next->next;

C. p->next=p->next->next;p->next->prior=p

D. p->next->next=p->next;p->next->prior=p;

答：C。

13. 在不带头节点(首节点为 * L)的循环单链表中，至少有一个节点的条件是__①__，其尾节点 * p 的条件是__②__。

A. L!=NULL　　　　B. L->next!=L

C. p==NULL　　　　D. p->next==L

答：① A　② D。

14. 在带头节点 * L 的循环单链表中，至少有一个节点的条件是__①__，其尾节点 * p 的条件是__②__。

A. L->next!=NULL　　　　B. L->next!=L

C. p==NULL　　　　D. p->next==L

答：① B　② D。

2.3.2 填空题

1. 在线性表的顺序存储中，元素之间的逻辑关系是通过__①__决定的；在线性表的链式存储中，元素之间的逻辑关系是通过__②__决定的。

答：① 物理存储位置　② 指针域。

2. 带头节点的单链表 head 为空的判定条件是________。

答：在这种单链表中，头节点 * head 始终是存在的，若单链表为空，头节点的 next 域为

NULL。所以本题答案为 head－>next＝＝NULL。

3. 在一个单链表 head 中,已知 p 指向某个非终端节点,若要删除其后的一个节点,则执行的运算是________。

答:先用 q 指向 *p 之后的节点,然后删除 *q,最后释放其空间。所以本题答案为 q＝p－>next;p－>next＝q－>next;free(q)。

4. 在一个双链表 dhead 中,若要在 *p 节点之前插入一个节点 *s,则执行的运算是________。

答:在双链表中插入节点时要修改 4 个链域。本题答案为 s－>prior＝p－>prior;p－>prior－>next＝s;s－>next＝p;p－>prior＝s;。

5. 对于一个具有 n 个节点的单链表,在已知的节点 *p 后插入一个新节点的时间复杂度为__①__,在 data 值为 x 的节点后插入一个新节点的时间复杂度为__②__。

答:① O(1)　　② O(n)。

6. 在有 n 个元素的顺序表中删除任意一个元素所需移动元素的平均次数为________。

答:(n－1)/2。

7. 在有 n 个元素的顺序表中的任意位置插入一个元素所需移动元素的平均次数为________。

答:n/2。

2.3.3 判断题

1. 判断以下叙述的正确性。

(1) 分配给单链表的内存单元地址必须是连续的。

(2) 与顺序表相比,在链表中顺序访问所有节点,其算法的效率比较低。

(3) 从长度为 n 的顺序表中删除任何一个元素,时间复杂度都是 O(n)。

(4) 向顺序表中插入一个元素,平均要移动大约一半的元素。

(5) 凡是为空的单链表都是不含任何节点的。

(6) 如果单链表带有头节点,则插入操作永远不会改变头节点指针的值。

(7) 在循环单链表中,任何一个节点的指针域都不可能为空。

答:(1) 错误。分配给单链表的内存单元地址可以是不连续的。

(2) 错误。在顺序表和链表上顺序访问所有节点,时间复杂度均为 O(n)。

(3) 错误。删除最后一个元素所需时间是 O(1)。但从长度为 n 的顺序表中删除任一个元素,平均时间复杂度是 O(n)。

(4) 正确。

(5) 错误。带头节点单链表为空时仍有一个头节点。

(6) 正确。

(7) 正确。

2. 判断以下叙述的正确性。

(1) 顺序存储方式的特点是存储密度大且插入、删除运算效率高。

(2) 线性表的顺序存储结构优于链式存储结构。

(3) 顺序存储结构属于静态结构而链式存储结构属于动态结构。

(4) 由于顺序存储结构要求连续的存储区域,所以在存储管理上不够灵活。

(5) 对于单链表来说,只有从头节点开始才能扫描表中全部节点。

(6) 对于循环单链表来说,从表中任一节点出发都能扫描整个链表。

(7) 双链表的特点是很容易找任一节点的前驱和后继。

答:(1) 错误。顺序存储方式的特点是存储密度大,但插入、删除运算效率低。

(2) 错误。顺序和链式存储结构各有优缺点。

(3) 正确。

(4) 正确。

(5) 正确。

(6) 正确。

(7) 正确。

2.3.4 简答题

1. 线性表有两种存储结构:一是顺序表,二是链表,试问:

(1) 如果有多个线性表同时共存,并且在处理过程中各表的长度会动态地发生变化,线性表的总数也会自动地改变。在此情况下,应选用哪种存储结构?为什么?

(2) 若线性表的总数基本稳定且很少进行插入和删除操作,但要求以最快的速度存取线性表中的元素,那么应采用哪种存取结构?为什么?

答:(1) 应选用链式存储结构。由于链式存储结构可以用任意的存储空间来存储线性表中的各数据元素,且其存储空间可以是连续的,也可以不连续;此外,这种存储结构对元素进行插入和删除操作时都无须移动元素,修改指针即可,所以很适用于线性表容量变化的情况,这种动态存储结构适合于多个线性表同时共存。

(2) 应选用顺序存储结构。由于顺序存储结构一旦确定了起始位置,线性表中的任何一个元素都可以进行随机存取,即存取速度较高;并且由于线性表的总数基本稳定且很少进行插入和删除操作,所以恰好避开了顺序存储结构的缺陷。

2. 在线性表的如下链式存储结构中,若未知链表头节点的地址,仅已知p指针指向的节点,能否从中删除该节点?为什么?

(1) 单链表。

(2) 双链表。

(3) 循环单链表。

答:(1) 不能删除。因为无法知道 *p 节点的前驱节点的地址。

(2) 能删除,先由 *p 节点的前驱指针找到其前驱节点的地址,然后删除 *p 节点。

(3) 能删除。先循环查找一周,可找到 *p 节点的前驱节点的地址,然后删除 *p 节点。

3. 在单链表和双链表中,能否从当前节点出发访问到任一节点?

答:在单链表中只能由当前节点访问其后继的任一节点,但因其没有指向前驱的指针而无法访问其前驱节点。在双链表中,由于当前节点既有指向后继节点的指针,又有指向前驱节点的指针,所以在双链表中可以由当前节点出发访问表中的任何一个节点。

4. 哪些链表从尾指针出发可以访问到链表中的任意节点?

答:循环单链表和循环双链表从尾指针出发可以访问到链表中的任意节点。

5. 若较频繁地对一个线性表进行插入和删除操作，该线性表宜采用何种存储结构？为什么？

答：该线性表宜采用链式存储结构。因为采用链式存储结构的线性表，进行插入和删除操作只需要改变指针，时间复杂度为 O(1)；而采用顺序存储结构的线性表插入和删除时会涉及到数据的大量移动，时间复杂度为 O(n)。

2.3.5　算法设计题

1.【**顺序表算法**】已知线性表($a_1, a_2, \ldots, a_n$)按顺序结构存储且每个元素为不相等的整数。设计把所有奇数移到所有偶数前边的算法(要求时间最少，辅助空间最少)。

解：算法思路是：对于顺序表 L，从左向右找到偶数 L.data[i]，从右向左找到奇数 L.data[j]，将两者交换。循环这个过程直到 i 大于 j 为止。对应的算法如下：

```
void move(SqList &L)
{   int i = 0, j = L.length - 1, k;
    ElemType temp;
    while (i <= j)
    {   while (L.data[i] % 2 == 1) i++;         //i 指向一个偶数
        while (L.data[j] % 2 == 0) j--;         //j 指向一个奇数
        if (i < j)
        {   temp = L.data[i];                   //交换 L.data[i]和 L.data[j]
            L.data[i] = L.data[j];
            L.data[j] = temp;
        }
    }
}
```

本算法的时间复杂为 O(n)，空间复杂度为 O(1)。

2.【**顺序表算法**】设计一个高效算法，将顺序表 L 中的所有元素逆置，要求算法的空间复杂度为 O(1)。

解：扫描顺序表 L 的前半部分元素，对于元素 L.data[i]($0 \leqslant i < L.length/2$)，将其与后半部分对应元素 L.data[L.length−i−1]进行交换。对应的算法如下：

```
void reverse(SqList &L)
{   int i;
    ElemType x;
    for (i = 0; i < L.length/2; i++)
    {   x = L.data[i];                          //L.data[i]与 L.data[L.length - i - 1]交换
        L.data[i] = L.data[L.length - i - 1];
        L.data[L.length - i - 1] = x;
    }
}
```

3.【**顺序表算法**】设计一个时间和空间两方面尽可能高效的算法，将顺序表 L 中存放的整数序列循环左移 p($0 < p < n$)个位置，即将 L 中的数据序列($X_0, X_1, \cdots, X_{n-1}$)变换为($X_p, X_{p+1}, \cdots, X_{n-1}, X_0, X_1, \cdots, X_{p-1}$)。

解：设 R=($X_0, X_1, \ldots, X_p, X_{p+1}, \ldots, X_{n-1}$)，其中 a=($X_0, X_1, \ldots, X_{p-1}$)(共有 p 个元

素),b=($X_p,\ldots,X_{n-1}$)(共有 n−p 个元素),并设计 reverse(R)用于原地逆置数组 R,则 a 原地逆置后 a'变为($X_{p-1},\ldots,X_1,X_0$),b 原地逆置后 b'变为($X_{n-1},\ldots,X_{p-1},X_p$),也就是说 a'b'=($X_{p-1},\ldots,X_1,X_0,X_{n-1},\ldots,X_{p-1},X_p$),再将 a'b'原地逆置变为($X_p,X_{p-1},\ldots,X_{n-1},X_0,X_1,\ldots,X_{p-1}$),即为所求,即 reverse(R)=reverse(reverse(a),reverse(b))。

对应的算法如下:

```
int creverse(SqList L, int n, int p)                //将 R 中元素循环左移 p 个位置
{   if (p<=0 || p>=n)
        return 0;
    else
    {   reverse(R,0,p-1);
        reverse(R,p,n-1);
        reverse(R,0,n-1);
        return 1;
    }
}
void reverse(int R[], int m, int n)                  //将 R[m..n]逆置
{   int i;
    int tmp;
    for (i=0;i<(n-m+1)/2;i++)
    {   tmp=R[m+i];                                  //将 R[m+i]与 R[n-i]进行交换
        R[m+i]=R[n-i];
        R[n-i]=tmp;
    }
}
```

其中,reverse(R,m,n)算法的时间复杂度为 O(n−m),所以 creverse(R,n,p)算法的时间复杂度为 O(p)+O(n−p)+O(n)=O(n)。另外,在 creverse(R,n,p)算法中只定义几个变量,所以空间复杂度为 O(1)。

4. **【顺序表算法】**用顺序表 A 和 B 表示的两个线性表,元素的个数分别为 m 和 n,假设表中数据都是递增排列的且没有相重的。

(1) 设计一个算法将这两个线性表合并成一个递增排列的线性表,并存储到另一个顺序表 C 中。

(2) 如果顺序表 B 的大小为(m+n)个单元,是否可以不利用顺序表 C 而将合并成的线性表存放于顺序表 B 中,若可以则设计此算法。

(3) 设顺序表 A 中前 m 个有序,后 n 个有序,试设计一算法,使得整个顺序表有序。

解:(1) 用 i 和 j 分别扫描顺序表 A 和 B,比较它们当前元素,将较小者复制到顺序表 C 中,这一过程循环到其中的一个顺序表扫描完毕为止。将另一个顺序表余下的元素全部复制到顺序表 C 中。对应的算法如下:

```
void merge1(SqList A, SqList B, SqList &C)
{   int i=0,j=0,k=0;
    while (i<A.length && j<B.length)
    {   if (A.data[i]<B.data[j])
        {   C.data[k]=A.data[i];i++;k++; }
        else
```

```
        {   C.data[k] = B.data[j];j++;k++; }
    }
    while (i < A.length)
    {   C.data[k] = A.data[i];i++;k++; }
    while (j < B.length)
    {   C.data[k] = B.data[j];j++;k++; }
    C.length = k;
}
```

本算法的时间复杂度为 O(m+n)，空间复杂度为 O(1)。

(2) 可以，将顺序表 A 中较小元素插入到 B 中即可，对应的算法如下：

```
void merge2(SqList A,SqList &B)
{   int i = 0,j = 0,k;
    while (i < A.length)
    {   if (A.data[i]> B.data[B.length - 1])    //A.data[i]大于 B 中所有元素
        {   B.data[B.length] = A.data[i];       //将 A.data[i]插入到 B 末尾
            B.length++;i++;
        }
        else if (A.data[i]< B.data[j])          //将 A.data[i]插入到 B 中
        {   for (k = B.length - 1;k >= j;k-- )  //将 B.data[j]及之后的元素后移
                B.data[k + 1] = B.data[k];
            B.data[j] = A.data[i];              //将 A.data[i]插入 B.data[j]处
            B.length++;                         //顺序表 B 的长度增 1
            i++;j++;
        }
        else j++;
    }
}
```

本算法的时间复杂度为 O(m * n)，空间复杂度为 O(1)。

(3) 将顺序表 A 的后半部分插入到前半部分中，使整个表有序。对应的算法如下：

```
void merge3(SqList &A,int m,int n)
{   int i = 0,j = m,k;            //j 扫描后半部分的有序表,同时记录前半部分有序表的长度
    ElemType tmp;
    while (j < A.length && i < j)
    {   if (A.data[j]> A.data[j - 1])           //整个表已递增有序,退出循环
            break;
        else if (A.data[j]< A.data[i])          //将 A.data[j]插入到前半部分中
        {   tmp = A.data[j];
            for (k = j - 1;k >= i;k-- )         //将 A.data[i]及之后的元素后移
                A.data[k + 1] = A.data[k];
            A.data[i] = tmp;                    //将 A.data[j]插入 A.data[i]处
            i++;j++;
        }
        else i++;
    }
}
```

本算法的时间复杂度为 O(m * n),空间复杂度为 O(1)。

5. **【顺序表算法】**已知长度为 n 的线性表 L 采用顺序存储结构,编写一个时间复杂度为 O(n)、空间复杂度为 O(1)的算法,该算法删除线性表中所有值为 x 的数据元素。

解:用 k 记录顺序表 L 中等于 x 的元素个数,边扫描 L 边统计 k,并将不为 x 的元素前移 k 位,最后修改 L 的长度。对应的算法如下:

```
void delnode(SqList &L,ElemType x)
{   int k = 0, i = 0;                          //k 的记录值等于 x 的元素个数
    while (i < L.length)
    {   if (L.data[i] == x)
            k ++ ;
        else
            L.data[i - k] = L.data[i];         //当前元素前移 k 个位置
        i ++ ;
    }
    L.length = L.length - k;                   //顺序表 L 的长度递减
}
```

算法中只有一个 while 循环,时间复杂度为 O(n)。算法中只用了 i,k 两个临时变量,空间复杂度为 O(1)。

6. **【单链表算法】**已知 L1 和 L2 分别指向两个单链表的头节点,且已知其长度分别为 m 和 n。试写一算法将 L2 连接到 L1 之后,请分析算法的时间复杂度。

解:先找到 L1 的终端节点 * p,将 L2 连接到 * p 之后。由于每个单链表只能有一个头节点,故需要释放 * L2 占用的空间。对应的算法如下:

```
void Link(LinkList * &L1,LinkList * &L2)
{   LinkList * p = L1;
    while (p - > next!= NULL) p = p - > next;
    p - > next = L2 - > next;
    free(L2);
}
```

显然上述算法的时间复杂度为 O(m),与 n 无关。

7. **【单链表算法】**设计一个算法判定单链表 L(带头节点)是否是递增的。

解:判定链表 L 从第二个元素开始的每个元素的值是否比其前驱的值大。若有一个不成立,则整个链表便不是递增的;否则是递增的。对应的算法如下:

```
bool increase(LinkList * L)
{   LinkList * p = L - > next, * q;            //p 指向第一个数据节点
    if (p!= NULL)
    {   while (p - > next!= NULL)
        {   q = p - > next;                    //q 指向内 p 节点的后继节点
            if (q - > data > p - > data)       //若正序则继续判断下一个节点
                p = q;
            else
                return false;
        }
    }
```

```
    return true;
}
```

8. **【单链表算法】**设 A 和 B 是两个单链表(带头节点),其表中元素递增有序。试写一算法将 A 和 B 归并成一个按元素值递增有序的单链表 C,并要求辅助空间为 O(1),请分析算法的时间复杂度。

解:由于要求辅助空间为 O(1),所以需要就地处理。用 p 扫描 A,q 扫描 B,比较 *p 和 *q 的值域大小,将较小者连接到 C 上。最后将 A 或 B 中余下的节点连接到 C 上。对应的算法如下:

```
void merge(LinkList *A,LinkList *B,LinkList *&C)
{   LinkList *p=A->next, *q=B->next, *r;
    C=A;C->next=NULL;r=C;                    //让 r 始终指向 C 的最后一个节点
    while (p!=NULL && q!=NULL)
    {   if (p->data<q->data)                 //将 *p 连接到 C 上
        {   r->next=p;p=p->next;
            r=r->next;
        }
        else if (p->data>q->data)            //将 *q 连接到 C 上
        {   r->next=q;q=q->next;
            r=r->next;
        }
        else                                 //p->data==q->data: 将 *p、*q 连接到 C 上
        {   r->next=p;p=p->next;r=r->next;
            r->next=q;q=q->next;r=r->next;
        }
    }
    r->next=NULL;
    if (q!=NULL) p=q;
    if (p!=NULL) r->next=p;                  //将余下的节点连接到 C 上
}
```

上述算法的时间复杂度为 O(m+n),m 和 n 分别为 A、B 的节点个数。

9. **【单链表算法】**已知单链表 L(带头节点)是一个递增有序表,试写一高效算法,删除表中值大于 min 且小于 max 的节点(若表中有这样的节点),同时释放被删节点的空间,这里 min 和 max 是两个给定的参数。请分析你的算法时间复杂度。

解:由于单链表 L 是一个递增有序表,首先找到值域刚好大于 min 的节点,再找到值域刚好大于 max 的节点,删去这两个节点及中间的所有节点即可。对应的算法如下:

```
void Delnodes(LinkList *&L,ElemType min,ElemType max)
{   LinkList *p=L->next, *q, *r=p;
    while (p!=NULL && p->data<min)           //*r 为 *p 的前驱节点
    {   r=p;
        p->p->next;
    }
    q=p;
    while (q!=NULL && q->data<max)
        q=q->next;
    r->next=q->next;                         //删除 *p 与 *q 及中间的所有节点
```

```
    r = p -> next;
    while (r!= q)                           //释放被删节点的空间
    {   free(p);
        p = r;r = r -> next;
    }
    free(q);
}
```

本算法的时间复杂度为 O(n)。

10. **【单链表算法】**编写一算法将单链表(带头节点)中值重复的节点删除,使所得的结果表中各节点值均不相同。

解:由于单链表不一定有序,所以对于每个节点 * p,从其后开始扫描直到链表末尾,判断是否存在与之值域相等的节点,若有,则删除之。对应的算法如下:

```
void Dels(LinkList * &head)
{   LinkList * p = head -> next, * q, * pre, * r;
    while (p!= NULL)
    {   q = p -> next;pre = p;              //pre 指向 * q 节点的前驱
        while (q!= NULL)
        {   if (p -> data == q -> data)     //出现重复节点 * q,删去之
            {   r = q;pre -> next = q -> next;
                q = q -> next;
                free(r);
            }
            else
            {   pre = q;
                q = q -> next;
            }
        }
        p = p -> next;
    }
}
```

本算法的时间复杂度为 $O(n^2)$。

11. **【单链表算法】**有一个递增单链表(允许出现值域重复的节点),设计一个算法删除值域重复的节点。

解:由于是有序表,所以相同值域的节点都是相邻的。用 p 扫描递增单链表,若 * p 节点的值域等于其后节点的值域,则删除后者。对应的算法如下:

```
void Dels(LinkList * &head)
{   LinkList * p = head -> next;
    while (p -> next!= NULL)
    {   if (p -> data == p -> next -> data)    //找到重复值的节点
        {   q = p -> next;                     //q 指向这个重复值的节点
            p -> next = q -> next;             //删除 * q 节点
            free(q);
        }
        else p = p -> next;
    }
}
```

本算法的时间复杂度为 O(n)。

12. 【单链表算法】已知由单链表表示的线性表中，含有 3 类字符的数据元素（如：字母字符、数字字符和其他字符），试编写算法构造 3 个以循环链表表示的线性表，使每个表中只含同一类的字符，且利用原表中的节点空间作为这三个表的节点空间，头节点可另辟空间。

解：先创建 3 个头节点，用 p 扫描带头节点的单链表 L，将不同类型的数据元素采用头插法插入到相应的循环单链表中。对应的算法如下：

```
void Split(LinkList *L,LinkList *&A,LinkList *&B,LinkList *&C)
{   LinkList *p=L->next, *q;
    A=(LinkList *)malloc(sizeof(LinkList));
    A->next=A;
    B=(LinkList *)malloc(sizeof(LinkList));
    B->next=B;
    C=(LinkList *)malloc(sizeof(LinkList));
    C->next=C;
    while (p!=NULL)
    {   if (p->data>='A' && p->data<='Z' || p->data>='a' && p->data<='z')
        {   q=p;p=p->next;
            q->next=A->next;A->next=p;   //采用头插法建表 A
        }
        else if (p->data>='0' && p->data<='9')
        {   q=p;p=p->next;
            q->next=A->next;A->next=p;   //采用头插法建表 B
        }
        else
        {   q=p;p=p->next;
            q->next=C->next;C->next=p;   //采用头插法建表 C
        }
    }
}
```

13. 【单链表算法】设 $C=\{a_1,b_1,a_2,b_2,\cdots,a_n,b_n\}$ 为一线性表，采用带头节点的 hc 单链表存放，编写一个就地算法，将其拆分为两个线性表，使得：

$$A=\{a_1,a_2,\cdots,a_n\},\quad C=\{b_1,b_2,\cdots,b_n\}$$

解：设拆分后的两个线性表都用带头节点的单链表存放。先建立两个头节点 *ha 和 *hb，它们用于存放拆分后的线性表 A 和 B，ra 和 rb 分别指向这两个单链表的表尾，用 p 指针扫描单链表 hc，将当前节点 *p 连到 ha 末尾，p 沿 next 域下移一个节点，若不为空，则当前节点 *p 连到 hb 末尾，p 沿 next 域下移一个节点，如此这样，直到 p 为空。最后将两个尾节点的 next 域置空。对应算法如下：

```
void fun(LinkList *hc, LinkList *&ha, LinkList *&hb)
{   LinkList *p=hc->next, *ra, *rb;
    ha=hc;                                  //ha 的头节点利用 hc 的头节点
    ra=ha;                                  //ra 始终指向 ha 的末尾节点
    hb=(LinkList *)malloc(sizeof(LinkList)); //创建 hb 头节点
    rb=hb;                                  //rb 始终指向 hb 的末尾节点
    while (p!=NULL)
    {   ra->next=p;ra=p;                    //将 *p 连到 ha 单链表末尾
```

```
        p = p -> next;
        if (p!= NULL)
        {   rb -> next = p; rb = p;             //将 * p 连到 hb 单链表末尾
            p = p -> next;
        }
    }
    ra -> next = rb -> next = NULL;             //两个尾节点的 next 域置空
}
```

14. **【循环单链表算法】**假设在长度大于1的循环单链表中,既无头节点指针也无首数据节点指针。s为指向链表中某个节点的指针,试编写算法删除节点 * s的前驱节点。

解:先找到 * s的前驱节点 * q,以 * q节点的前驱节点 * p,然后删除 * q节点。对应的算法如下:

```
void Dels(LinkList * s)
{   LinkList * p = s, * q;
    if (p -> next -> next == p)//只有两个节点的情况
    {   q = p -> next;
        p -> next = p;
    }
    else                          //有两个以上的节点,找到要删除的节点 * q,以 * p 作为 * q 的前驱
    {   while (p -> next -> next!= s)
        {   p = p -> next;
            q = p -> next;
        }
        p -> next = s;            //删除 * q 节点
    }
    free(q);
}
```

15. **【循环单链表算法】**已知带头节点的循环单链表L中至少有两个节点,每个节点的两个字段为data和next,其中data的类型为整型。试设计一个算法判断该链表中每个元素的值是否小于其后续两个节点的值之和。若满足,则返回true;否则返回false。

解:用p扫描整个循环单链表L,一旦找到这样的节点 * p,它使得条件 p－＞data＜p－＞next－＞data＋p－＞next－＞next－＞data不成立,则中止循环,返回0;否则继续扫描。当while循环正常结束时返回1。对应的算法如下:

```
bool Judge(LinkList * L)
{   LinkList * p = L -> next;
    bool b = true;
    while (p -> next -> next!= L && b)
    {   if (p -> data > p -> next -> data + p -> next -> next -> data)
            b = false;
        p = p -> next;
    }
    return b;
}
```

16.【双链表算法】试分别在一个双链表 L(带头节点)中的第一个值为 x 的节点之前、之后插入值为 y 的节点,分别编写各自的算法。

解:先建立值域为 y 的节点 * q,再在双链表中找到值为 x 的节点 * p,然后在 * p 节点之前或之后插入 * q。

(1) 在双链表中的值为 x 的节点之前插入值为 y 的节点。算法如下:

```
bool InsBefore(DLinkList *L,ElemType x,ElemType y)
{   DLinkList *p=L->next,*q;
    q=(DLinkList *)malloc(sizeof(DLinkList));        //创建节点*q
    q->data=y;
    while (p!=NULL && p->data!=x)                    //查找值为x的节点*p
        p=p->next;
    if (p==NULL)
    {   printf("不存在值域为x的节点\n");
        return false;
    }
    else                                             //在*p节点之前插入*q节点
    {   q->prior=p->prior;q->next=p;
        p->prior->next=q;p->prior=q;
        return true;
    }
}
```

(2) 在双链表中的值为 x 的节点之后插入值为 y 的节点。算法如下:

```
bool InsAfter(DLinkList *L,ElemType x,ElemType y)
{   DLinkList *p=L->next,*q;
    q=(DLinkList *)malloc(sizeof(DLinkList));        //创建*q节点
    q->data=y;
    while (p!=NULL && p->data!=x)                    //查找值为x的节点*p
        p=p->next;
    if (p==NULL)
    {   printf("不存在值域为x的节点\n");
        return false;
    }
    else                                             //在*p节点之后插入*q节点
    {   q->prior=p;q->next=p->next;
        p->next->prior=q;p->next=q;
        return true;
    }
}
```

17.【双链表算法】编写一个算法逆置一个带头节点的双链表 L。

解:采用头插法重建双链表 L。对应的算法如下:

```
void Reverse(DLinkList *&L)
{   DLinkList *p=L->next,*q;
    L->next=NULL;
    while (p!=NULL)
    {   q=p->next;
```

```
            p->next = L->next;                    //将 * p 节点插入到头节点之后
            if (L->next!= NULL) L->next->prior = p;
            p->prior = L;
            L->next = p;
            p = q;
        }
    }
```

18.【循环双链表算法】编写一个算法逆置一个带头节点的循环双链表 L。

解:从左向右扫描循环双链表,对于扫描到节点 * p,倒置其前驱和后继指针。对应的算法如下:

```
void Reverse(DLinkList * &L)
{   DLinkList * p = L, * q;
    do
    {   q = p->next;                          //q 指向 * p 节点的后继
        p->next = p->prior;                   //让 * p 的后继指针指向原来的前驱
        p->prior = q;                         //让 p 的前驱指针指向 * q
        p = q;
    } while (p!= L);
}
```

19.【循环双链表算法】编写出判断带头节点的循环双链表 L 是否对称相等的算法。

解:p 从左向右扫描 L,q 从右向左扫描 L,若对应数据节点的 data 域不相等,则退出循环,否则继续比较,直到 p 与 q 相等或 p 的下一个节点为 * q 为止。对应算法如下:

```
bool Equeal(DLinkList * L)
{   bool same = true;
    DLinkList * p = L->next;                  //p 指向第一个数据节点
    DLinkList * q = L->prior;                 //q 指向最后数据节点
    while (same)
    {   if (p->data!= q->data)
            same = false;
        p = p->next;
        if (p == q) break;                    //数据节点为偶数的情况
        q = q->prior;
        if (p == q) break;                    //数据节点为奇数的情况
    }
    return same;
}
```

20.【循环双链表算法】线性表{$a_1, a_2, \ldots, a_n$}中元素递增有序且按顺序存储于计算机内。要求设计一个算法完成:

(1) 用最少时间在表中查找值为 x 的元素。

(2) 若找到将其与后继元素位置相交换。

(3) 若找不到值为 x 的元素,将其插入表中并使表中元素仍递增有序。

解:算法中指定线性表是有序的且用顺序表存储,并要求用最少的时间查找元素 x,所以可以用二分查找法查找 x。对应的算法如下:

```
void fun(SqList *&L,ElemType x)
{   int low=0,high=L->length-1,mid,i;
    ElemType tmp;
    while (low<=high)                           //二分查找 x
    {   mid=(low+high)/2;
        if (L->data[mid]==x)
            break;
        else if (L->data[mid]<x)
            low=mid+1;
        else
            high=mid-1;
    }
    if (L->data[mid]==x && mid!=L->length-1)
    //若最后一个元素等于 x,则不存在与后续元素交换,否则将其与后续元素交换
    {   tmp=L->data[mid];                       //将 x 与其后续元素交换
        L->data[mid]=L->data[mid+1];
        L->data[mid+1]=tmp;
    }
    if (low>high)                               //查找失败,插入元素 x
    {   for (i=L->length-1;i>high;i--)
            L->data[i+1]=L->data[i];
        L->data[high+1]=x;
        L->length++;
    }
}
```

21. **【单链表算法】**两个整数序列 $A=(a_1,a_2,\cdots,a_m)$,$B=(b_1,b_2,\cdots,b_n)$已经存入两个单链表中,设计一个算法判断序列 B 是否是序列 A 的子序列。

解:本题实际上是一个模式匹配问题,只是这里匹配的元素是整数而不是字符,采用类似字符串简单模式匹配算法求解,对应的算法如下:

```
bool fun(LinkList *ha,LinkList *hb)
{   LinkList *p=ha->next,*q,*p1,*q1;
    while (p!=NULL)
    {   q=hb->next;                             //q 指向第一个数据节点
        p1=p;q1=q;
        while (p1!=NULL && q1!=NULL && p1->data==q1->data)
        {                                       //若相等,继续比较后续节点
            p1=p1->next;
            q1=q1->next;
        }
        if (q1==NULL)                           //匹配成功返回 true
            return true;
        p=p->next;
    }
    return false;
}
```

CHAPTER 3

第3章　栈和队列

基本知识点：理解栈和队列的定义、特点及与线性表的异同；掌握顺序栈和链栈的组织方法，栈满、栈空的判断及其描述；掌握顺序队列、环形队列和链队的组织方法、队满、队空的判断及其描述。

重点：栈和队列的特点；顺序栈和链栈上基本运算的实现算法；顺序队列、环形队列和链队上基本运算算法。

难点：灵活运用栈和队列设计解决应用问题的算法。

3.1　本章知识体系结构

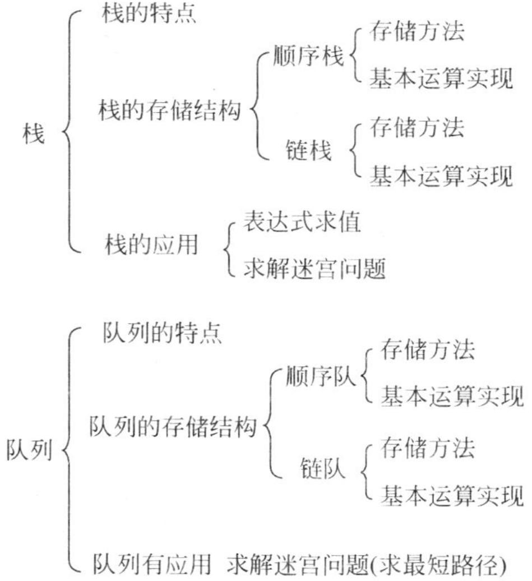

3.2　教材中练习题及参考答案

3.1　有5个元素，其进栈次序为：A、B、C、D、E，在各种可能的出栈次序中，以元素C、D最先出栈(即C第一个且D第二个出栈)的次序有哪几个？

答：要使 C 第一个且 D 第二个出栈，应是 A 进栈，B 进栈，C 进栈，C 出栈，D 进栈，D 出栈，之后可以有以下几种情况：

(1) B 出栈，A 出栈，E 进栈，E 出栈，输出序列为 CDBAE。

(2) B 出栈，E 进栈，E 出栈，A 出栈，输出序列为 CDBEA。

(3) E 进栈，E 出栈，B 出栈，A 出栈，输出序列为 CDEBA。

所以可能的次序有：CDBAE、CDBEA、CDEBA。

3.2　假设以 I 和 O 分别表示进栈和出栈操作，栈的初态和终栈均为空，进栈和出栈的操作序列可表示为仅由 I 和 O 组成的序列。

(1) 下面所示的序列中哪些是合法的？

A. IOIIOIOO　　B. IOOIOIIO　　C. IIIOIOIO　　D. IIIOOIOO

(2) 通过对(1)的分析，写出一个算法判定所给的操作序列是否合法。若合法返回 1；否则返回 0。(假设被判定的操作序列已存入一维数组中)。

解：(1) A、D 均合法，而 B、C 不合法。因为在 B 中，先进栈一次，立即出栈三次，这会造成栈下溢。在 C 中共进栈五次，出栈三次，栈的终态不为空。

(2) 本题使用一个链栈来判断操作序列是否合法，其中 A 为存放操作序列的字符数组，n 为该数组的元素个数(这里的 ElemType 类型设定为 char)。对应的算法如下：

```
int judge(char A[],int n)
{   int i;
    ElemType x;
    LiStack *ls;
    InitStack(ls);
    for (i=0;i<n;i++)
    {   if (A[i]=='I')                          //进栈
            Push(ls,A[i]);
        else if (A[i]=='O')                     //出栈
        {   if (StackEmpty(s))
                return 0;                       //栈空时返回 0
            else
                Pop(ls,x);
        }
        else return 0;                          //其他值无效退出
    }
    return (StackEmpty(ls));                    //栈为空时返回 1；否则返回 0
}
```

3.3　假设表达式中允许包含 3 种括号：圆括号、方括号和大括号。编写一个算法判断表达式中的括号是否正确配对。

解：设置一个栈 st，扫描表达式 exp，遇到“(”、“[”或“{”，则将其进栈；遇到“)”，若栈顶是“(”，则继续处理，否则以不配对返回 0；遇到“]”，若栈顶是“[”，则继续处理，否则以不配对返回 0；遇到“}”，若栈顶是“{”，则继续处理，否则以不配对返回 false。在 exp 扫描完毕，若栈不空，则以不配对返回 false；否则以括号配对返回 true。本题算法如下：

```
bool Match(char exp[],int n)
{   char st[MaxSize];
```

```
    int top =- 1, i = 0;
    bool tag = true;
    while (i < n && tag)
    {   if (exp[i] == '(' || exp[i] == '[' || exp[i] == '{')
            //遇到'('、'['或'{',则将其进栈
        {   top ++ ;
            st[top] = exp[i];
        }
        if (exp[i] == ')')      //遇到')',若栈顶是'(',则继续处理,否则以不配对返回
            if (st[top] == '(') top -- ;
            else tag = false;
        if (exp[i] == ']')      //遇到']',若栈顶是'[',则继续处理,否则以不配对返回
            if (st[top] == '[') top -- ;
            else tag = false;
        if (exp[i] == '}')      //遇到'}',若栈顶是'{',则继续处理,否则以不配对返回
            if (st[top] == '{') top -- ;
            else tag = false;
        i ++ ;
    }
    if (top >= 0) tag = false;  //若栈不空,则不配对
    return(tag);
}
```

3.4 设从键盘输入一整数序列 $a_1,a_2,\ldots,a_n$,试编程实现:当 $a_i>0$ 时,a_i 进队,当 $a_i<0$ 时,将队首元素出队,当 $a_i=0$ 时,表示输入结束。要求将队列处理成环形队列,入队和出队操作单独编写算法,并在异常情况时(如队满)打印出错。

解:先建立一个环形队列 qu,用 while 循环接收用户输入,若输入值大于 0,将该数入队;若小于 0,出队一个元素,并输出它;若等于 0,则退出循环。本题算法如下:

```
#include <stdio.h>
#include <malloc.h>
#define QueueSize 20
typedef int ElemType;
typedef struct ququeue
{   ElemType data[QueueSize];
    int front,rear;                                   //队首和队尾指针
} SqQueue;
void main()
{   ElemType a,x;
    SqQueue * qu;                                     //定义队列
    qu = (SqQueue * )malloc(sizeof(SqQueue));         //队列初始化
    qu -> rear = qu -> front = 0;
    while (1)
    {   printf("输入 a 值:");
        scanf("%d",&a);
        if (a > 0)
        {   if ((qu -> rear + 1) % QueueSize == qu -> front)
                printf(" 队列满,不能入队\n");
            else
            {   qu -> rear = (qu -> rear + 1) % QueueSize;    //入队
```

```
                qu -> data[qu -> rear] = a;
            }
        }
        else if (a < 0)
        {    if (qu -> rear == qu -> front)
                printf(" 队列空,不能出队\n");
            else
            {    qu -> front = (qu -> front + 1) % QueueSize;    //出队
                x = qu -> data[qu -> front];
                printf(" 出队元素: %d\n",x);
            }
        }
        else break;
    }
```

3.5　编写一个算法,将一个环形队列(容量为 n,元素下标从 1 到 n)的元素倒置。例如,图 3.1(a)中为倒置前的队列(n=10),图 3.1(b)中为倒置后的队列。

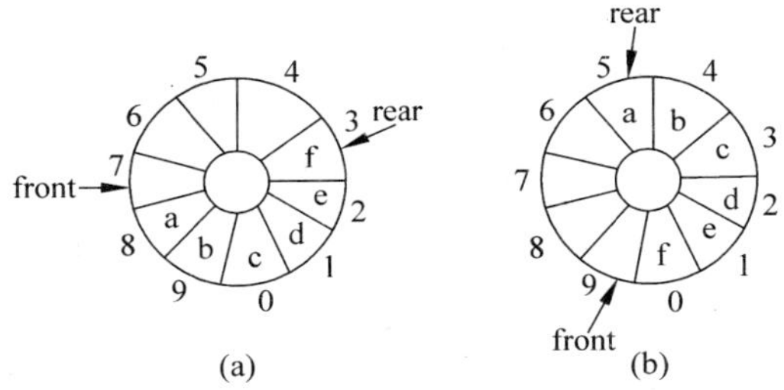

图 3.1　环形队列

解:使用一个栈起到过渡的作用。先将 sq 队列中的元素出队并将其进栈 ss,直到队列空为止;然后初始化队列,将 sq—>front 和 sq—>rear 均置为 0;再出栈元素并将其入队列,直到栈空为止。对应的算法如下:

```
void Reverse(SqQueue * &sq)
{   ElemType x;
    SqStack * ss;
    ss = (SqStack * )malloc(sizeof(SqStack));          //栈初始化
    ss -> top =- 1;
    while (sq -> front!= sq -> rear)                    //队不空时,出队并进栈
    {   sq -> front = (sq -> front + 1) % n;
        x = sq -> data[sq -> front];
        ss -> top ++ ;ss -> data[ss -> top] = x;        //将 x 进栈
    }   //sq 栈中从栈顶到栈底的元素为:f,e,d,c,b,a
    sq -> front = sq -> rear =- 1;                      //队列初始化
    while (ss -> top >= 0)                              //栈不空时,出栈并将元素入队
    {   x = ss -> data[ss -> top];
        ss -> top -- ;
        sq -> rear = (sq -> rear + 1) % n;
        sq -> data[sq -> rear] = x;
    }
}
```

3.6 输入 n(由用户输入)个 10 以内的数,每输入 i(0≤i≤9),就把它插入到第 i 号队列中。最后把 10 个队中非空队列,按队列号从小到大的顺序串接成一条链,并输出该链的所有元素。

解:建立一个队列首节点指针数组 QH 和队列尾节点指针数组 QT,先将它们所有元素置为 NULL。对于输入的 x,采用尾插法将其连到 QT[x]之后。最后将它们整个连接起来。对应的算法如下:

```
#include <stdio.h>
#include <malloc.h>
#define MAXQNode 10                                //队列的个数
typedef struct node
{   int data;
    struct node * next;
} QNode;
void Insert(QNode * QH[],QNode * QT[],int x)       //将 x 插入到相应队列中
{   QNode * s;
    s = (QNode * )malloc(sizeof(QNode));           //创建一个节点
    s -> data = x;s -> next = NULL;
    if (QH[x] == NULL)                             //对应的队列为空队时
    {   QH[x] = s;
        QT[x] = s;
    }
    else
    {   QT[x] -> next = s;                         //将 * s 节点连到 QT[x]所指节点之后
        QT[x] = s;                                 //让 QT[x]仍指向尾节点
    }
}
void Create(QNode * QH[],QNode * QT[])             //根据用户输入创建队列
{   int n,x,i;
    printf("n:");
    scanf("%d",&n);
    for (i = 0;i < n;i ++ )
    {   do
        {   printf("输入第%d个数:",i + 1);
            scanf("%d",&x);
        } while (x < 0 || x > 10);
        Insert(QH,QT,x);
    }
}
void Link(QNode * QH[],QNode * QT[])               //将非空队列连接起来并输出
{   QNode * head, * tail;                          //总链表的首节点指针和尾节点指针
    int first = 1,i;
    for (i = 0;i < MAXQNode;i ++ )
    {   if (QH[i]!= NULL && first == 1)            //遇到第一个非空队列
        {   head = QH[i];                          //让 head 指向第一个数据节点
            tail = QT[i];
            first = 0;
        }
        if (QH[i]!= NULL && first == 0)            //遇到其他非空队列
```

```
        {   tail->next = QH[i];
            tail = QT[i];
        }
    }
    printf("\n输出所有元素:");
    while (head!= NULL)
    {   printf(" %d ",head->data);
        head = head->next;
    }
    printf("\n");
}
void main()
{   int i;
    QNode *QH[MAXQNode], *QT[MAXQNode];        //各队列的队头 QH 和队尾指针 QT
    for (i = 0;i < MAXQNode;i ++ )
        QH[i] = QT[i] = NULL;                   //置初值
    Create(QH,QT);                              //建立队列
    Link(QH,QT);                                //连接各队列并输出
}
```

3.3 补充练习题及参考答案

3.3.1 单项选择题

1. 栈和队列的共同点是________。

A. 都是先进后出　　　　B. 都是先进先出

C. 只允许在端点处插入和删除元素　　D. 没有共同点

答：栈和队列都是受限线性表，所谓"受限"，指的是在端点处插入和删除元素。所以本题答案为 C。

2. 元素 A、B、C、D 依次进顺序栈后，栈顶元素是__①__，栈底元素是__②__。

A. A　　B. B　　C. C　　D. D

答：进栈后顺序栈中的元素从栈顶到栈底依次为 D、C、B、A，栈顶元素是 D，栈底元素是 A。本题答案为①D ②A。

3. 经过以下栈运算后，x 的值是________。

```
InitStack(s);Push(s,a);Push(s,b);Pop(s,x);GetTop(s,x);
```

A. a　　B. b　　C. 1　　D. 0

答：A。

4. 经过以下栈运算后，StackEmpty(s)的值是________。

```
InitStack(s);Push(s,a);Push(s,b);Pop(s,x);Pop(s,y)
```

A. a　　B. b　　C. 1　　D. 0

答：C。

5. 设一个栈的输入序列为A,B,C,D,则借助一个栈所得到的输出序列不可能是________。

A. A,B,C,D　　B. D,C,B,A　　C. A,C,D,B　　D. D,A,B,C

答:可以简单地推算,很容易得出D,A,B,C是不可能的,因为D先出来,说明A,B,C,D均在栈中,出栈的顺序只能是D,C,B,A。所以本题答案为D。

6. 已知一个栈的进栈序列是1,2,3,…,n,其输出序列是$p_1,p_2,\cdots,p_n$,若$p_1=n$,则p_i的值为________。

A. i　　B. n−i　　C. n−i+1　　D. 不确定

答:当$p_1=n$时,输出序列必是n,n−1,…,3,2,1,则:$p_2=n-1,p_3=n-2,\cdots,p_n=1$,推断出$p_i=n-i+1$,所以本题答案为C。

7. 设n个元素进栈序列是1,2,3,...,n,其输出序列是$p_1,p_2,\ldots,p_n$,若$p_1=3$,则p_2的值________。

A. 一定是2　　B. 一定是1　　C. 不可能是1　　D. 以上都不对

答:当p1=3时,说明1,2,3先进栈,立即出栈3,然后可能出栈2,也可能是4或后面的元素进栈后再出栈。因此,p_2可能是2,也可能是4,…,n,但一定不能是1。所以本题答案为C。

8. 设n个元素进栈序列是$p_1,p_2,p_3,\cdots,p_n$,其输出序列是1,2,3,…,n,若$p_n=1$,则$p_i(1\leqslant i\leqslant n-1)$的值是________。

A. n−i+1　　B. n−i　　C. i　　D. 有多种可能

答:当$p_n=1$时,进栈序列是$p_1,p_2,p_3,\cdots,1$,由输出序列可知,$p_1,p_2,p_3,\cdots,p_n$依次进栈,然后依次出栈,即$p_{n-1}=2,p_{n-2}=3,\cdots,p_1=n$,也就是说$p_i=n-i+1$。所以本题答案为A。

9. 判定一个顺序栈ST(元素个数最多为StackSize)为空的条件为________。

A. ST.top==−1　　B. ST.top!=−1

C. ST.top!=StackSize　　D. ST.top==StackSize

答:通常情况下,将ST.top=0的一端作为栈底,栈空是指栈不存在元素,应满足ST.top==−1,所以本题答案为A。

10. 表达式a*(b+c)−d的后缀表达式是________。

A. abcd*+−　　B. abc+*d−　　C. abc*+d−　　D. −+*abcd

答:A对应的中缀表达式为"a−(b+c*d)",B对应的中缀表达式为"a*(b+c)−d",C对应的中缀表达式为"(a+b*c)−d",D不是后缀表达式。本题答案为B。

11. 经过以下队列运算后,队头的值是________。

```
InitQueue(qu);enQueue(qu,a);enQueue(qu,b);enQueue(qu,c);deQueue(qu);
```

A. a　　B. b　　C. 1　　D. 0

答:B。

12. 经过以下队列运算后,QueueEmpty(q)的值是________。

```
InitQueue(qu);enQueue(qu,a);enQueue(qu,b);deQueue(qu,x);deQueue(qu,y);
```

A. a　　B. b　　C. 1　　D. 0

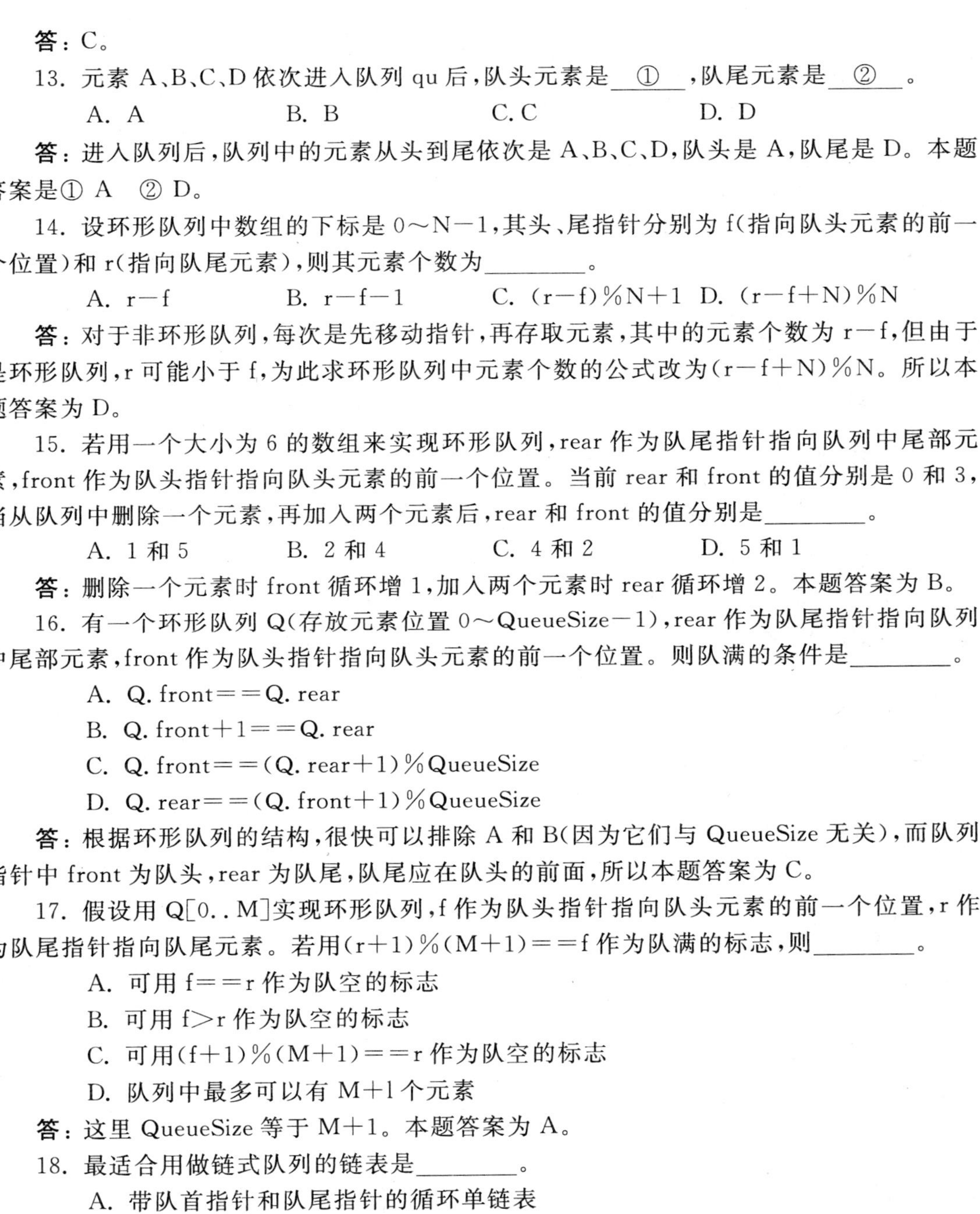

答：C。

13. 元素 A、B、C、D 依次进入队列 qu 后，队头元素是___①___，队尾元素是___②___。

A. A　　B. B　　C. C　　D. D

答：进入队列后，队列中的元素从头到尾依次是 A、B、C、D，队头是 A，队尾是 D。本题答案是① A　② D。

14. 设环形队列中数组的下标是 0～N－1，其头、尾指针分别为 f(指向队头元素的前一个位置)和 r(指向队尾元素)，则其元素个数为________。

A. r－f　　B. r－f－1　　C. (r－f)%N＋1　D. (r－f＋N)%N

答：对于非环形队列，每次是先移动指针，再存取元素，其中的元素个数为 r－f，但由于是环形队列，r 可能小于 f，为此求环形队列中元素个数的公式改为(r－f＋N)%N。所以本题答案为 D。

15. 若用一个大小为 6 的数组来实现环形队列，rear 作为队尾指针指向队列中尾部元素，front 作为队头指针指向队头元素的前一个位置。当前 rear 和 front 的值分别是 0 和 3，当从队列中删除一个元素，再加入两个元素后，rear 和 front 的值分别是________。

A. 1 和 5　　B. 2 和 4　　C. 4 和 2　　D. 5 和 1

答：删除一个元素时 front 循环增 1，加入两个元素时 rear 循环增 2。本题答案为 B。

16. 有一个环形队列 Q(存放元素位置 0～QueueSize－1)，rear 作为队尾指针指向队列中尾部元素，front 作为队头指针指向队头元素的前一个位置。则队满的条件是________。

A. Q. front＝＝Q. rear

B. Q. front＋1＝＝Q. rear

C. Q. front＝＝(Q. rear＋1)%QueueSize

D. Q. rear＝＝(Q. front＋1)%QueueSize

答：根据环形队列的结构，很快可以排除 A 和 B(因为它们与 QueueSize 无关)，而队列指针中 front 为队头，rear 为队尾，队尾应在队头的前面，所以本题答案为 C。

17. 假设用 Q[0..M]实现环形队列，f 作为队头指针指向队头元素的前一个位置，r 作为队尾指针指向队尾元素。若用(r＋1)%(M＋1)＝＝f 作为队满的标志，则________。

A. 可用 f＝＝r 作为队空的标志

B. 可用 f>r 作为队空的标志

C. 可用(f＋1)%(M＋1)＝＝r 作为队空的标志

D. 队列中最多可以有 M＋1 个元素

答：这里 QueueSize 等于 M＋1。本题答案为 A。

18. 最适合用做链式队列的链表是________。

A. 带队首指针和队尾指针的循环单链表

B. 带队首指针和队尾指针的非循环单链表

C. 只带队首指针的非循环单链表

D. 只带队首指针的循环单链表

答：对于链队，进队操作是在队尾插入节点，出队操作是删除队首节点。对于带队首指针 f 和队尾指针 r 的非循环单链表，这两种操作的时间复杂度均为 O(1)，所以本题答案为 B。

19. 最不适合用做链式队列的链表是________。

A. 只带队首指针的非循环双链表　B. 只带队首指针的循环双链表

C. 只带队尾指针的循环双链表　　　D. 只带队尾指针的循环单链表

答：选项 A 和 B 均可用做链式队列，但不必采用循环单链表，这样反而降低队列基本运算的效率。本题答案为 A。

20. 设栈 S 和队列 Q 的初始状态为空，元素 $e_1 \sim e_6$ 依次通过栈 S，一个元素出栈后即入队列 Q，若 6 个元素出队的序列是 e_2、e_4、e_3、e_6、e_5、e_1，则栈 S 的容量至少应该是________。

A. 5　　　B. 4　　　C. 3　　　D. 2

答：操作过程如下：e_1 进栈，e_2 进栈，e_2 出栈后进队，e_3 进栈，e_4 进栈，e_4 出栈后进队，e_3 出栈后进队，e_5 进栈，e_6 进栈，e_6 出栈后进队，e_5 出栈后进队，e_1 出栈后进队，栈中最多元素时为 3 个。本题答案为 C。

3.3.2 填空题

1. 栈是一种具有________特性的线性表。

答：后进先出或先进后出。

2. 如果栈的最大长度难以估计，则其存储结构最好使用________。

答：链栈。

3. 若用带头节点的单链表来表示链栈，则栈空的标志是________。

答：头节点的指针域为空。

4. 若用 s[1..m]作为顺序栈的存储空间，栈空的标志是栈顶指针 top 的值等于 m+1，则每进行一次__①__操作，需将 top 的值加 1；每进行一次__②__操作，需将 top 的值减 1。

答：这里以 s[m]端作为栈底，s[1]端作为栈顶，本题答案为：①出栈②进栈。

5. 若用不带头节点的单链表来表示链栈，则创建一个空栈所要执行的操作是________。

答：将单链表的首节点指针赋空值。

6. 若用带头节点的单链表来表示链栈，则创建一个空栈所要执行的操作是________。

答：将单链表头节点的指针域赋空值。

7. 若用 Q[1..m]作为非环形顺序队列的存储空间，则最多只能执行________次入队操作。

答：m。

8. 若用 Q[1..100]作为环形顺序队列的存储空间，f、r 分别表示队首和队尾指针，f 指向队首元素的前一个位置，r 指向队尾元素，则当 f=70，r=20 时，队列中共有________个元素。

答：这里 MaxSize=100，元素个数为(r-f+MaxSize)%MaxSize=50。

9. 顺序队列在实现的时候，通常将数组看成是一个首尾相连的环，这样做的目的是为避免产生________现象。

答：假溢出。

3.3.3 判断题

1. 判断以下叙述的正确性。

(1) 栈底元素是不能删除的元素。

(2) 顺序栈中元素值的大小是有序的。

(3) 在 n 个元素连续进栈以后，它们的出栈顺序和进栈顺序一定正好相反。

(4) 栈顶元素和栈底元素有可能是同一个元素。

(5) 若用 s[1..m]表示顺序栈的存储空间，则对栈的进栈、出栈操作最多只能进行 m 次。

(6) 栈是一种对进栈、出栈操作总次数作了限制的线性表。

(7) 对顺序栈进行进栈、出栈操作，不涉及元素的前、后移动问题。

(8) n 个元素通过一个栈产生 n 个元素的出栈序列，其中进栈操作和出栈操作的次数总是相等的。

(9) 空栈没有栈顶指针。

(10) n 个元素进队列的顺序和出队列的顺序总是一致的。

(11) 环形队列中有多少元素，可以根据队首指针和队尾指针的值来计算。

(12) 若采用“队首指针和队尾指针的值相等”作为环形队列为空的标志，则在设置一个空队时，只需将队首指针和队尾指针赋同一个值，不管什么值都可以。

(13) 无论是顺序队列，还是链式队列，插入、删除运算的时间复杂度都是 O(1)。

(14) 队列若用不带头节点的非循环单链表来表示链式队列，则可以用“队首指针和队尾指针的值相等”作为队空的标志。

答：(1) 错误。栈底元素可以删除。

(2) 错误。顺序栈是指用顺序存储结构实现的栈，栈中的元素不一定是有序。

(3) 正确。后进栈的元素先出栈，先进栈的元素后出栈。

(4) 正确。当栈中只有一个元素时就是这种情况。

(5) 错误。可以进行任意多次的进栈、出栈操作，但栈中最多只有 m 个元素。

(6) 错误。可以进行任意多次的进栈、出栈操作。

(7) 正确。

(8) 正确。

(9) 错误。空栈指栈中没有元素，但一定要有栈顶指针。

(10) 正确。后进队的元素后出队，先进队的元素先出队。

(11) 正确。

(12) 正确。因为无论出队和入队，都要进行求余运算，将队首指针和队尾指针转化为有效的顺序队下标值，所以本叙述是正确的。

(13) 正确。

(14) 错误。应该用“队首指针和队尾指针的值均为 NULL”作为队空的标志，因为当链队中只有一个节点时，队首指针和队尾指针的值也相等。

2. 判断以下叙述的正确性。

(1) 栈和队列都是插入和删除操作受限的线性表。

(2) 栈和队列的存储方式既可以是顺序方式，也可以是链式方式。

(3) 环形队列也存在空间溢出的问题。

(4) 消除递归不一定需要使用栈。

答：(1) 正确。

(2) 正确。

(3) 正确。

(4) 正确。如尾递归可将其转换成递推(用循环语句来实现)而不需要栈。

3.3.4 简答题

1. 试各举一个实例,简要说明栈和队列在程序设计中所起的作用。

答:栈的特点是先进后出,所以在解决实际问题涉及到后进先出的情况时,可以考虑使用栈。例如,求解表达式括号匹配问题时通常使用一个栈,将读到的左括号进栈,每读入一个右括号,判断栈顶是否为左括号,若是,则出栈;否则,表示不匹配。

队列的特点是先进先出。例如,求解操作系统中的作业排队问题时通常使用队列,因为在允许多道程序运行的计算机系统中,同时有几个作业运行,如果运行的结果都需要通过通道输出,那就要按请求输出的先后次序排队。每当通道传输完毕并可以接收新的输出任务时,队头的作业先从队列中退出作输出操作(出队)。凡是申请输出的作业都从队尾进入队列(进队)。

2. 假定有4个元素A、B、C、D依次进栈,进栈过程中允许出栈,试写出所有可能的出栈序列。

答:当输进栈的元素为n个时,经过栈运算后可得到的输出序列个数为:

$$\frac{1}{n+1}C_{2n}^{n}, \quad C_{2n}^{n}=\frac{(2n)!}{n!n!}$$

n=4时,出栈序列个数为$\frac{1}{5}\times\frac{8!}{4!\times4!}=14$种,如表3.1所示。

表3.1 出栈序列

以A开头	ABCD ABDC ACBD ACDB ADCB
以B开头	BACD BADC BCAD BCDA BDCA
以C开头	CBAD CBDA CDBA
以D开头	DCBA

3. 以S和X分别表示进栈和出栈操作,则初态和终态均为栈空的进栈和出栈的操作序列,可以表示为仅由S和X组成的序列。称可以实现的栈操作序列为合法序列(例如SXXS为合法序列,SXXS为非法序列)。试给出区分给定序列为合法序列或非法序列的一般准则,并证明:对同一输入序列的两个不同的合法序列不可能得到相同的输出元素序列。

答:合法的栈操作序列必须满足以下两个条件:

(1) 在操作序列的任何前缀(从开始到任何一个操作时刻)中,S的个数不得少于X的个数。

(2) 整个操作序列中S和X的个数相等。

要求证明:对同一输入序列$a_1a_2\ldots a_n$的两个不同的合法操作序列:$p=p_1p_2\cdots p_{j-1}p_j\cdots p_{2n}$,$q=q_1q_2\cdots q_{j-1}q_j\cdots q_{2n}$,不可能得到相同的输出元素序列。

证明:因为$p\neq q$,所以一定存在一个$j(1\leqslant j\leqslant 2n)$,使得$p_1p_2\cdots p_{j-1}=q_1q_2\cdots q_{j-1}$,而$p_j\neq q_j$,假设操作子序列$p_1p_2\cdots p_{j-1}$已将$a_1a_2\ldots a_{i-1}$进栈且将其中某些元素出栈,而$a_ia_{i+1}\ldots a_n$尚未进栈。因为p和q都是合法栈操作序列,且$p_j\neq q_j$,所以$p_j$和$q_j$中必有一个为S操作,另

一个为X操作(不失一般性,不妨设 p_j 为S操作,q_j 为X操作)。而且栈不必为空(不然就不能进行X操作)。设栈顶元素为 $a_f(1\leqslant f\leqslant i)$。因此对于操作序列p来说,在其对应的输出元素序列中 a_i 必领先于 a_f(因为 p_j 为S操作,它使 a_i 进栈,而 a_f 尚在栈中),对于操作序列q来说,在其对应的输出元素序列中,a_f 必领先于 a_i(因为 q_j 为X操作,它使 a_f 出栈而 a_i 尚未进栈),所以p和q必定对应不同的输出元素序列。

4. 什么是队列的上溢现象和假溢出现象?解决它们有哪些方法?

答:在队列的顺序存储结构中,设队头指针为front,队尾指针rear,队的容量(存储空间的大小)为MaxSize。当有元素加入队列时,若rear=MaxSize(初始时rear=0)则发生队列的上溢现象,不能再向队列中加入元素。所谓队列假溢出现象是指队列中还有剩余空间但元素却不能进入队列,这种现象是由于队列的设计不合理所致。

解决队列上溢的方法有以下几种:

(1) 建立一个足够大的存储空间,但会降低空间的使用效率。

(2) 当出现假溢出时可采用以下几种方法:

① 采用平移元素的方法:每当队列中加入一个元素时,队列中已有的元素向队头移动一个位置(当然要有空闲的空间可供移动)。

② 每当删除一个队头元素时,则依次移动队中的元素,始终使front指针指向队列中的第一个位置。

③ 采用环形队列方式:把队列看成一个首尾相接的环形队列,在环形队列上进行插入或删除运算时仍然遵循"先进先出"的原则。

5. 利用两个栈S1、S2模拟一个队列时,如何用栈的基本运算实现队列的入队、出队以及队列的判空等基本运算。请简述算法思想。

答:利用两个栈S1和S2模拟一个队列的基本思想是:用一个栈S1作为输入栈,另一个栈S2作为输出栈。入队时,总是将元素输入到S1,出队时,若输出栈S2已空,则将S1中元素全部输入到S2中,然后由S2输出元素。若输出栈S2不为空,则直接由S2输出元素。显然,只有当输入栈、输出栈均为空时队列才为空。

6. 设输入元素为1、2、3、P和A,输入次序为123PA,元素经过一个栈后产生输出序列,在所有的输出序列中,有哪些序列可作为高级语言的变量名(以字母开头的字母数字串)。

答:AP321,PA321,P3A21,P32A1,P321A。

7. 用栈实现将中缀表达式"8-(3+5)*(5-6/2)"转换成后缀表达式,画出栈的变化过程图。

答:栈的变化过程如表3.2所示。最后生成的后缀表达式为:8 3 5 + 5 6 2 / - * -,其求值结果为-8。

表3.2 将中缀表达式"8-(3+5)*(5-6/2)"转换成后缀表达式时栈的变化过程

op栈	postexp	说明
	8#	将8#存入postexp中
-	8#	'-'号进栈
-(	8#	'('号进栈
-(	8#3#	将3#存入postexp中

续表

op 栈	postexp	说　明
－(＋	8＃3＃	'＋'号进栈
－(＋	8＃3＃5＃	将5＃存入 postexp 中
－	8＃3＃5＃＋	遇到')',将'＋'和'('出栈
－＊	8＃3＃5＃＋	'＊'号进栈
－＊(	8＃3＃5＃＋	'('号进栈
－＊(	8＃3＃5＃＋5＃	将5＃存入 postexp 中
－＊(－	8＃3＃5＃＋5＃	'－'号进栈
－＊(－	8＃3＃5＃＋5＃6＃	将6＃存入 postexp 中
－＊(－/	8＃3＃5＃＋5＃6＃	'/'号进栈
－＊(－/	8＃3＃5＃＋5＃6＃2＃	将2＃存入 postexp 中
－＊	8＃3＃5＃＋5＃6＃2＃/－	遇到')',将'/'、'－'和'('出栈
	8＃3＃5＃＋5＃6＃2＃/－＊－	exp 扫描完毕,则将栈中所有运算符依次出栈并存入数组 postexp 中,得到后缀表达式

3.3.5 算法设计题

1.【**顺序栈算法**】用一个一维数组 S(设大小为 MaxSize)作为两个栈的共享空间。请说明共享方法,栈满、栈空的判断条件,并设计初始化栈 InitStack(st)、进栈 Push(st,i,x)和出栈 Pop(st,i,x)等算法,其中 i 为 0 或 1,用于表示栈号,x 为进栈元素。

解:设用一维数组 S[MaxSize]作为两个栈的共享空间,整型变量 top1、top2 分别作为两个栈的栈顶指针,并约定栈顶指针指示当前元素的下一个位置,如图 3.2 所示。S1 的栈底位置设在 S[0],S2 的栈底位置设在 S[MaxSize－1],栈 S1 空的条件是 top1＝＝－1,栈 S1 满的条件是 top1＝＝ top2－1,栈 S2 空的条件是 top2＝＝MaxSize,栈 S2 满的条件是 top2＝＝top1＋1。归纳起来,栈 S1 和 S2 满的条件都是 top1＝＝ top2－1。

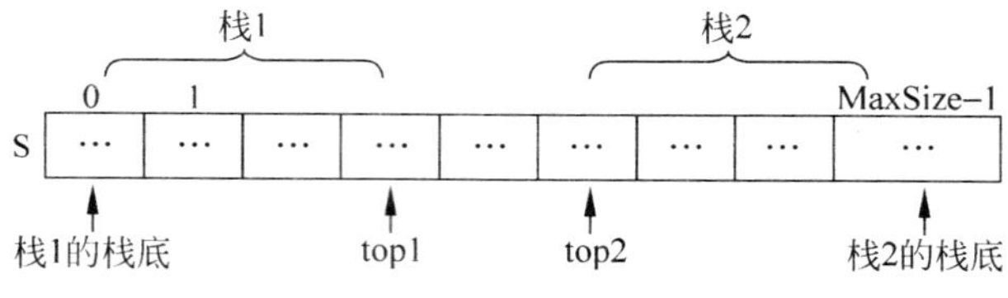

图 3.2　两个栈共享空间

对应的各种算法如下:

```
#define MaxSize 100
typedef char ElemType;
typedef struct
{   ElemType S[MaxSize];
    int top1,top2;
} StackType;
void InitStack(StackType * &st)
{   st = (StackType * )malloc(sizeof(StackType));
    st -> top1 =- 1;
```

```
    st -> top2 = MaxSize;
}
bool Push(StackType * &st, int i, ElemType x)
{   if (st -> top1 == st -> top2 - 1)          //栈满
        return false;
    if (i == 0)                                //x 进栈 S1
    {   st -> top1 ++ ;
        st -> S[st -> top1] = x;
    }
    else if (i == 1)                           //x 进栈 S2
    {   st -> top2 -- ;
        st -> S[st -> top2] = x;
    }
    else
        return false;
    return true;
}
bool Pop(StackType * &st, int i, ElemType &x)
{   if (i == 0)                                //S1 出栈
    {   if (st -> top1 ==- 1)                  //S1 栈空
            return false;
        else
        {   x = st -> S[st -> top1];
            st -> top1 -- ;
        }
    }
    else if (i == 1)                           //S2 出栈
    {   if (st -> top2 == MaxSize)             //S2 栈空
            return false;
        else
        {   x = st -> S[st -> top2];
            st -> top2 ++ ;
        }
    }
    else
        return false;
    return true;
}
```

2. **【顺序栈算法】**设以整数序列 1,2,3,4 作为栈 S 的输入，利用 push(进栈)和 pop(出栈)操作，写出所有可能的输出并编程实现算法。

解：设 $A=\{a_1,a_2,\cdots,a_i\}$是已出栈的编号，$B=\{b_1,b_2,\cdots,b_j\}$是已进栈的编号(如果栈不空的话)，$C=\{c_1,c_2,\cdots,c_k\}$是尚未进栈的编号。现有两种可能：一种可能是将 C 中的 c_1 进栈，另一个可能是将 B 中的 b_j 出栈添加到 A 的末尾。因此可以采用递归的方法，从初始状态出发，逐步递归，当所有整数序列都处理完毕时，所得的就是一种可能的输出序列。用 path[]存放输出序列，curp 标识 path[]中当前元素的位置，st 是一个栈，包含存放元素的 data 数组和栈指针 top。对应的算法如下：

```
#include <stdio.h>
#define MaxSize 10
```

```
struct stacknode
{    int data[MaxSize];
     int top;
} st;                                          //定义顺序栈,为全局变量
int total = 4;                                 //定义输入序列的总个数
void initstack()
{
     st.top =-1;
}
void push(int n)                               //元素 n 进栈
{    st.top++;
     st.data[st.top] = n;
}
int pop()                                      //退栈
{    int temp;
     temp = st.data[st.top];
     st.top--;
     return temp;
}
bool empty()                                   //判断是否栈空
{    if (st.top ==-1)
          return true;
     else
          return false;
}
void process(int pos, int path[], int curp)    //处理整数序列中 pos 位置的元素
{    int m, i;
     if (pos <= total)                         //编号 pos 的元素进栈时递归
     {    push(pos);                           //pos 进栈
          process(pos + 1, path, curp);
          pop();                               //出栈以恢复环境
     }
     if (!empty())                             //编号 pos 的元素出栈时递归
     {    m = pop();                           //出栈 m
          path[curp] = m;                      //将 m 输出到 path 中
          curp++;
          process(pos, path, curp);
          push(m);                             //进栈以恢复环境
     }
     if (pos > total && empty())               //输出一种可能的方案
     {    printf(" ");
          for (i = 0; i < curp; i++)
               printf(" %d ", path[i]);
          printf("\n");
     }
}
void main()
{    int path[MaxSize];
     initstack();
     printf("所有输出序列:\n");
     process(1, path, 0);                      //pos 从 1 开始
}
```

本程序的执行结果如下：

```
所有输出序列:
  4 3 2 1
  3 4 2 1
  3 2 4 1
  3 2 1 4
  2 4 3 1
  2 3 4 1
  2 3 1 4
  2 1 4 3
  2 1 3 4
  1 4 3 2
  1 3 4 2
  1 3 2 4
  1 2 4 3
  1 2 3 4
```

3. **【顺序队算法】**对于顺序队列来说，如果知道队首元素的位置和队列中的元素个数，则队尾元素的所在位置显然是可以计算的。也就是说，可以用队列中的元素个数代替队尾指针。编写出这种环形顺序队列的初始化、入队、出队和判空算法。

解：当已知队首元素的位置 front 和队列中元素个数 count 后，队空的条件为：count==0；队满的条件为：count==MaxSize；计算队尾位置 rear：rear=(front+count+MaxSize)%MaxSize。对应的算法如下：

```
typedef struct
{   ElemType data[MaxSize];
    int front;                                  //队首指针
    int count;                                  //队列中元素个数
} QuType;                                       //队列类型
void InitQu(QuType * &q)                        //队列 q 初始化
{   q = (QuType * )malloc(sizeof(QuType));
    q -> front = 0;
    q -> count = 0;
}
bool EnQu(QuType * &q,ElemType x)               //进队
{   int rear;
    if (q -> count == MaxSize)                  //队满上溢出
        return false;
    else
    {   rear = (q -> front + q -> count) % MaxSize;  //求队尾位置
        rear = (rear + 1) % MaxSize;            //队尾位置进 1
        q -> data[rear] = x;
        q -> count ++ ;
        return true;
    }
}
bool DeQu(QuType * &q,ElemType &x)              //出队
{   if (q -> count == 0)                        //队空下溢出
        return false;
```

```
    else
    {   q->front=(q->front+1)%MaxSize;
        x=q->data[q->front];
        q->count--;
        return true;
    }
}
bool QuEmpty(QuType *q)                         //判队空
{
    return(q->count==0);
}
```

4. **【顺序队算法】**对于顺序队列来说，如果知道队尾元素的位置和队列中的元素个数，则队首元素的所在位置显然是可以计算的。也就是说，可以用队列中的元素的个数代替队首指针。编写出这种环形顺序队列的初始化、入队、出队和判空算法。

解：当已知队首元素的位置 rear 和队列中元素个数 count 后，队空的条件为：count==0；队满的条件为：count==MaxSize；计算队首位置 front：front=(rear−count+MaxSize)%MaxSize。对应的算法如下：

```
typedef struct
{   ElemType data[MaxSize];
    int rear;                                   //队尾指针
    int count;                                  //队列中元素个数
} QuType;                                       //队列类型
void InitQu(QuType *&q)                         //队列q初始化
{   q=(QuType *)malloc(sizeof(QuType));
    q->rear=0;
    q->count=0;
}
int EnQu(QuType *&q,ElemType x)                 //进队
{   if (q->count==MaxSize)                      //队满上溢出
        return 0;
    else
    {   q->rear=(q->rear+1)%MaxSize;
        q->data[q->rear]=x;
        q->count++;
        return 1;
    }
}
int DeQu(QuType *&q,ElemType &x)                //出队
{   int front;
    if (q->count==0)                            //队空下溢出
        return 0;
    else
    {   front=(q->rear-q->count+MaxSize)%MaxSize;     //求队首位置
        front=(front+1)%MaxSize;                //队首位置进1
        x=q->data[front];
        q->count--;
        return 1;
    }
```

```
}
int QuEmpty(QuType * q)                                 //判空
{
    return(q -> count == 0);
}
```

5.【链队算法】假设以不带头节点的循环单链表表示队列，并且只设一个指针 rear 指向队尾节点，不设头指针，请写出相应的队初始化、入队、出队和判队空的算法。

解：其示意图如图 3.3 所示。队空条件：rear==NULL；入队：在 * rear 节点之后插入一个节点并让 rear 指向该节点；出队：删除 * rear 节点之后的一个节点。对应的算法如下：

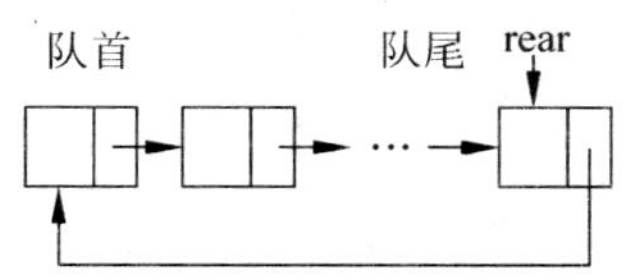

图 3.3 循环单链表表示队列的示意图

```
typedef struct node
{   ElemType data;
    struct node * next;
} QuNode;                                               //队列中的节点类型
void InitQu(QuNode * &rear)                             //初始化队列
{
    rear = NULL;
}
void EnQu(QuNode * &rear,ElemType x)                    //入队元素 x
{   QuNode * s;
    s = (QuNode * )malloc(sizeof(QuNode));              //创建新节点
    s -> data = x;
    if (rear == NULL)                                   //原链队为空
    {   s -> next = s;                                  //构成循环链表
        rear = s;
    }
    else
    {   s -> next = rear -> next;                       //将 * s 节点插入到 * rear 节点之后
        rear -> next = s;
        rear = s;                                       //让 rear 指向这个新插入的节点
    }
}
bool DeQu(QuNode * &rear,ElemType &x)                   //出队
{   QuNode * q;
    if (rear == NULL)                                   //队空
        return false;
    else if (rear -> next == rear)                      //原队中只有一个节点
    {   x = rear -> data;
        free(rear);
        rear = NULL;
    }
    else                                                //原队中有两个或以上的节点
    {   q = rear -> next;
        x = q -> data;
        rear -> next = q -> next;
        free(q);
    }
```

```
        return true;
    }
    bool QuEmpty(QuNode * rear)                          //判队空否
    {
        return(rear == NULL);
    }
```

6.【链队算法】假设用循环单链表实现循环队,该队只使用一个队尾指针 rear。请设计出相应的存储结构和如下基本运算算法:

(1) 初始化队列 InitQueue(Q):建立一个新的空队列 Q。

(2) 入队列 Enter(Q,x):将元素 x 插入到队列 Q 中。

(3) 出队列 Delete(Q,x):从队列 Q 中退出一个元素。

(4) 取队首元素 Gethead(Q,x):返回当前的队首元素。

(5) 判断队列是否为空 Empty(Q)。

(6) 输出队列中的元素 Dispalay(Q)。

解:设计循环单链表中节点的类型如下:

```
typedef char ElemType;
typedef struct qnode
{   ElemType data;
    struct qnode * next;
} QNode;
```

设计只含尾指针 rear 的队列的类型如下:

```
typedef struct queue
{
    QNode * rear;
} LinkQueue;
```

用 rear 指向循环单链表的队尾节点,所谓入队,就是在 * rear 节点之后插入一个节点,然后由 rear 指向这个新插入的节点。当 rear==NULL 时表示队空,当队不空时,rear->next 指向队首节点,所谓出列,就是删除 rear->next 指向的那个节点(当原队列只有一个节点时,还需将 rear 置为 NULL 表示队已空)。对应的各个算法如下:

```
void InitQueue(LinkQueue * &Q)
{   Q = (LinkQueue * )malloc(sizeof(LinkQueue));
    Q -> rear = NULL;
}
void Enter(LinkQueue * &Q,ElemType x)
{   QNode * s, * p;
    s = (QNode * )malloc(sizeof(QNode));             //创建一个节点
    s -> data = x;
    if (Q -> rear == NULL)                           //原队为空时
    {   Q -> rear = s;
        s -> next = s;                               //构成循环单链表
    }
    else                                             //原队不为空时
    {   p = Q -> rear -> next;                       //p 指向第一个节点
```

```
            Q->rear->next=s;                        //将 s 连接到队尾
            Q->rear=s;s->next=p;                    //Q->rear 指向队尾
        }
}
bool Delete(LinkQueue *&Q)
{   QNode *t;
    if (Q->rear==NULL)                              //队列为空,下溢出
        return false;
    if (Q->rear->next==Q->rear)                     //只有一个节点时
    {   t=Q->rear;
        Q->rear=NULL;
    }
    else                                            //有多个节点时
    {   t=Q->rear->next;                            //t 指向第一个节点
        Q->rear->next=t->next;                      //构成循环链
    }
    free(t);
    return true;
}
bool Gethead(LinkQueue *Q,ElemType &x)
{   if (Q->rear==NULL)                              //队列为空,下溢出
        return false;
    else
    {   x= Q->rear->next->data;
        return true;
    }
}
bool Empty(LinkQueue *Q)
{   if (Q->rear==NULL)
        return true;                                //为空,则返回 true
    else
        return false;                               //不为空,则返回 false
}
void Display(LinkQueue *Q)
{   QNode *p=Q->rear->next;
    printf("队列元素:");
    while (p!=Q->rear)
    {   printf("%c ",p->data);
        p=p->next;
    }
    printf("%c\n",p->data);
}
```

7. **【顺序栈和顺序队算法】**用于列车编组的铁路转轨网络是一种栈结构，如图 3.4 所示。其中，右边轨道是输入端，左边轨道是输出端。当右边轨道上车皮编号顺序为 1,2,3,4 时，如果执行操作：进栈、进栈、出栈、进栈、进栈、出栈、出栈、出栈，则在左边轨道上的车皮编号顺序为 2,4,3,1。

编写一个算法，输入 n 个整数，表示右边轨道上 n 节车皮的编号，用上述转轨栈对这些车皮重新编排，使得编号为奇数的车皮都排在编号为偶数的车皮的前面。

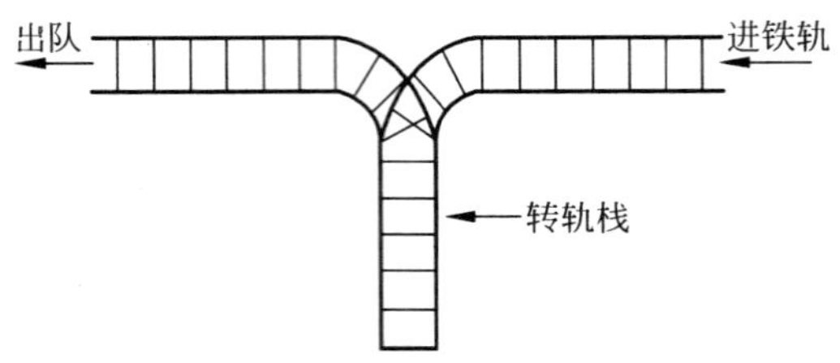

图 3.4 铁路转轨网络

解：将转轨栈看成一个栈，将左边轨道看成是一个队列。从键盘逐个输入表示右边轨道上车皮编号的整数，根据其奇偶性作如下处理：若是奇数，则将其插入到表示左边轨道的顺序队列的队尾；若是偶数，则将其插入到表示转轨栈的顺序栈的栈顶。当 n 个整数都检测完之后，这些整数已全部进入队列或栈中。此时，首先按先进先出的顺序输出队列中的元素，然后再按后进先出的顺序输出栈中的元素。对应的算法如下：

```
#include <stdio.h>
#define MaxSize 100
void fun1()
{    int i,n,x;
     int Stack[MaxSize],top=-1;                  //栈和栈指针
     int Queue[MaxSize],front=0,rear=0;          //队列和队指针
     printf("n:");
     scanf("%d",&n);
     for (i=0;i<n;i++)
     {    printf("第%d个车皮编号:",i+1);
          scanf("%d",&x);
          if (x%2==1)                             //编号为奇数,则进队列
          {    Queue[rear]=x;
               printf(" %d进队\n",x);
               rear++;
          }
          else                                    //编号为偶数,则进栈
          {    top++;
               Stack[top]=x;
               printf(" %d进栈\n",x);
          }
     }
     printf("出轨操作:\n ");
     while (front!=rear)                          //队列中所有元素出队
     {    printf("%d出队 ",Queue[front]);
          front++;
     }
     while (top>=0)                               //栈中所有元素出栈
     {    printf("%d出栈 ",Stack[top]);
          top--;
     }
     printf("\n");
}
void main()
```

```
{
    fun1();
}
```

本程序的一次求解结果如下：

```
n:4↙
第 1 个车皮编号:4↙    4 进栈
第 2 个车皮编号:1↙    1 进队
第 3 个车皮编号:3↙    3 进队
第 4 个车皮编号:2↙    4 进栈
```

出轨操作：

```
1 出队  3 出队  2 出栈  4 出栈
```

8. **【顺序栈和顺序队算法】**对于如图 3.4 所示的铁路转轨网络，请写一个算法，求出当右边轨道上 n 节车皮的编号为 1,2,3,…,n 顺序排列时，在左边轨道上所有可能得到的车皮编号顺序。

解：左边轨道用顺序队列表示，转轨栈用顺序栈表示。假设在某一时刻，队尾指针为 rear，栈顶指针为 top，编号为 i 的车皮来到转轨栈的入口处，这种状态（称为状态 X_0）有两种可能的处理方法：

(1) 输出栈顶元素。其结果是，队列中多了一个元素，栈中少了一个元素，转轨栈入口处的车皮编号仍然是 i。这种状态称为状态 X_1。

(2) i 进栈。其结果是，队列中元素不变，栈中元素多了一个，转轨栈入口处的车皮编号变成了 i+1。这种状态称为状态 X_2。显然，状态 X_1、状态 X_2 的处理方法和状态 X_0 的处理方法是相同的，用递归方法处理最简单。

对应的算法如下：

```
#include <stdio.h>
#define MaxSize 100
int n;                                  //车皮个数
int Stack[MaxSize];                     //栈和栈指针
int Queue[MaxSize];                     //队列和队尾指针
void fun2(int rear,int top,int i)       //处理第 i 个车皮进入轨道
{   int j;
    if (rear == n)                      //n 个元素已全部入队，输出一个解
    {   printf(" ");
        for (j = 1;j <= n;j ++ )
            printf(" %d ",Queue[j]);
        printf("\n");
    }
    else
    {   if (top > -1)                   //栈不空
        {   rear ++ ;
            Queue[rear] = Stack[top];   //出栈一个元素并将其入列
            top -- ;
            fun2(rear,top,i);           //递归处理 X1 状态
            top ++ ;                    //恢复处理前的状态
```

```
                Stack[top] = Queue[rear];
                rear--;
            }
            if (i<=n)                          //转轨栈右边还有未处理车皮
            {   top++;                         //编号为i的车皮进栈
                Stack[top] = i;
                fun2(rear,top,i+1);            //递归处理X2状态
            }
        }
}
void main()
{   printf("车皮个数n:");
    scanf("%d",&n);
    printf("所有可能的车皮顺序:\n");
    fun2(0,-1,1);
}
```

本程序的一次求解结果如下：

```
车皮个数n:4↙
所有可能的车皮顺序:
1 2 3 4
1 2 4 3
1 3 2 4
1 3 4 2
1 4 3 2
2 1 3 4
2 1 4 3
2 3 1 4
2 3 4 1
2 4 3 1
3 2 1 4
3 2 4 1
3 4 2 1
4 3 2 1
```

9. **【顺序栈算法】**对于如图3.4所示的铁路转轨网络，假设右边轨道上n节车皮的编号序列为A，左边轨道上n节车皮的编号序列为B。请写一个算法，判断序列B是不是借助转轨栈由序列A得到的。

解：将右边轨道上车皮编号序列存入数组a中，左边轨道上车皮编号序列存入数组b中，令i、j的初始值均为0，即分别指向a、b数组的第一个元素。反复执行下列操作：比较栈顶元素Stack[top]和b[j]的大小，若两者不相等，则将a[i]进栈，i加1；否则出栈栈顶元素，j加1。当i大于等于n或j大于等于n时，上述循环过程结束。如果序列B是由序列A得到的，则此时必有j≥n。对应的算法如下：

```
#include <stdio.h>
#define MaxSize 100
int fun3(int a[],int b[],int n)
{   int i=0,j=0;                               //i,j分别为a[]和b[]的下标
    int Stack[MaxSize],top=-1;
```

```
    do
    {   if (top==-1 || Stack[top]!= b[j])        //栈为空或栈顶不为 b[j]
        {   top++;                               //a[i]进栈
            Stack[top] = a[i];
            i++;
        }
        else
        {   top--;                               //出栈一次
            j++;                                 //j 指向 b[]的下一个元素
        }
    } while (i<n && j<n);
    while (Stack[top] == b[j])                   //若栈顶元素等于 b[j]
    {   top--;                                   //出栈一次
        j++;                                     //j 指向 b[]的下一个元素
    }
    if (j>=n) return 1;
    else return 0;
}
void main()
{   int i,n;
    int a[MaxSize],b[MaxSize];
    printf("车皮个数 n:");
    scanf("%d",&n);
    printf("右边轨道上车皮编号序列:");
    for (i=0;i<n;i++)
        scanf("%d",&a[i]);
    printf("左边轨道上车皮编号序列:");
    for (i=0;i<n;i++)
        scanf("%d",&b[i]);
    if (fun3(a,b,n)==1)
        printf("由 A 可能得到 B\n");
    else
        printf("由 A 不可能得到 B\n");
}
```

本程序的一次求解结果如下：

```
车皮个数n:4↙
右边轨道上车皮编号序列: 1 2 3 4↙
左边轨道上车皮编号序列: 4 1 2 3↙
由 A 不可能得到 B
```

CHAPTER 4

第4章　串

基本知识点：串的基本概念和串的基本运算。

重点：串的顺序存储方法和链式存储方法及其基本运算算法的实现。

难点：模式匹配 Brute-Force 算法和 KMP 算法。

4.1　本章知识体系结构

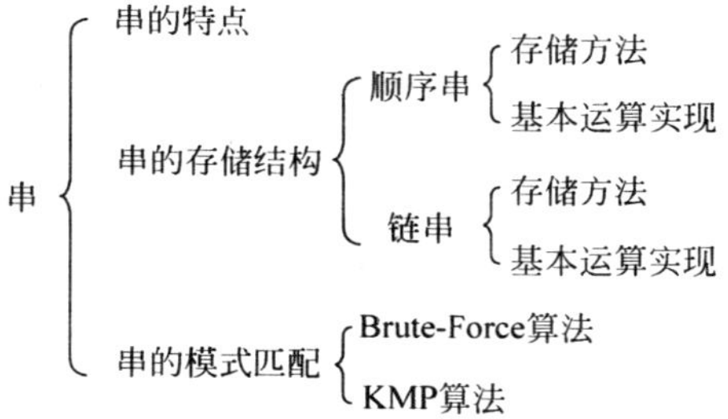

4.2　教材中练习题及参考答案

4.1　采用顺序结构存储串，编写一个实现串通配符匹配的算法 pattern_index()，其中的通配符只有"?"，它可以和任一字符匹配成功，例如，pattern_index("? re","there are")返回的结果是 2。

解：本题的基础是 Brute-Force 模式匹配算法，只是增加了"?"的处理功能。对应的算法如下：

```
int Pattern_Index(SqString substr,SqString str)
{   int i,j,k;
    for (i=0;i<str.length;i++)
    {   for (j=i,k=0;j<str.length && k<substr.length &&
                (str.data[j]==substr.data[k] ||
                substr.data[k]=='?');j++,k++);
```

```
            if (k>=substr.length)
                return(i);
        }
        return(-1);
}
```

4.2 有两个串 s1 和 s2,设计一个算法求一个这样的串,该串中的字符是 s1 和 s2 中公共字符。

解:扫描 s1,对于当前字符 s1.data[i],若在 s2 中,则将其加入到串 s3 中。最后返回 s3 串。对应的算法如下:

```
SqString CommChar(SqString s1,SqString s2)
{   SqString s3;
    int i,j,k=0;
    for (i=0;i<s1.length;i++)
    {   for (j=0;j<s2.length;j++)
            if (s2.data[j]==s1.data[i])
                break;
        if (j<s2.length)                        //s1.data[i]是公共字符
        {   s3.data[k]=s1.data[i];
            k++;
        }
    }
    s3.length=k;
    return s3;
}
```

4.3 设目标为 t='abcaabbabcabaacbacba',模式 p='abcabaa'。

(1) 计算模式 p 的 nextval 函数值。

(2) 不写算法,只画出利用 KMP 算法进行模式匹配时的每一趟匹配过程。

解:(1) 先计算 next 数组,在此基础上求 nextval 数组,如表 4.1 所示。

表 4.1 计算 next 数组和 nextval 数组

j	0	1	2	3	4	5
p	a	b	c	a	b	a
next[j]	−1	0	0	0	1	2
nextval[j]	−1	0	0	−1	0	2

采用 KMP 算法求子串位置的过程如下(开始时 i=0,j=0):

第 1 趟匹配:s = '[a]bcaabbabcabaacbacba'

t = '[a]bcabaa'

此时 i=4,j=4,匹配失败,而 nextval[4]=0,则 i=4,j=nextval[4]=0,即:

第 2 趟匹配:s = 'abca[a]bbabcabaacbacba'

t = '[a]bcabaa'

此时 i=6,j=2,匹配失败,而 nextval[2]=0,则 i=6,j=nextval[2]=0,即:

第 3 趟匹配: = 'abcaab[b]abcabaacbacba'

t = '[a]bcabaa'

此时 i=6,j=0,匹配失败,而 nextval[0]=-1,则 i=6,j=nextval[0]=-1。因 j=-1,执行 i=i+1=7,j=j+1=0,即:

第 4 趟匹配: s = 'abcaabb[a]bcabaacbacba'

t = '[a]bcabaa'

此时 i=14,j=7,匹配成功,返回 v=i-t.length=14-7=7。

4.3 补充练习题及参考答案

4.3.1 单项选择题

1. 串是________。

A. 不少于一个字母的序列　　B. 任意个字母的序列

C. 不少于一个字符的序列　　D. 有限个字符的序列

答: D

2. 串是一种特殊的线性表,其特殊性体现在________。

A. 可以顺序存储　　B. 数据元素是一个字符

C. 可以连接存储　　D. 数据元素可以是多个字符

答: 串中每个数据元素只有一个字符。所以本题答案为 B。

3. 串的长度是________。

A. 串中不同字母的个数　　B. 串中不同字符的个数

C. 串中所含字符的个数,且大于 0　　D. 串中所含字符的个数

答: D。

4. 设 S 为一个长度为 n 的字符串,其中的字符各不相同,则 S 中的互异非平凡子串(非空且不同于 S 本身)的个数为________。

A. 2^{n-1}　　B. $\frac{n(n+1)}{2}$　　C. $\frac{n(n+1)}{2}-1$　　D. $\frac{n(n-1)}{2}-1$

答: 子串的定义是: 串中任意个连续的字符组成的子序列。由此定义不难得知,长度为 n-1 的不同的子串个数为 2,长度为 n-2 的不同的子串个数为 3,……,长度为 1 的不同子串个数为 n。以上各种长度的子串,组成了原字符串 S 的互异非平凡子串集合。因此 S 的非平凡子串的个数为 $2+3+\cdots+n=\frac{n(n+1)}{2}-1$。本题答案为 C。

5. 若串 S="software",其子串数目是________。

A. 8　　B. 37　　C. 36　　D. 9

答：由上题分析可知，长度为n的字符串(其中的字符各不相同)中含本身和空串的所有子串个数为$\frac{n(n+1)}{2}+1$。这里n=8，有37个子串。本题答案为B。

4.3.2 填空题

1. 串是指________。

答：由串的定义得到本题答案为：含n个字符的有限序列，其中n≥0。

2. 设串s1="I(am(a(student"，则串长为________。

答：空格也计算在串的长度之中，所以本题答案为14。

3. 设有两个串p和q，其中q是p的子串，求子串q在p中首次出现位置的算法称为________。

答：模式匹配。

4.3.3 判断题

1. 判断以下叙述的正确性。

(1) KMP算法的最大特点是指示主串的指针不需回溯。

(2) 空串的长度为0。

(3) 含有n个字符的字符串中所有子串个数为$\frac{n(n+1)}{2}+1$。

答：(1) 正确。

(2) 正确。

(3) 错误。只有在n个字符互不相同时命题才成立。

4.3.4 简答题

1. 两个串相等的充要条件是什么？

答：两个串相等的充要条件是：两个串的长度相等且对应位置的字符相等。

2. 空串与空格串有何区别？

答：空串是指不含任何字符的串，其长度为0，它是任意串的子串。仅含有空格字符的串称为空格串，其长度为串中空格字符的个数。

3. 若主串s='abcaabccacabcabcaaaabc'，模式串t='abcabcaaa'，求出t的next数组，并给出采用KMP算法求子串位置的过程。

答：对于模式串t='abcabcaaa'，先计算next数组，结果如表4.2所示，计算过程如下：

当j=0时，next[0]=-1(固定值)；

当j=1时，next[1]=0(固定值)；

当j=2时，$t_0 \neq t_1$，next[2]=0；

当j=3时，$t_0 \neq t_2$，next[3]=0；

当j=4时，$t_0 = t_3$='a'，k=j-3=1，next[4]=k=1；

当j=5时，$t_0 t_1 = t_3 t_4$='ab'，k=j-3=2，next[5]=k=2；

当j=6时，$t_0 t_1 t_2 = t_3 t_4 t_5$='abc'，k=j-3=3，next[6]=k=3；

当 j=7 时，$t_0t_1t_2t_3=t_3t_4t_5t_6$='abca'，k=j−3=4，next[7]=k=4；

当 j=8 时，$t_0t_1 \neq t_6t_7$，$t_0=t_7$='a'，k=j−7=1，next[8]=k=1。

表 4.2　模式 t 对应的 next 数组

j	0	1	2	3	4	5	6	7	8
模式 t	a	b	c	a	b	c	a	a	a
next[j]	−1	0	0	0	1	2	3	4	1

采用 KMP 算法求子串位置的过程如下(开始时 i=0，j=0)：

第 1 趟匹配：s = '[a]bcaabccacabcabcaaaabc'

t = '[a]bcabcaaa'

此时 i=4，j=4，匹配失败，而 next[4]=1，则 i=4，j=next[4]=1。

第 2 趟匹配：s = 'abca[a]bccacabcabcaaaabc'

t = 'a[b]cabcaaa'

此时 i=4，j=1，匹配失败，而 next[1]=0，则 i=4，j=next[4]=0。

第 3 趟匹配：s = 'abca[a]bccacabcabcaaaabc'

t = '[a]bcabcaaa'

此时 i=7，j=3，匹配失败，而 next[3]=0，则 i=7，j=next[3]=0。

第 4 趟匹配：s = 'abcaabc[c]acabcabcaaaabc '

t = '[a]bcabcaaa'

此时 i=7，j=0，匹配失败，而 next[0]=−1，则 i=7，j=next[0]=−1；因 j=−1，所以 i=i+1=8，j=j+1=0。

第 5 趟匹配：s = 'abcaabcc[a]cabcabcaaaabc '

t = '[a]bcabcaaa'

此时 i=9，j=1，匹配失败，而 next[1]=0，则 i=9，j=next[1]=0。

第 6 趟匹配：s = 'abcaabcca[c]abcabcaaaabc '

t = '[a]bcabcaaa'

此时 i=9，j=0，匹配失败，而 next[0]=−1，则 i=9，j=next[0]=−1，因 j=−1，所以 i=i+1=10，j=j+1=0。

第 7 趟匹配：s = 'abcaabccacabcabcaaaabc '

t = 'abcabcaaa'

此时 i=19，j=9，匹配成功，返回 v=i−t.length=19−9=10。

4. 已知 KMP 串匹配算法中子串为"babababaa"，写出 next 数组和改进后的 next 数组信息值（要求写出数组下标起点）。

答：改进后的 next 数组信息值指的是 nextval 数组，如表 4.3 所示。

表 4.3　子串对应的 next 数组和 nextval 数组

j：	0	1	2	3	4	5	6	7	8
串：	b	a	b	a	b	a	b	a	a
next[j]：	−1	0	0	1	2	3	4	5	6
nextval[j]：	−1	0	−1	0	−1	0	−1	0	6

5. 设目标为 s='abcaabbcaaabababaabca'，模式为 p='babab'。

(1) 计算模式 p 的 nextval 函数值。

(2) 不写算法，只画出利用 KMP 算法进行模式匹配时每一趟的匹配过程。

答：(1) 先计算 next 数组，在此基础上求 nextval 数组，如表 4.4 所示。

表 4.4　计算 next 数组和 nextval 数组

j	0	1	2	3	4
p	b	a	b	a	b
next[j]	−1	0	0	1	2
nextval[j]	−1	0	−1	0	−1

采用 KMP 算法求子串位置的过程如下（开始时 i=0，j=0）：

第 1 趟匹配：s = 'abcaabbcaaabababaabca'

t = 'babab'

此时 i=0，j=0，匹配失败，而 nextval[0]=−1，则 i=0，j=nextval[0]=−1。因 j=−1，执行 i=i+1=1，j=j+1=0，即：

第 2 趟匹配：s = 'abcaabbcaaabababaabca'

t = 'babab'

此时 i=2，j=1，匹配失败，而 nextval[1]=0，则 i=2，j=nextval[1]=0。

第 3 趟匹配：s = 'abcaabbcaaabababaabca'

t = 'babab'

此时 i=2,j=0,匹配失败,而 nextval[0]=-1,则 i=2,j=nextval[0]=-1。因 j=-1,执行 i=i+1=3,j=j+1=0。

第 4 趟匹配: s='abc[a]abbcaaababababaabca'

t='[b]abab'

此时 i=3,j=0,匹配失败,而 nextval[0]=-1,则 i=3,j=nextval[0]=-1。因 j=-1,执行 i=i+1=4,j=j+1=0。

第 5 趟匹配: s='abca[a]bbcaaababababaabca'

t='[b]abab'

此时 i=4,j=0,匹配失败,而 nextval[0]=-1,则 i=4,j=nextval[0]=-1。因 j=-1,执行 i=i+1=5,j=j+1=0。

第 6 趟匹配: s='abcaa[b]bcaaababababaabca'

t='[b]abab'

此时 i=6,j=1,匹配失败,而 nextval[1]=0,则 i=6,j=nextval[1]=0。

第 7 趟匹配: s='abcaabbc[a]aababababaabca'

t='[b]abab'

此时 i=7,j=0,匹配失败,而 nextval[0]=-1,则 i=7,j=nextval[0]=-1。因 j=-1,执行 i=i+1=8,j=j+1=0。

第 8 趟匹配: s='abcaabbc[a]aababababaabca'

t='[b]abab'

此时 i=8,j=0,匹配失败,而 nextval[0]=-1,则 i=8,j=nextval[0]=-1。因 j=-1,执行 i=i+1=9,j=j+1=0。

第 9 趟匹配: s='abcaabbca[a]abababaabca'

t='[b]abab'

此时 i=9,j=0,匹配失败,而 nextval[0]=-1,则 i=9,j=nextval[0]=-1。因 j=-1,执行 i=i+1=10,j=j+1=0。

第 10 趟匹配: s='abcaabbcaa[a]bababaabca'

t='[b]abab'

此时 i=10,j=0,匹配失败,而 nextval[0]=-1,则 i=10,j=nextval[0]=-1。因 j=-1,执行 i=i+1=11,j=j+1=0。

第 11 趟匹配: s = 'abcaabbcaaa[b]ababaabca'

t = '[b]abab'

此时 i=16,j=5,匹配成功,返回 v=i-t.length=16-5=11。

4.3.5 算法设计题

1.**【顺序串算法】**若采用顺序结构存储串,编写一个比较两个串是否相等的算法 Equal()。

解:两个串相等是指长度相等且对应位置的字符必须都相同。先比较两串长,在相等时扫描两串,逐一比较相应位置的字符,若相同继续比较直到全部比较完毕,如果都相同则表示两串相等,否则表示两串不相等。对应的算法如下:

```
bool Equal(SqString x,SqString y)
{   int i = 0;
    bool tag = true;
    if (x.length!= y.length)
        return false;
    else
    {   while (i < x.length && tag)
        {   if (x.data[i]!= y.data[i])
                tag = false;
            i ++ ;
        }
        return(tag);
    }
}
```

2.**【顺序串算法】**编写下列算法(假定下面所用的串均采用顺序存储方式,参数 c、c1 和 c2 均为字符型):

(1) 将串 S 中所有其值为 c1 的字符换成 c2 的字符。

(2) 将串 S 中所有字符逆序。

(3) 从串 S 中删除其值等于 c 的所有字符。

(4) 从串 S 中第 index 个字符起求出首个与字符串 S1 相同的子串的起始位置。

(5) 从串 S 中删除从第 i 个字符起的 j 个字符。

(6) 从串 S 中删除所有与串 S1 相同的子串(允许调用第(4)题和第(5)题的算法)。

解:(1) 本小题的算法思路是:从头到尾扫描 S 串,对于值为 c1 的元素直接替换成 c2 即可。对应的算法如下:

```
void Trans(SqString &S,char c1,char c2)
{   int i;
    for (i = 0;i < S.length;i ++ )
        if (S.data[i] == c1)
            S.data[i] = c2;
}
```

(2) 本小题的算法思路是：将第一个元素与最后一个元素交换，第二个元素与倒数第二个元素交换，如此下去，便将该串的所有字符都反序了。对应的算法如下：

```
void Invert(SqString &S)
{   int i;
    char temp;
    for (i = 0;i < S.length/2;i ++ )
    {   temp = S.data[i];
        S.data[i] = S.data[S.length - i + 1];
        S.data[S.length - i + 1] = temp;
    }
}
```

(3) 本小题的算法思路是：从头到尾扫描S串，对于其值为c的元素采用移动的方式进行删除。算法如下：

```
void DelAll(SqString &S,char c)
{   int i,j;
    for (i = 0;i < S.length;i ++ )
        if (S.data[i] == c)
        {   for (j = i;j < S.length;j ++ )
                S.data[j] = S.data[j + 1];
            S.length -- ;
        }
}
```

上述算法效率很低，一个更高效的算法如下：

```
void DelAll1(SqString &S,char c)
{   int k = 0,i = 0;                        //k记录值等于c的字符个数
    while (i < S.length)
    {   if (S.data[i] == c)
            k ++ ;
        else
            S.data[i - k] = S.data[i];      //当前字符前移k个位置
        i ++ ;
    }
    S.length = S.length - k;                //串S的长度递减
}
```

(4) 本小题的算法思路是：从第index个元素开始扫描S，当其元素值与S1的第一个元素的值相同时，判定它们之后的元素值是否依次相同，直到S1结束为止。若都相同则返回，否则继续上述过程直到扫描完S为止。对应的算法如下：

```
int PartPos(SqString S,SqString S1,int index)//S为主串,S1为子串
{   int i,j,k;
    int n = S.length;
    int m = S1.length;
    for (i = index;i < = n - m;i ++ )
    {   for (j = 0,k = i;j < m && S1.data[j] == S.data[k];k ++ ,j ++ );
        if (j == m)
```

```
            return(i);
        }
    return( - 1);
}
```

(5) 本小题的算法思路是：将后面的字符前移覆盖被删的字符。对应的算法如下：

```
bool DelSubs(SqString &S, int i, int j)
{   int k;
    if (i > S.length - 1 || i + j >= S.length)//参数错误返回 false
        return false;
    for (k = i;k <= i + j - 1;k ++ )
        S.data[k] = S.data[k + j];
    S.length = S.length - j;
    return true;
}
```

(6) 本小题的算法思路是：从位置 0 开始调用第(4)题的函数 PartPos()，若找到了一个相同子串，则调用第(5)题的 DelSubs()将其删除，再查找后面位置的相同子串，过程与前面类似。对应的算法如下：

```
void DelSubsAll(SqString S, SqString S1)
{   int i = 0;
    while (i < S.length)
    {   if ((i = PartPos(S, S1, i))!= - 1)      //找到子串 S1 将其删除
            DelSubs(S, i, S1.length);
        i ++ ;
    }
}
```

3. **【顺序串算法】**采用顺序结构存储串，编写一个算法，求串 s 和串 t 的一个最长公共子串。

解：以 s 为主串，t 为子串，设 maxidx 为最长公共子串在 s 中的序号，maxlen 为最长公共子串的长度。采用 BF 算法扫描串 s 和扫描串 t，当 s 的当前字符等于 t 的当前字符时，比较后面的字符是否相等，这样得到一个公共子串(其在 s 中起始位置为 i，长度为 len)。将 len 与 maxlen 相比，若 len 较大，则置 maxlen＝len，maxidx＝i。如此直到扫描完 s 为止。对应的算法如下：

```
SqString MaxComStr(SqString s, SqString t)
{   SqString str;                              //str 用于存放最长公共子串
    int maxidx = 0, maxlen = 0, i, j, k, len;
    i = 0;                                     //i 作为扫描 s 的指针
    while (i < s.length)
    {   j = 0;                                 //j 作为扫描 t 的指针
        while (j < t.length)
        {   if (s.data[i] == t.data[j])
            {   len = 1;                        //找一个公共子串，其在 s 中的位置为 i，长度为 len
                for (k = 1;i + k < s.len && j + k < t.len
                        && s.data[i + k] == t.data[j + k];k ++ )
                    len ++ ;
```

```
                if (len > maxlen)               //将较大长度者赋给 idx 与 len
                {   maxidx = i;
                    maxlen = len;
                }
                j += len;                       //继续扫描 t 中第 j + len 字符之后的字符
            }
            else j ++ ;
        }
        i ++ ;                                  //继续扫描 s 中第 i 字符之后的字符
    }
    for (i = 0;i < maxlen;i ++ )
        str.data[i] = s.data[maxidx + i];
    str.length = maxlen;
    return(str);                                //返回最长公共子串
}
```

4. **【顺序串算法】**设计一个程序,计算串 str 中每一个字符出现的次数。

解:设计一个结构体数组 cnum 用于存放 str 中出现的字符和出现的次数。扫描 str,用 k 记录 cnum 中的元素个数,对于 str.data[i],在 cnum 中没有对应字符时,将 str.data[i]直接放到 cnum 中,否则将对应字符的出现次数增 1。对应的程序如下:

```
#include <stdio.h>
#include <string.h>
#include <malloc.h>
#define MaxSize 100
typedef struct
{   char data[MaxSize];
    int length;                                 //串长
} SqString;
typedef struct
{   char c;                                     //字符
    int num;                                    //字符计数
} CType;
int fun(SqString str,CType cnum[ ])
{   int i,j,k = 0;                              //k 记录 cnum 中的元素个数
    for (i = 0;i < str.length;i ++ )
    {   if (k == 0)                             //cnum 中没有元素时,将 str.data[i]直接放到 cnum 中
        {   cnum[k].c = str.data[i];
            cnum[k].num = 1;
            k ++ ;
        }
        else                                    //cnum 中存在元素时,查找是否有相同的字符
        {   for (j = 0;j < k && str.data[i]!= cnum[j].c;j ++ );
            if (j >= k)                         //str.data[i]不在 c 数组中
            {   cnum[k].c = str.data[i];
                cnum[k].num = 1;
                k ++ ;
            }
            else cnum[j].num ++ ;
        }
```

```
    }
    return k;
}
void main()
{   int i,k;
    char *s;
    SqString str;
    CType cnum[MaxSize];
    printf("输入串:");
    gets(s);
    strcpy(str.ch,s);str.length=strlen(s);          //创建串 str
    printf("统计结果如下:\n");
    k=fun(str,cnum);
    for (i=0;i<k;i++)
        printf(" %c %d\n",cnum[i].c,cnum[i].num);
}
```

5. **【顺序串算法】**采用顺序结构存储串，编写一个算法计算指定子串在一个字符串中出现的次数，如果该子串不出现则为0。

解：本题是BF模式匹配算法的扩展，在str中找到子串substr后不是退出，而是继续查找，直到整个字符串查找完毕。对应的算法如下：

```
int Str_Count(SqString substr,SqString str)
{   int i=0,j,k,count=0;
    for (i=0;str.data[i];i++)
    {   for (j=i,k=0;j<str.length && k<substr.length &&
            (str.data[j]==substr.data[k]);j++,k++);
        if (k>=substr.length)
            count++;
    }
    return(count);
}
```

6. **【链串算法】**编写一个在链串上实现判断两个串是否相等的算法Equal()。

解：扫描两个链串，并同步比较当前节点值是否相等，若不相等则返回false；否则继续比较到结束，若均相等，则结束后返回true。对应的算法如下：

```
bool Equal(LiString *S,LiString *T)
{   LiString *p=S,*q=T;
    while (p!=NULL && q!=NULL &&flag==1)
    {   if (p->data!=q->data)
            return false;
        p=p->next;
        q=q->next;
    }
    if (p!=NULL || q!=NULL)
        return false;
    else
        return true;
}
```

CHAPTER 5

第5章 递　归

基本知识点：递归的相关概念。

重点：递归模型、递归算法的执行过程和递归设计思想。

难点：将递归算法转化为非递归算法

5.1 本章知识体系结构

- 递归
  - 递归的相关概念
    - 递归的定义
    - 何时使用递归
    - 递归模型
    - 递归的执行过程
  - 递归算法的设计方法

5.2 教材中练习题及参考答案

5.1 有以下递归函数：

```
void fun(int n)
{    if (n == 1)
         printf("a: % d\n",n);
     else
     {    printf("b: % d\n",n);
          fun(n - 1);
          printf("c: % d\n",n);
     }
}
```

分析调用 fun(5)的输出结果。

解：调用递归函数 fun(5)时，先递推直到递归出口，然后求值。这里的递归出口语句是“printf("a:%d\n",n)”,递推时执行的语句是“printf("b:%d\n",n)”,求值时执行的语句是“printf("c:%d\n",n)”。调用 fun(5)的输出结果如下:

```
b:5
b:4
b:3
b:2
a:1
c:2
c:3
c:4
c:5
```

5.2　已知 A[n]为整数数组,编写一个递归算法求 n 个元素的平均值。

解:设 avg(A,i)返回 A[0..i]这 i+1 个元素的平均值,则递归模型如下:

```
avg(A,i) = A[0]                              i = 0
avg(A,i) = (avg(A,i-1) * i + A[i])/(i+1)     其他情况
```

对应的递归算法如下:

```
float avg(int A[],int i)
{   if (i == 0)
        return(A[0]);
    else
        return((avg(A,i-1) * i + A[i])/(i+1));
}
```

求 A[n]中 n 个元素平均值的调用方式为:avg(A,n-1)。

5.3　设计一个算法求整数 n 的位数。

解:设 f(n)为整数 n 的位数,其递归模型如下:

```
f(n) = 1              当 n<10 且 n>-10 时
f(n) = f(n/10) + 1    其他情况
```

对应的递归算法如下:

```
int fun(int n)
{   if (n < 10 && n > -10)
        return 1;
    else
        return fun(n/10) + 1;
}
```

5.4　设有一个不带头节点的单链表 L,其节点类型如下:

```
typedef int ElemType;
typedef struct node
{   ElemType data;
    struct node * next;
} Node;
```

设计如下递归算法：

(1) 求以 L 为首节点指针的单链表的节点个数。

(2) 正向显示以 L 为首节点指针的单链表的所有节点值。

(3) 反向显示以 L 为首节点指针的单链表的所有节点值。

(4) 删除以 L 为首节点指针的单链表中值为 x 的第一个节点。

(5) 删除以 L 为首节点指针的单链表中值为 x 的所有节点。

(6) 输出以 L 为首节点指针的单链表中最大节点值。

(7) 输出以 L 为首节点指针的单链表中最小节点值。

解：根据单链表的基本知识，设计与各小题对应的递归算法如下：

(1)
```
int count(Node *L)
{   if (L == NULL)
        return 0;
    else
        return count(L->next) + 1;
}
```

(2)
```
void traverse(Node *L)
{   if (L == NULL) return;
    printf(" %d ",L->data);
    traverse(L->next);
}
```

(3)
```
void traverseR(Node *L)
{   if (L == NULL) return;
    traverseR(L->next);
    printf(" %d ",L->data);
}
```

(4)
```
void del(Node *&L,ElemType x)
{   Node *t;
    if (L == NULL) return;
    if (L->data == x)
    {   t = L;
        L = L->next;
        free(t);
        return;
    }
    del(L->next,x);
}
```

(5)
```
void delall(Node *&L,ElemType x)
{   Node *t;
    if (L == NULL) return;
    if (L->data == x)
    {   t = L;
        L = L->next;
        free(t);
    }
    delall(L->next,x);
}
```

(6)
```
ElemType maxv(Node *L)
{   ElemType m;
    if (L->next == NULL)
        return L->data;
    m = maxv(L->next);
    if (m > L->data) return m;
    else return L->data;
}
```

(7)
```
ElemType minv(Node *L)
{   ElemType m;
    if (L->next == NULL)
        return L->data;
    m = minv(L->next);
    if (m > L->data) return L->data;
    else return m;
}
```

5.3 补充练习题及参考答案

5.3.1 单项选择题

1. 递归函数 $f(1)=1, f(n)=f(n-1)+n(n>1)$ 的递归出口是________。

A. $f(1)=1$　　B. $f(1)=0$　　C. $f(0)=0$　　D. $f(n)=n$

答：当 $n=1$ 时，$f(1)=1$。本题答案为 A。

2. 递归函数 $f(1)=1, f(n)=f(n-1)+n(n>1)$ 的递归体是________。

A. $f(1)=1$　　B. $f(0)=0$

C. $f(n)=f(n-1)+n$　　D. $f(n)=n$

答：递归体反映递归过程。本题答案为 C。

3. $f(n)=\frac{1}{1\times2}+\frac{1}{2\times3}+\cdots+\frac{1}{n\times(n+1)}$，所用的递归模型为________。

A. $f(n)=\frac{1}{1\times2}+\frac{1}{2\times3}+\cdots+\frac{1}{n\times(n+1)}$

B. $f(n)=\frac{1}{1\times2}+\frac{1}{2\times3}+\cdots+\frac{1}{(n-1)\times n}+f(n-1)$

C. $f(1)=\frac{1}{2}, f(n)=f(n-1)+\frac{1}{n\times(n+1)}$

D. $f(n)=f(n-1)+\frac{1}{n\times(n+1)}$

答：递归模型由两部分组成，一是部分递归出口，另一部分是递归体，上述选项中只有 C 符合条件。本题答案为 C。

4. 将递归算法转换成对应的非递归算法时，通常需要使用________保存中间结果。

A. 队列　　B. 栈　　C. 链表　　D. 树

答：将递归计算过程是：先进行递推分解，直到递归出口为止，然后根据递归出口的结果反过来求值。这样通常需要后面的递推式先计算出结果，这正好满足栈的特点。所以本题答案为 B。

5.3.2 填空题

1. 将 $f=1+\frac{1}{2}+\frac{1}{3}+\cdots+\frac{1}{n}$ 转化成递归函数，其递归出口是__①__，递归体是__②__。

答：① f(1)=1　　② $f(n)=f(n-1)+\frac{1}{n}(n\geqslant 2)$。

2. 有如下递归过程：

```
void print(int w)
{   int i;
    if (w!= 1)
    {   print(w - 1);
        for (i = 0;i <= w;i ++ )
            printf(" % 3d",w);
        printf("\n");
    }
}
```

调用语句 print(4)的结果是________。

答：

```
1
2  2
3  3  3
4  4  4  4
```

3. 有如下递归过程：

```
void reverse(int m)
{   printf(" % d",n % 10);
    if (n/10 != 0)
        reverse(n/10);
}
```

调用语句 reverse(582)的结果是________。

答：reverse()函数将给定的参数逆转。本题答案为：285。

5.3.3 判断题

1. 判断以下叙述的正确性。

(1) 任何递归算法都有递归出口。

(2) 递归算法的执行效率比功能相同的非递归算法的执行效率高。

(3) 递归算法不能转换成对应的非递归算法。

答：(1) 正确。

(2) 错误。通常情况下递归算法的执行效率比功能相同的非递归算法的执行效率低。

(3) 错误。可以利用栈将递归算法转换成对应的非递归算法。

5.3.4　简答题

1. 设 a 是含有 n 个元素的整数数组：

(1) 写出求 n 个整数之和的递归定义。

(2) 写出求 n 个整数之积的递归定义。

答：假定数组 a 的下标从 0 开始。

(1) 设 f(a,i)返回 a[0..i−1]这 i 个元素之和。当 i=1,f(a,1)=a[0]；假设数组 a 的前 i−1 个元素之和已求出,即已知 f(a,i−1),则 f(a,i)=f(a,i−1)+a[i−1],所以得到以下递归定义：

```
f(a,1) = a[0]
f(a,i) = f(a,i-1) + a[i-1]   i>1
```

a 中 n 个整数之和=f(a,n)。

(2) 设 f(a,i)返回 a[0]～a[i−1]这 i 个元素之积。当 i=1,有 f(a,1)=a[0]；假设数组 a 的前 i−1 个元素之积已求出,即已知 f(a,i−1),则 f(a,i)=f(a,i−1) * a[i−1],所以得到以下递归定义：

```
f(a,1) = a[0]
f(a,i) = f(a,i-1) * a[i-1]
```

a 中 n 个整数之积=f(a,n)。

2. 以下算法是计算两个正整数 u 和 v 最大公因数的递归函数,给出其递归模型。

```
int gcd(int u,int v)
{   int r;
    if ((r = u % v) == 0)
        return(v);
    else
        return(gcd(u,r));
}
```

答：由上述函数得到如下递归模型如下：

```
gcd(u,v) = v              当 u % v = 0 时
gcd(u,v) = gcd(u,u % v)   其他情况
```

5.3.5　算法设计题

1. **【递归算法设计】**编写一个递归算法求顺序表($a_1,a_2,\cdots,a_n$)中最大元素。

解：将线性表分解成($a_1,a_2,\cdots,a_m$)和($a_{m+1},\cdots,a_n$)两个子表,分别求得子表中的最大元素 a_i 和 a_j,比较出 a_i 和 a_j 中的大者,就可以求得整个线性表的最大元素。而求解子表中的最大元素方法与总表相同,即再将它们分成两个更小的子表,如此不断分解,直到表中只有一个元素为止。对应的算法如下：

```
ElemType Max(SqList A,int i,int j)     //求顺序表 A[i..j]中最大元素
{   ElemType max,max1,max2;
```

```
    if (i == j) max = A[i];             //当递归出口即A中只有一个元素时
    else
    {   m = (i + j)/2;
        max1 = Max(A,i,mid);            //递归调用1
        max2 = Max(A,mid + 1,j);        //递归调用2
        max = (max1 > max2)?max1:max2;
    }
    return(max);
}
```

2. **【递归算法设计】**有如下递归计算公式:

```
C(n,0) = 1                          n≥0
C(n,n) = 1                          n≥0
C(n,m) = C(n - 1,m) + C(n - 1,m - 1)  n > m,n≥0,m≥0
```

编写一个递归算法和一个非递归算法求 C(n,m)。

解:对应的递归算法如下:

```
int fun(int n,int m)
{   if (n >= 0 && m == 0 || n >= 0 && m == n)
        return 1;
    else
    {   if (n > m && n >= 0 && m >= 0)
            return(fun(n - 1,m) + fun(n - 1,m - 1));
        else
        {   printf("n,m值不正确\n");
            return( - 1);
        }
    }
}
```

用一个数组 a 存放 C(m,n)的值,对应的非递归算法如下:

```
int fun1(int n,int m)
{   int a[M][N] = {0},i,j;
    for (i = 0;i <= n;i ++ )
    {   a[i][0] = 1;
        a[i][i] = 1;
    }
    for (j = 1;j <= m;j ++ )
        for (i = j + 1;i <= n;i ++ )
            a[i][j] = a[i - 1][j] + a[i - 1][j - 1];
    return a[n][m];
}
```

3. **【递归算法设计】**编写一个递归算法,读入一个字符串(以“.”作为结束),要求打印出它们的倒序字符串。

解:首先获取用户按键,如果不是“.”字符,则递归调用该过程,否则显示该字符。对应的算法如下:

```
void reverse()
```

```
{   char ch;
    scanf(" %c",&ch);
    if (ch!= '.')
    {   reverse();
        printf(" %c",ch);
    }
}
```

4.【递归算法设计】设计一个程序求解全排列问题：输入 n 个不同的字符，给出它们所有的 n 个字符的全排列。

解：将 n 个不同的字符存放在字符串 str[0..n－1]中，设 f(str,k,n)表示输出 str[k..n－1](共 n－k 个字符)所有字符的全排列，而 f(str,k+1,n)表示输出 str[k+1..n－1](共 n－k－1 个字符)所有字符的全排列，前者是大问题，后者为小问题。递归模型 f(str,k,n)如下：

```
f(str,k,n): 输出产生的解                                   若 k = n - 1
f(str,k,n): 对于 k～n - 1 的 i,str[i]与 str[k]交换位置;    其他情况
            f(str,k + 1,n);
            将 str[k]与 str[i]交换位置(恢复环境);
```

对应的算法如下：

```
void print(char str[],int n)          //输出一个排列
{   for (int i = 0;i < n;i ++ )
        printf(" %c ",str[i]);
    printf("\n");
}
void perm(char str[],int k,int n)
{   int i;
    char temp;
    if (k == n - 1)
        print(str,n);
    else
    {   for (i = k;i < n;i ++ )
        {   temp = str[k];            //交换 str[k]与 str[i]
            str[k] = str[i];
            str[i] = temp;
            perm(str,k + 1,n);
            temp = str[i];            //恢复环境
            str[i] = str[k];
            str[k] = temp;
        }
    }
}
```

设计如下主函数：

```
void main()
{   int n = 3;
    char a[4] = "123";
    printf("123 的全排列如下:\n");
```

```
    perm(a,0,n);
}
```

程序的执行结果如下：

```
123 的全排列如下:
1 2 3
1 3 2
2 1 3
2 3 1
3 2 1
3 1 2
```

5. **【递归算法设计】**设计一个程序求解组合问题：从自然数 1～n 中任取 r 个数的所有组合。

解：设 comb(a,m,k)为从 1～m 中任取 k 个数的所有组合(每个组合放在数组 a 中)。当组合的最后一个数字(只能取 k～m 中的一个数)选定后，其后的数字是从余下的 m－1 个数中取 k－1 个数的组合。求解组合问题的递归模型如下：

```
comb(a,m,k): 输出产生的解                    若 k = 1
comb(a,m,k): 对于 k～m 的 i,a[k-1] = i;      其他情况
             comb(a,i-1,k-1);
```

对应的程序如下：

```
#include <stdio.h>
#define MaxSize 10
int n,r;                            //全局变量
void print(int a[])                 //输出一个组合
{   int j;
    for (j = r - 1;j >= 0;j -- )
        printf(" %d ",a[j]);
    printf("\n");
}
void comb(int a[],int m,int k)
{   int i;
    for (i = m;i >= k;i -- )
    {   a[k - 1] = i;
        if (k > 1)
            comb(a,i - 1,k - 1);
        else
            print(a);
    }
}
void main()
{   int a[MaxSize];
    printf("输入 n,r(r <= n):");
    scanf(" %d %d",&n,&r);
    printf("1.. %d 中 %d 个的组合结果如下:\n",n,r);
    comb(a,n,r);
    printf("\n");
```

```
}
```

程序的一次执行结果如下：

```
输入 n,r(r<=n):5 3↙
1..5 中 3 个的组合结果如下:
5 4 3
5 4 2
5 4 1
5 3 2
5 3 1
5 2 1
4 3 2
4 3 1
4 2 1
3 2 1
```

6. **【递归算法设计】**棋子移动问题：有 2n 个棋子(n≥4)排成一行，初始状态为白色全部在左边，黑色全部在右边。移动棋子的规则是：每次必须同时移动相邻的两个棋子，颜色不限，可以左移也可以右移到空位上去，但不能调换两个棋子的左右位置。每次移动必须跳过若干个棋子(不能平移)，要求最后能够移成黑白相间的一行棋子。

解：n=4 的求解过程如下：

初始状态：○○○○●●●●——
第 1 步：○○○——●●●○●
第 2 步：○○○●○●●——●
第 3 步：○——●○●●○○●
第 4 步：○●○●○●——○●
第 5 步：——○●○●○●○●

设 mv(n)表示求解 2n 个棋子移动的问题，则棋子移动问题求解的递归模型如下：

```
mv(n): 直接求解                                                  n = 4
mv(n): 将 c[n]、c[n+1]棋子对移动到 c[2n+1]、c[2n+2]处即 mv(n);      其他情况
       将 c[2n-1]、c[2n]棋子对移动到 c[n]、c[n+1]处即 mv(2n-1);
       mv(n-1);
```

对应的程序如下：

```
#include <stdio.h>
#include <string.h>
const int MAX = 100;
char c[MAX][3];
int st = 0,sp,n;                  //全局变量
void print()                      //输出一个移动步骤
{   printf(" step% -2d:", ++st);
    for (int i = 1;i <= 2 * n + 2;i ++ )
        printf(" %s",c[i]);
    printf("\n");
}
void mvtosp(int k)
```

```
{   for (int j = 0;j <= 1;j ++ )
    {   strcpy(c[sp + j],c[k + j]);
        strcpy(c[k + j],"—");
    }
    sp = k;
    print();
}
void mv(int n)
{   if (n == 4)
    {   mvtosp(4);
        mvtosp(8);
        mvtosp(2);
        mvtosp(7);
        mvtosp(1);
    }
    else
    {   mvtosp(n);
        mvtosp(2 * n - 1);
        mv(n - 1);
    }
}
void init(int n)
{   int i;
    st = 0;
    sp = 2 * n + 1;
    for (i = 1;i <= n;i ++ )
        strcpy(c[i],"○");
    for (i = n + 1;i <= 2 * n;i ++ )
        strcpy(c[i],"●");
    strcpy(c[2 * n + 1],"—");
    strcpy(c[2 * n + 2],"—");
}
void main()
{   do
    {   printf("输入 n 值(4 - 20):");
        scanf(" % d",&n);
    } while (n > 20 || n < 4);
    init(n);
    printf("移动过程如下:\n");
    mv(n);
    printf("\n");
}
```

本程序的一次执行结果如下:

```
输入 n 值(4 - 20):8↙
输入 n 值(4 - 20):移动过程如下:
step1 :○○○○○○○——●●●●●●●○●
step2 :○○○○○○○●●●●●●●——○●
step3 :○○○○○○——●●●●●●○●○●
step4 :○○○○○○●●●●●●——○●○●
```

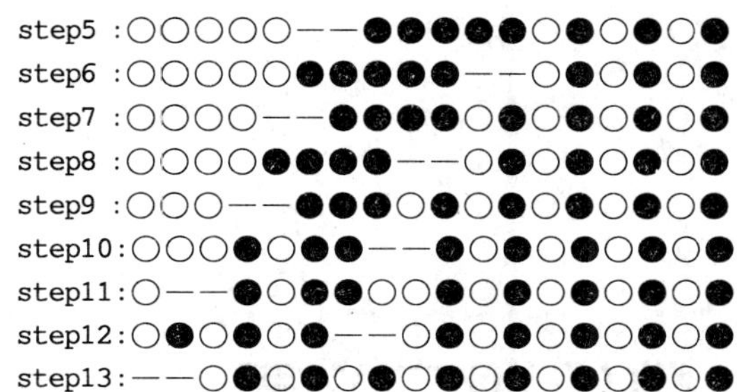
step5 :○○○○○——●●●●●○●○●○●
step6 :○○○○○●●●●●——○●○●○●
step7 :○○○○——●●●●○●○●○●○●
step8 :○○○○●●●●——○●○●○●○●
step9 :○○○——●●●○●○●○●○●○●
step10:○○○●○●●——●○●○●○●○●
step11:○——●○●●○○●○●○●○●○●
step12:○●○●○●——○●○●○●○●○●
step13:——○●○●○●○●○●○●○●○●

CHAPTER 6

第6章　数组和广义表

基本知识点：数组的存储结构；特殊矩阵的压缩存储方法；稀疏矩阵的压缩存储方法；广义表的定义和存储结构。

重点：数组的复杂算法设计；广义表的算法设计。

难点：稀疏矩阵的各种存储结构以及基本运算的实现算法；广义表的递归算法设计。

6.1　本章知识体系结构

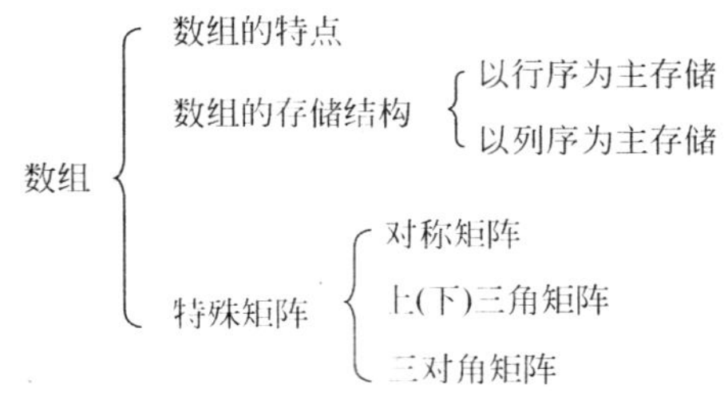

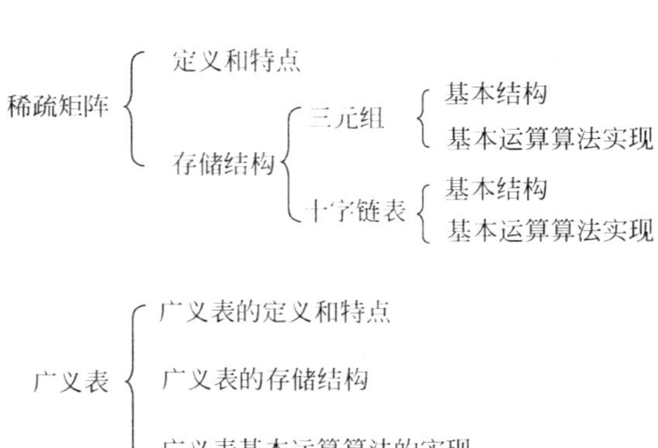

6.2 教材中练习题及参考答案

6.1 简述数组属于线性表的理由。

答：数组可以看成是线性表在下述含义上的扩展：线性表中的数据元素本身也是一个线性表。在 n 维数组中的每个数据元素都受着 n 个关系的约束，在每个关系中，数据元素都有一个后继元素(除去最后一个元素)和一个前驱元素(除去最前一个元素)。

因此，这 n 个关系中的任一关系，就其单个关系而言，仍是线性关系。例如，m×n 的二维数组的形式化定义如下：

```
D = (K,R)
```

其中：

```
K = {a_{i,j} | 0≤i≤m-1, 0≤j≤n-1}                      //数据元素的集合
R = { ROW, COL }
ROW = {<a_{i,j}, a_{i+1,j}>| 0≤i≤m-2, 0≤j≤n-1}        //行关系
COL = {<a_{i,j}, a_{i,j+1}>| 0≤i≤m-1, 0≤j≤n-2}        //列关系
```

6.2 n 阶对称矩阵 A 采用压缩存储在一维数组 B 中，则 B 包含多少个元素？

答：B 中包含 n 阶对称矩阵 A 的下三角和主对角线上的元素，其元素个数为 $1+2+\cdots+n=\frac{n(n+1)}{2}$。所以 B 包含$\frac{n(n+1)}{2}$个元素。

6.3 设有三对角矩阵 $A_{n\times n}$(从 $A_{1,1}$ 开始)，将其三条对角线上的元素逐行存于数组 B[1..m]中，使 $B[k]=A_{i,j}$，求：

(1) 用 i,j 表示 k 的下标变换公式。

(2) 用 k 表示 i,j 的下标变换公式。

答：在三对角矩阵中，除了第一行和最后一行各有两个元素外，其余各行均有三个非 0 元素，所以共有 3n−2 个非 0 元素。

(1) 主对角线左下角的对角线上的元素的下标有关系式：i=j+1，此时的 k 有：

$$k = 3(i-1) = 2(i-1)+j$$

主对角线上的元素的下标有关系式：i=j，此时的 k 有：

$$k = 3(i-1)+1 = 2(i-1)+j$$

主对角线右上角的对角线上的元素的下标有关系式：i=j−1，此时的 k 有：

$$k = 3(i-1)+2 = 2(i-1) = j$$

综合起来得到：k=2(i−1)+j

(2) k 与 i,j 的变换公式为：

$$i = \lfloor k/3 \rfloor + 1$$
$$j = k - 2(i-1)$$

6.4 用十字链表表示一个含有 k 个非 0 元素的 m×n 的稀疏矩阵，则其总的节点数为多少？

答：该十字链表有一个十字链表头节点，MAX(m,n)个行、列头节点。另外，每个非 0

元素对应一个节点,即 k 个元素节点。所以共有 MAX(m,n)+k+1 个节点。

6.5 设定二维整数数组 B[0..m-1,0..n-1]的数据在行、列方向上都按从小到大的顺序排序,且整型变量 x 中的数据在 B 中存在。试设计一个算法,找出一对满足 B[i][j]=x 的 i、j 值。要求比较次数不超过 m+n。

解:本算法的思路是:从二维数组 B 的右上角的元素开始比较。每次比较有三种可能的结果:若相等,则比较结束;若右上角的元素小于 x,则可断定二维数组的最上面一行肯定没有与 x 相等的数据,下次比较时搜索范围可减少一行;若右上角的元素大于 x,则可断定二维数组的最右面一列肯定不包含与 x 相等的数据,下次比较时可把最右一列剔除出搜索范围。这样,每次比较可使搜索范围减少一行或一列,最多经过 m+n 次比较就可找到要求的与 x 相等的数据。对应的程序如下:

```
#include <stdio.h>
#define M 3                         //行数常量
#define N 4                         //列数常量
void Find(int B[M][N],int x,int &i,int &j)
{   i = 0;j = N - 1;
    while (B[i][j]!= x)
        if(B[i][j]< x) i ++ ;
        else j -- ;
}
void main()
{   int i,j,x = 11;
    int B[M][N] = {
        {1,2,3,4},
        {5,6,7,8},
        {9,10,11,12}};
    Find(B,x,i,j);
    printf("B[ %d][ %d] = %d\n",i,j,x);
}
```

6.6 编写一个算法,计算一个三元组表表示的稀疏矩阵的对角线上元素之和。

解:对于稀疏矩阵三元组表 a,从 a.data[1]开始查看,若其行号等于列号,表示是一个对角线上的元素,则进行累加,最后返回累加值。算法如下:

```
bool diagonal(TSMatrix a,ElemType &sum)
{   int i;
    sum = 0;
    if (a.rows!= a.cols)                //行号不等于列号,返回 false
    {   printf("不是对角矩阵\n");
        return false;
    }
    for (i = 1;i <= a.nums;i ++ )
        if (a.data[i].r == a.data[i].c)  //行号等于列号
            sum += a.data[i].d;
    return true;
}
```

6.7 设 3 个广义表为:A=(a,b,c),B=(A,(c,d)),C=(a,(B,A),(e,f)),请给出下

列各运算的结果：

(1) head[A]。

(2) tail[B]。

(3) head[head[head[tail[C]]]]。

答：(1) head[A]=a。

(2) tail[B]=((c,d))。

(3) head[head[head[tail[C]]]]=head[head[head[((B,A),(e,f))]]]。

=head[head[(B,A)]]= head[B]= head[(A,(c,d))]=A=(a,b,c)

注意：为了清楚起见，在括号层次较多时，将 head 和 tail 的参数用中括号表示。例如 head[L]、tail[L]分别表示求广义表 L 的表头和表尾。

6.8　设计一个算法 Same(*g1,*g2)，判断两个广义表 g1 和 g2 是否相同。

解：判断广义表是否相同过程是，若 g1 和 g2 均为 NULL，则返回 true；若 g1 和 g2 中一个为 NULL，另一个不为 NULL，则返回 false；若 g1 和 g2 均不为 NULL，若同为原子且原子值不相等，则返回 false，若同为原子且原子值相等，则返回 Same(g1->link,g2->link)，若同为子表，则返回 Same(g1->val.sublist,g2->val.sublist) & Same(g1->link,g2->link)的结果，若一个为原子另一个为子表，则返回 false。对应的算法如下：

```
bool Same(GLNode *g1,GLNode *g2)
{   if (g1 == NULL && g2 == NULL)
        return true;                              //均为 NULL 的情况
    else if (g1 == NULL || g2 == NULL)
        return false;                             //一个为 NULL,另一个不为 NULL 的情况
    else                                          //均不空的情况
    {
        if (g1->tag == 0 && g2->tag == 0)         //均为原子的情况
        {
            if (g1->val.data!= g2->val.data)
                return false;
            return(Same(g1->link,g2->link));
        }
        else if (g1->tag == 1 && g2->tag == 1)    //均为子表的情况
            return(Same(g1->val.sublist,g2->val.sublist)
                & Same(g1->link,g2->link));
        else                                      //一个为原子,另一个为子表的情况
            return false;
    }
}
```

6.3　补充练习题及参考答案

6.3.1　单项选择题

1. 数组 A[0..5,0..6]的每个元素占 5 个单元，将其按列优先次序存储在起始地址为 1000 的连续内存单元中，则元素 a[5][5]的地址为________。

A. 1175　　B. 1180　　C. 1205　　D. 1210

答:a[5][5]的地址=1000+(5*6+5)*5=1175。所以本题答案是A。

2. 对矩阵压缩存储是为了________。

A. 方便运算　　B. 节省存储空间

C. 方便存储　　D. 提高运算速度

答:B。

3. 一个n阶对称矩阵,如果采用压缩存储方式,则容量为________。

A. n^2　　B. $\frac{n^2}{2}$　　C. $\frac{n(n+1)}{2}$　　D. $\frac{(n+1)^2}{2}$

答:对称矩阵只需存储上(下)三角形(含主对角线)元素,以存放下三角形(含主对角线)元素为例,第1行1个元素,第2行1个元素,……,第n行n个元素,共有$1+2+\cdots+n=\frac{n(n+1)}{2}$个元素。本题答案为C。

4. 对稀疏矩阵采用压缩存储,其缺点之一是________。

A. 无法判断矩阵有多少行多少列

B. 无法根据行列号查找某个矩阵元素

C. 无法根据行列号计算矩阵元素的存储地址

D. 使矩阵元素之间的逻辑关系更加复杂

答:稀疏矩阵采用二维数组存储时,它具有随机存取特性,而采用压缩存储后不再具有随机存取特性,本题答案为C。

5. 与三元组顺序表相比,用十字链表表示稀疏矩阵,其优点在于________。

A. 便于实现增加或减少矩阵中非零元素的操作

B. 便于实现增加或减少矩阵元素的操作

C. 可以节省存储空间

D. 可以更快地查找到某个非零元素

答:稀疏矩阵的三元组表示属顺序存储结构,其十字链表表示属链式存储结构,后者便于节点的增、删,本题答案为A。

6. 下列4个广义表中,长度为1,深度为4的广义表是________。

A. ((),((a)))　　B. ((((a),b)),c)

C. (((a,b),(c)))　　D. (((a,(b),c)))

答:D。

7. 空的广义表是指广义表________。

A. 深度为0　　B. 尚未赋值　　C. 不含任何原子　　D. 不含任何元素

答:D。

8. 对于广义表((a,b),(()),(a,(b)))来说,其________。

A. 长度为4　　B. 深度为4　　C. 有3个元素　　D. 有两个元素

答:C。

9. 在广义表((a,b),c,((d),e),(f,j,(g),(h)))中,第4个元素的第3个元素是________。

A. 原子g　　B. 子表(g)　　C. 原子e　　D. 子表((d),e)

答:B。

10. 已知广义表 L=((x,y,z),(u,t,w)),从 L 表中取出原子 t 的运算是________。

A. head[tail[tail[L]]]　　　　B. tail[head[head[tail[L]]]]

C. head[tail[head[tail[L]]]]　　D. head[head[tail[tail[L]]]]

答:head[tail[tail[L]]]=head[tail[((u,t,w))]]=head[()]运算出错(空表无表头)。

tail[head[head[tail[L]]]]=tail[head[head[((u,t,w))]]]

=tail[head[(u,t,w)]=tail[u] 运算出错(原子不能求表尾)。

head[tail[head[tail[L]]]]=head[tail[head[((u,t,w))]]]

=head[tail[(u,t,w)]]=head[(t,w)]=t

head[head[tail[tail[L]]]]=head[head[tail[((u,t,w))]]]

=head[head[()]]运算出错(空表无表头)。

本题答案为 C。

11. 已知广义表 A=(a,b,(c,d),(e,(f,g))),则下面式子的值为________。

```
head[tail[head[tail[tail(A)]]]]
```

A. (g)　　B. (d)　　C. (c)　　D. d

答:head[tail[head[tail[tail[A]]]]]=head[tail[head[tail[(b,(c,d),(e,(f,g)))]]]]

=head[tail[head[((c,d),(e,(f,g)))]]]=head[tail[(c,d)]]

=head[(d)]=d

本题答案为 D。

6.3.2　填空题

1. 一维数组的逻辑结构是__①__,存储结构是__②__;对于二维或多维数组,分为按__③__和__④__两种不同的存储方式。

答:① 线性结构,② 顺序结构,③ 行优先顺序,④ 列优先顺序。

2. 数组 A[1..10,-2..6,2..8]以行优先顺序存储,设第一个元素的首地址为 100,每个元素占 3 个单元的存储空间,则元素 A[5][0][7]的存储地址为________。

答:LOC(A[5][0][7])=100+[(5-1)*(6-(-2)+1)*(8-2+1)+(0-(-2))*(8-2+1)+(7-2)]*3=913。

3. 三维数组 R[c1..d1,c2..d2,c3..d3]共含有________个元素。

答:(d1-c1+1)*(d2-c1+1)*(d3-c3+1)。

4. 广义表中的每个元素可以是__①__,也可以是__②__。

答:① 原子　② 子表(与次序无关)。

5. 广义表(((a,b,(),c),d),e,((f),g))的长度是__①__,深度是__②__。

答:① 3　② 4。

6. 给出下列广义表的运算结果:

head[(a,b,c)]的结果是__①__。

tail[(a,b,c)]的结果是__②__。

head[((a),(b))]的结果是__③__。

tail[((a),(b))]的结果是__④__。

head[tail[(a,b,c)]]的结果是 __⑤__ 。

tail[head((a,b),(c,d))]的结果是 __⑥__ 。

head[head[((a,b),(c,d))]]的结果是 __⑦__ 。

tail[tail[(a,(c,d))]]的结果是 __⑧__ 。

答：head[(a,b,c)]=a;

tail[(a,b,c)]=(b,c);

head[((a),(b))]=(a);

tail[((a),(b))]=((b));

head[tail[(a,b,c)]]=head[(b,c)]=b;

tail[head((a,b),(c,d))]=tail[(a,b)]=(b);

head[head[((a,b),(c,d))]]=head[(a,b)]=a;

tail[tail[(a,(c,d))]]=tail[((c,d))]=();

本题答案为：① a ② (b,c) ③ (a) ④ ((b)) ⑤ b ⑥ (b) ⑦ a ⑧ ( )。

6.3.3 判断题

1. 判断以下叙述的正确性。

(1) 用一维数组表示对称矩阵,可以简化对称矩阵的存取操作。

(2) 对角矩阵的特点是非零元素只出现在矩阵的两条对角线上。

(3) 在 n(n>3)阶三对角矩阵中,每一行都有 3 个非零的元素。

(4) 稀疏矩阵的特点是矩阵中元素较少。

答：(1) 错误。

(2) 错误。

(3) 错误。

(4) 错误。

2. 判断以下叙述的正确性。

(1) 广义表的长度与广义表中含有多少个原子元素有关。

(2) 一个非空广义表的表尾总是一个广义表。

(3)"空的广义表"是指广义表中不包含原子元素。

(4) 广义表的长度不小于其中任何一个子表的长度。

答：(1) 错误。

(2) 正确。

(3) 错误。

(4) 错误。

6.3.4 简答题

1. 数组 A[1..3,0..1,1..2]有多少个元素?

答：该数组是一个三维数组,各维的大小分别为 3、2 和 2,所以元素个数为 3*2*2=12 个。

2. 二维数组 A[0..3][0..3]的元素起始地址是 LOC(A[0][0])=1000,元素的长度为

2，则 LOC(A[2][2])为多少？

答：LOC(A[2][2])=LOC(A[0][0])+[(2−0)∗(3−0+1)+(2−0)]∗2=1020。

3. 对于给定的数组 a[n][2∗n−1]，现将 3 个顶点分别为 a[0][n−1]、a[n−1][0]和 a[n−1][2∗n−2]的三角形上的所有元素按行序依次存放在一维数组 b[n∗n]中，例如，当 n=3 时，数组 a[3][5](n=3)中用线连成的三角形如图 6.1 所示。

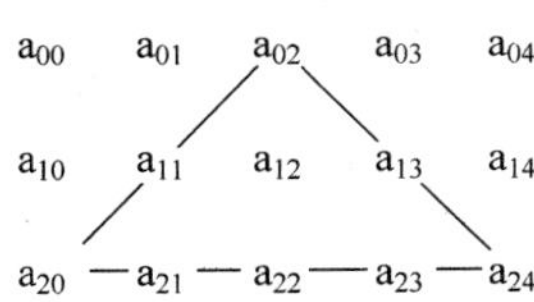

图 6.1　矩阵元素连线成的三角形图

若把三角形上的所有元素按行序依次存放在一维数组 b[3∗3]上，则有：

i	0	1	2	3	4	5	6	7	8
b[i]	a_{02}	a_{11}	a_{12}	a_{13}	a_{20}	a_{21}	a_{22}	a_{23}	a_{24}

如果位于三角形上的元素 a[i][j]存放于 b[k]中，那么请给出求得下标值 k 的计算公式 k=f(n,i,j)。对于上例中的 a[2][1]，根据计算公式可求得 k=5。

答：在三角形中，行号 i 中元素个数为 2i+1，因此，该三角形中 0～i−1 行的所有元素个数之和为 $1+3+\cdots+(2i-1)=(1+2i-1)*i/2=i^2$。

设第 i 行在三角形中的第 1 个元素的列号为 m，则有：

```
i = 0,m = 2
i = 1,m = 1
i = 2,m = 0
…
```

归纳起来有：i+m=n/2，即 m=n/2−i，这样：

$$k = i^2 - (n/2 - i) + j$$

所以，$f(n,i,j)=i^2-(n/2-i)+j$。

对于本题图，n=4，i=2，j=1 时，k=2∗2−(4/2−2)+1=5。

4. 一个 n 阶对称矩阵 A[0..n−1,0..n−1]采用一维数组 B 按行优先顺序存放其上三角各元素，给出 B[k]和 A[i][j]的关系。

解：设 A[0][0]存放在 S[0]中。

(1) 已知 i,j，求 k：

$$k=\begin{cases}\dfrac{i(i+1)}{2}+j & \text{当 } i\geqslant j \text{ 时}\\[2mm] \dfrac{j(j+1)}{2}+i & \text{当 } i<j \text{ 时}\end{cases}$$

对应的过程如下：

```
int findk(int i,int j)
{   if (i>=j)
        return (i*(i+1)/2+j);
    else
        return (j*(j+1)/2+i);
}
```

(2) 已知 k,求 i,j 的算法如下：

```
void findij(int k, int &i, int &j)
{   i = 0;
    while (i * (i + 1)/2 <= k)
        i++;
    i--;
    j = k - i * (i + 1)/2;
}
```

5. 已知广义表 A=(((a)),(b),c,(a),(((d,e)))),画出它的存储结构图；给出表的长度与深度；用求表头、表尾的方式求出 e。

答：广义表 A 的一种存储结构如图 6.2 所示。A 的长度为 5,深度为 4。

求出 e 的方式是：head[tail[head[head[head[tail[tail[tail[tail[A]]]]]]]]]

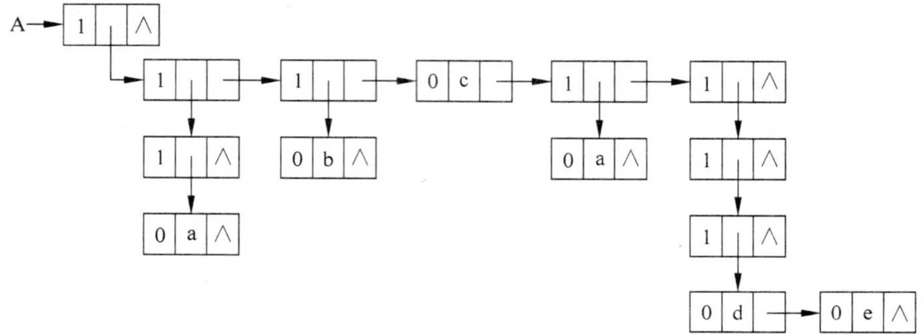

图 6.2 广义表存储结构

6. 已知广义表(a,(b,(a,b)),((a,b),(a,b))),试完成以下要求：

(1) 任选一种存储方式,画出该广义表存储结构示例。

(2) 计算该广义表的表头和表尾。

(3) 计算该广义表的深度。

答：(1) 该广义表的一种存储结构如图 6.3 所示。

(2) 该广义表的表头为 a,表尾为((b,(a,b)),((a,b),(a,b)))。

(3) 该广义表的深度为 3。

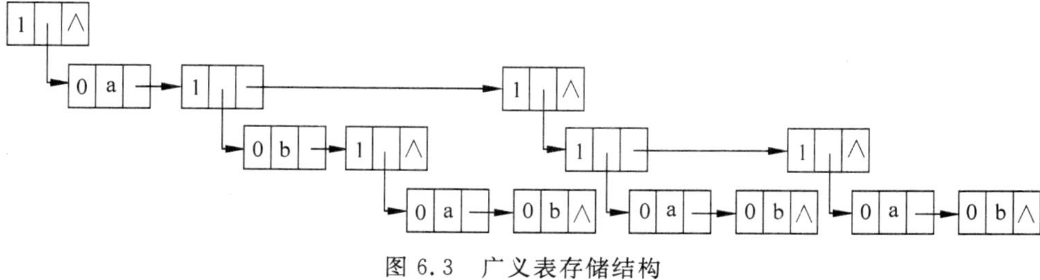

图 6.3 广义表存储结构

6.3.5 算法设计题

1. **【数组算法】**编写一个算法,将一维数组 A[0..n×n−1](n≤10)中的元素,按蛇形方式存放在二维数组 B[0..n−1][0..n−1]中。即：

```
B[0][0] = A[0],
B[0][1] = A[1],B[1][0] = A[2],
B[2][0] = A[3],B[1][1] = A[4],B[0][2] = A[5],
…
```

以此类推，如图 6.4 所示。

解：以 n=4 为例，生成的二维矩阵如图 6.5 所示，其中有 7 条斜线，每条斜线的元素个数为 gs，奇数斜线元素编号从下向上递增，偶数斜线元素编号从上向下递增。本题的算法如下：

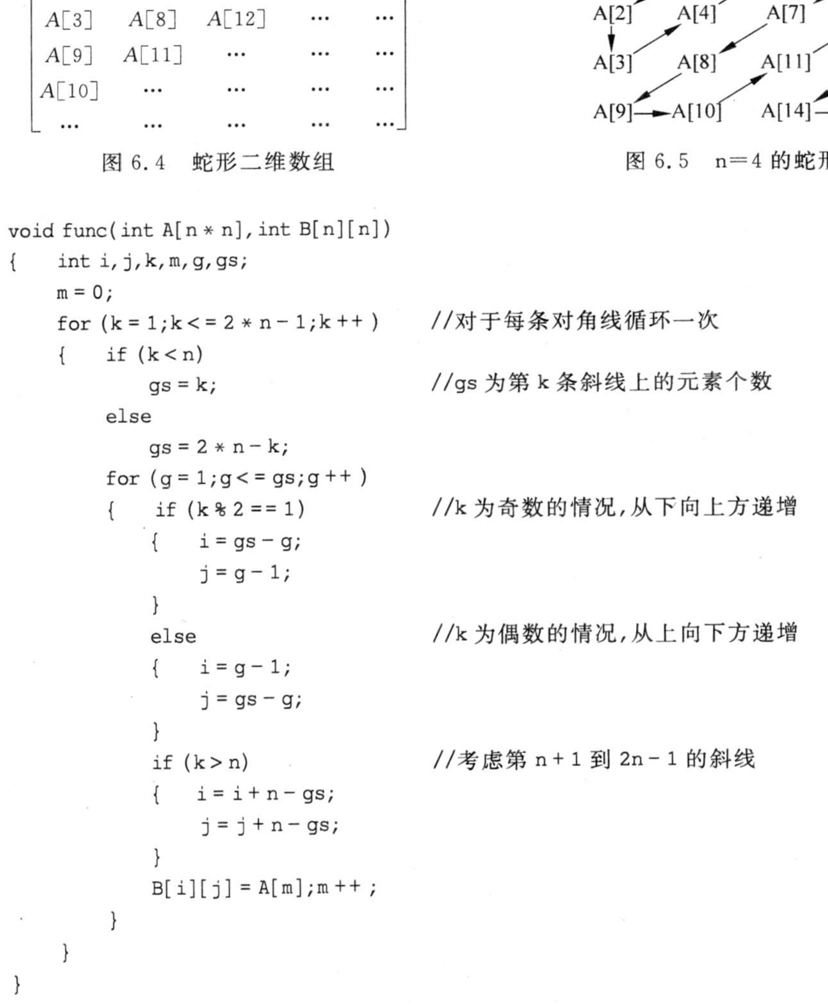

图 6.4　蛇形二维数组　　　　图 6.5　n=4 的蛇形二维数组

```
void func(int A[n * n],int B[n][n])
{    int i,j,k,m,g,gs;
     m = 0;
     for (k = 1;k <= 2 * n - 1;k ++ )      //对于每条对角线循环一次
     {    if (k < n)
              gs = k;                       //gs 为第 k 条斜线上的元素个数
          else
              gs = 2 * n - k;
          for (g = 1;g <= gs;g ++ )
          {    if (k % 2 == 1)               //k 为奇数的情况,从下向上方递增
               {    i = gs - g;
                    j = g - 1;
               }
               else                          //k 为偶数的情况,从上向下方递增
               {    i = g - 1;
                    j = gs - g;
               }
               if (k > n)                    //考虑第 n + 1 到 2n - 1 的斜线
               {    i = i + n - gs;
                    j = j + n - gs;
               }
               B[i][j] = A[m];m ++ ;
          }
     }
}
```

2. **【特殊矩阵压缩存储算法】**当三对角矩阵采用压缩存储时，编写一个算法求三对角矩阵在这种压缩存储方式下的转置矩阵。

解：A，B 都是三对角矩阵的压缩存储形式，将 A 的转置矩阵存放在 B 中。算法过程是：先用 A[k]求出原矩阵 A'[i][j]，将 A'[i][j]转置成 B'[j][i]，再通过 B'求出 B。对应的算法如下：

```
void trans(DataType A[ ],DataType B[ ],int n)
{   int ka,kb,i,j;
    for (ka = 0;ka < 3 * n - 2;ka ++ )
    {   i = (ka + 1)/3;
        j = ka - 2 * i;
        kb = 2 * j + i;                //(i,j)→(j,i)
        B[kb] = A[ka];
    }
}
```

3.【**稀疏矩阵算法**】稀疏矩阵只存放其非零元素的行号、列号和数值，用一维数组顺序存放之，行号以－1作为结束标志，试写出两个稀疏矩阵相加的算法。

解：设有一个稀疏矩阵如下：

$$\begin{bmatrix} 1 & 0 & 0 & 2 \\ 0 & 0 & 3 & 0 \\ 0 & 4 & 0 & 5 \end{bmatrix}$$

则对应的非零元素位置及值为：(0,0,1),(0,3,2),(1,2,3),(2,1,4),(2,3,5)。所以一维数组R为：R[0]＝0,R[1]＝0,R[2]＝1,R[3]＝0,R[4]＝3,R[5]＝2,R[6]＝1,R[7]＝2,R[8]＝3, R[9]＝2,R[10]＝1,R[11]＝4,R[12]＝2,R[13]＝3,R[14]＝5,R[15]＝－1。

从而可以利用两个数组A和B来存放两个稀疏矩阵，数组C可用来存放两个稀疏矩阵相加的和。对应的算法如下：

```
void Add(int A[ ],int B[ ],int C[ ])
{   int i = 0,j = 0,k = 0,sum;
    while ((A[i]!=-1 && B[j]!=-1)
    {   if (A(i] == B[j])              //按列优先比较
        {   if (A[i + 1] == B[j + 1])  //比较列号
            {   sum = A[i + 2] + B[j + 2];
                if (sum!= 0)           //和不为零时
                {   C[k] = A[i];C[k + 1] = A[i + 1];C[k + 2] = sum;
                    k = k + 3;
                }
                i = i + 3;
                j = j + 3;
            }
            else if (A[i + 1]< B[j + 1])
            {   C[k] = A[i];C[k + 1] = A[i + 1];C[k + 2] = A[i + 2];
                k = k + 3;i = i + 3;
            }
            else                       //A[i + 1]> B[j + 1]
            {   C[k] = B[j];C[k + 1] = B[j + 1];C[k + 2] = B[j + 2];
                k = k + 3;j = j + 3;
            }
        }
        else if (A[i]< B[j])
        {   C[k] = A[i];C[k + 1] = A[i + 1];C[k + 2] = A[i + 2];
```

```
            k = k + 3; i = i + 3;
        }
        else                          //A[i]> B[j]
        {   C[k] = B[j]; C[k + 1] = B[j + 1]; C[k + 2] = B[j + 2];
            k = k + 3; j = j + 3;
        }
    }
    if (A[i] ==- 1 && B[j]!=- 1)
    {   C[k] = B[j]; C[k + 1] = B[j + 1]; C[k + 2] = B[j + 2];
        k = k + 3; j = j + 3;
    }
    if (A[i]!=- 1 && B[j] ==- 1)
    {   C[k] = A[i]; C[k + 1] = A[i + 1]; C[k + 2] = A[i + 2];
        k = k + 3; i = i + 3;
    }
    C[k] =- 1;
}
```

4.【**广义表算法**】设计一个算法 change(g,s,t),将一个广义表 g 中的所有原子 s 替换成 t。例如,cgange("(a,(a,b),((a,b),c))" ,'a','x')返回的结果为(x,(x,b),((x,b),c))。

解:广义表的替换过程的递归模型 f(g,s,t)如下:

```
f(g,s,t): 不做任何事件                            若 g = NULL
f(g,s,t): 将 * g 原子值替换成 t;f(g -> link,s,t)  若 g 为原子节点且 g -> val.data == s
f(g,s,t): f(g -> link,s,t)                        其他情况
```

对应的算法如下:

```
void Change(GLNode  * &g,ElemType s,ElemType t)
{   if (g!= NULL)
    {   if (g -> tag == 1)               //子表的情况
            Change(g -> val.sublist,s,t);
        else if (g -> val.data == s)  //原子且 data 域值为 s 的情况
            g -> val.data = t;
        Change(g -> link,s,t);
    }
}
```

5.【**广义表算法**】设计一个算法 MaxAtom(g),求出一个广义表 g 中最大的原子。例如,MaxAtom((a,(b),d,c)返回的结果为 d。

解:算法思路是:对于广义表的每个元素进行循环,若为子表,用递归法求在该子表中的最大原子。对应的算法如下:

```
ElemType MaxAtom(GLNode  * g)
{   ElemType m = 0,m1;                    //m 赋初值 0
    wgile (g!= NULL)
    {   if (g -> tag == 1)                //子表的情况
        {   m1 = MaxAtom(g -> val.sublist);   //对子表递归调用
            if (m1 > m) m = m1;
        }
        else
```

```
        {   if (g->val.data>m)                //为原子时,进行原子比较
                m=g->val.data;
        }
        g=g->link;
    }
    return m;
}
```

6.【广义表算法】假设广义表 g 中原子为整数值,设计一个算法 AtomSum(*g),计算一个广义表 g 中所有原子的和。

解:计算广义表的原子个数的递归模型 f(g)如下:

```
f(g)=0                                        若 g=NULL
f(g)=g->val.data+f(g->link)                   若 g 为原子
f(g)=f(g->val.sublist)+f(g->link)             若 g 为子表
```

对应的算法如下:

```
int AtomSum(GLNode *g)
{   int s=0;
    if (g!=NULL)
    {   if (g->tag==1)                        //为子表时
            s+=AtomSum(g->val.sublist);
        else                                  //为原子时
            s+=g->val.data;
        s+=AtomSum(g->link);                  //求兄弟的原子之和
    }
    return s;
}
```

CHAPTER 7

第7章 树形结构

基本知识点：树的定义及树的相关术语、树的表示和树的特质。二叉树的定义、二叉树的性质、满二叉树和完全二叉树的定义、二叉树的顺序存储和链式存储结构、二叉树的遍历过程、二叉树线索化过程、哈夫曼树的定义与构造方法以及二叉树与森林之间的相互转换。

重点：掌握二叉树的性质、二叉树的遍历(二叉树各种遍历方法及它们所确定的序列之间的关系)、二叉树的线索化方法，构造哈夫曼树。

难点：二叉树上的各种算法特别是递归算法的设计。

7.1 本章知识体系结构

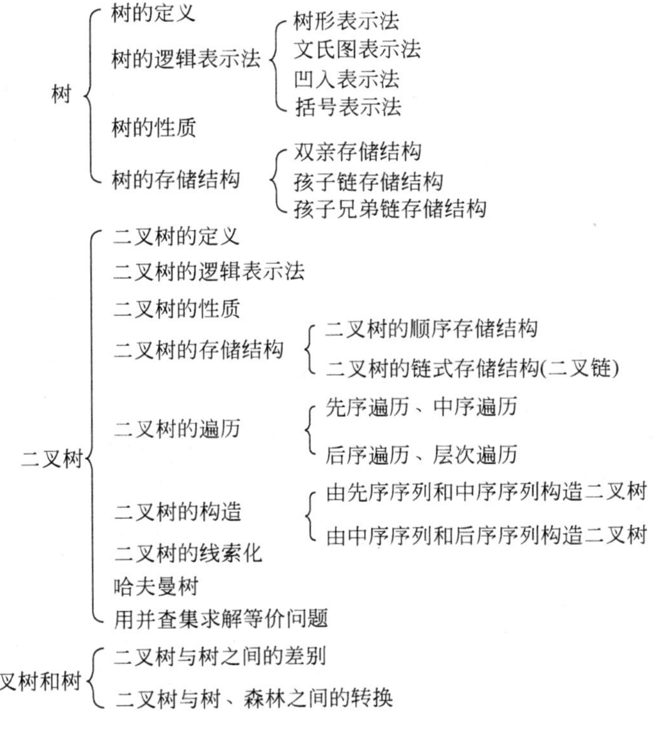

7.2 教材中练习题及参考答案

7.1 设二叉树 bt 的一种存储结构如表 7.1 所示。

表 7.1 二叉树 bt 的一种存储结构

	1	2	3	4	5	6	7	8	9	10
lchild	0	0	2	3	7	5	8	0	10	1
data	j	h	f	d	b	a	c	e	g	i
rchild	0	0	0	9	4	0	0	0	0	0

其中,bt 为树根节点指针,lchild、rchild 分别为节点的左、右孩子指针域,在这里使用节点编号作为指针域值,0 表示指针域值为空；data 为节点的数据域。请完成下列各题：

(1) 画出二叉树 bt 的树形表示。

(2) 写出按先序、中序和后序遍历二叉树 bt 所得到的节点序列。

(3) 画出二叉树 bt 的后序线索树。

答:(1) 二叉树 bt 的树形表示如图 7.1 所示。

(2) 先序遍历序列：abcedfhgij

中序遍历序列：ecbhfdjiga

后序遍历序列：echfjigdba

(3) 二叉树 bt 的后序遍历序列为 echfjigdba,则后序线索树如图 7.2 所示。

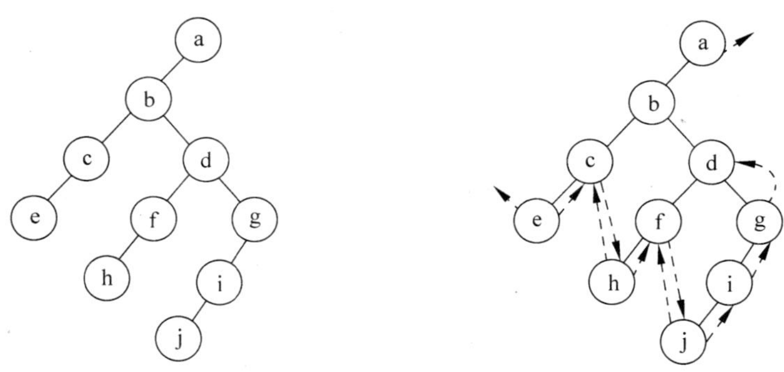

图 7.1 二叉树 bt 的逻辑结构　　图 7.2 二叉树 bt 的后序线索化树

7.2 已知一棵二叉树的中序序列为 cbedahgijf,后序序列为 cedbhjigfa,给出该二叉树树形表示。

答:由《教程》第 7.6 节的构造算法得到的二叉树的构造过程和结果如图 7.3 所示。

7.3 设给定权集合 W={2,3,4,7,8,9},试构造关于 W 的一棵哈夫曼树,并求其带权路径长度 WPL。

答:由权值集合 W 构造的哈夫曼树如图 7.4 所示。其带权路径长度 WPL=(9+7+8)×2+4×3+(2+3)×4=80。

7.4 一棵具有 n 个节点的完全二叉树以顺序方式存储在数组 A 中,假设每个节点的元素为单个字符,没有对应节点时 A 中元素取值为“#”。设计一个算法构造该二叉树的二

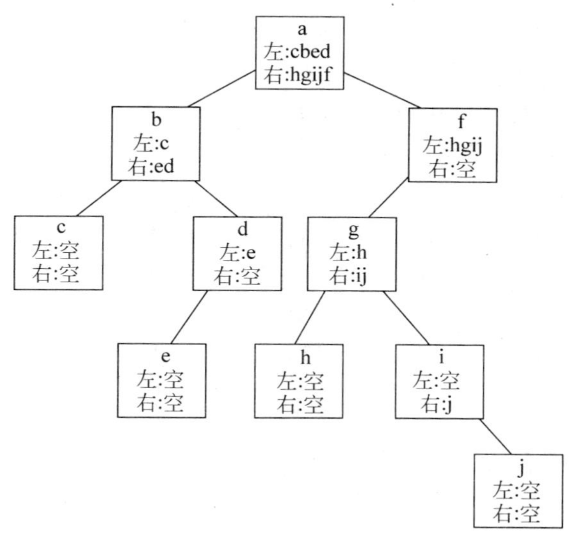

图 7.3　二叉树的构造过程

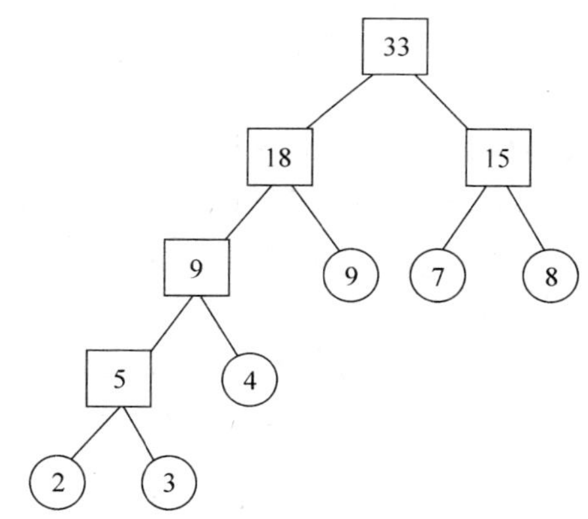

图 7.4　一棵哈夫曼树

叉链存储结构。

解：对于以顺序方式存储在数组 A(其大小为 MaxSize)中的一棵完全二叉树，节点 A[i]的左孩子为 A[2i](如果存在左孩子)，右孩子为 A[2i+1](如果存在右孩子)。采用递归方式创建该二叉树的二叉链存储结构。对应的算法如下：

```
void Ctree(BTNode *&b,char A[],int i)
{   //由二叉树的顺序存储结构 A 建立二叉链存储结构,二叉链的根节点由 b 指向
    if (i>=MaxSize || A[i]=='#')          //若 i 无效或 A[i]为无效节点
        b=NULL;
    else
    {   b=(BTNode *)malloc(sizeof(BTNode));
        b->data=A[i-1];
        Ctree(b->lchild,A,2*i);          //递归构造 *b 的左子树
        Ctree(b->rchild,A,2*i+1);        //递归构造 *b 的右子树
    }
}
```

7.5　假设二叉树中每个节点的值为单个字符，设计一个算法将一棵以二叉链方式存储的二叉树 b 转换成对应的顺序存储结构 A。

解：设二叉树的顺序存储结构类型为 SqBTree，先将顺序存储结构 A 中所有元素置为"#"。将 b 转换成 A 的递归模型 f()如下：

```
f(b,A,i): A[i] = '#';                              当 b == NULL
f(b,A,i): 由 * b 节点 data 域值建立 A[i]元素; 其他情况
          f(b->lchild,A,2 * i);
          f(b->rchild,A,2 * i + 1)
```

调用方式为：f(b,A,1)(A 的下标从 1 开始)。对应的算法如下：

```
void Ctree(BTNode * b,SqBTree A,int i)
{   if (b!= NULL)
    {   A[i] = b->data;
        Ctree(b->lchild,A,2 * i);
        Ctree(b->rchild,A,2 * i + 1);
    }
    else
        A[i] = '#';
}
```

7.6　假设二叉树以二叉链存储，设计一个算法，判断一棵二叉树是否为完全二叉树。

解：根据完全二叉树的定义，对完全二叉树按照从上到下、从左到右的次序遍历(层次遍历)应该满足：

(1) 某节点没有左孩子，则一定无右孩子。

(2) 若某节点缺左或右孩子，则其所有后继节点一定无孩子。

若不满足上述任何一条，均不为完全二叉树。对应的算法如下：

```
bool CompBTNode(BTNode * b)
{   BTNode * Qu[MaxSize], * p;                  //定义一个队列,用于分层判断
    int front = 0,rear = 0;                     //顺序队首尾指针
    bool cm = true;                             //cm 为真表示二叉树为完全二叉树
    bool bj = true;                             //bj 为真表示到目前为止所有节点均有左右孩子
    if (b!= NULL)
    {   rear ++ ;
        Qu[rear] = b;
        while (front!= rear)                    //队列不空
        {   front = (front + 1) % MaxSize;      //出队
            p = Qu[front];
            if (p->lchild == NULL)              //* p 节点没有左孩子
            {   bj = false;
                if (p->rchild!= NULL)           //没有左孩子但有右孩子,违反条件(1)
                    cm = false;
            }
            else                                //* p 节点有左孩子
            {   if (bj)                         //迄今为止,所有节点均有左右孩子
                {   rear = (rear + 1) % MaxSize;  //左孩子进队
                    Qu[rear] = p->lchild;
```

```
                if (p -> rchild == NULL)
                    bj = false;                //* p 有左孩子但没有右孩子,则 bj = false
                else                           //* p 有右孩子,则继续判断
                {   rear = (rear + 1) % MaxSize; //右孩子进队
                    Qu[rear] = p -> rchild;
                }
            }
            else                         //bj 为假则表示到目前为止已有节点缺左或右孩子
                cm = false                     //此时 * p 节点有左孩子,违反条件(2)
        }
    }   //while
    return cm;
  }
  return true;                                 //空树当成特殊的完全二叉树
}
```

7.7 假设二叉树采用二叉链存储结构,t 指向根节点,p 所指的节点为任一给定节点,设计一个算法,输出从根节点到 p 所指节点之间的路径。

解:本题有多种解法,这里采用非递归后序遍历树 t(参见《教程》第 7.5.3 节后序遍历非递归算法的第二种方法),当后序遍历访问到 s 所指节点时,此时栈 St 中所有节点均为 p 所指节点的祖先,由这些祖先便可构成了一条从根节点到 p 所指节点之间的路径。对应的算法如下:

```
int Path(BTNode * t,BTNode * s)
{   BTNode * St[MaxSize];
    BTNode * p;
    int i,flag,top = - 1;                      //栈顶指针置初值
    do
    {   while (t)                              //将 t 的所有左节点进栈
        {   top ++ ;
            St[top] = t;
            t = t -> lchild;
        }
        p = NULL;                              //p 指向当前节点的前一个已访问的节点
        flag = 1;                              //设置 t 的访问标记为已访问过
        while (top!= - 1 && flag)
        {   t = St[top];                       //取出当前的栈顶元素
            if (t -> rchild == p)              //右子树不存在或已被访问,访问之
            {   if (t == s)                    //当前访问的节点为要找的节点,输出路径
                {   for (i = 0;i <= top;i ++ )
                        printf(" %c ",St[i] -> data);
                    return 1;
                }
                else
                {   top -- ;
                    p = t;                     //p 指向被访问的节点
                }
            }
            else
            {   t = t -> rchild;               //t 指向右子树
```

```
                flag = 0;                          //设置未被访问的标记
            }
        }
    } while (top!= -1);                            //栈不空时循环
    return 0;                                      //其他情况时返回 0
}
```

7.8 假设二叉树采用二叉链存储结构,设计一个算法把树 b 的左、右子树进行交换。要求不破坏原二叉树。

解:交换二叉树的左、右子树的递归模型如下:

```
f(b,t)→t = NULL                                    若 b = NULL
f(b,t)→复制根节点 b 产生 t;
        f(b->lchild,t1);f(b->rchild,t2);          其他情况
        t->lchild = t2;t->rchild = t1
```

对应的算法如下(算法返回左、右子树交换后的二叉树):

```
BTNode *Swap(BTNode *b)
{   BTNode *t, *t1, *t2;
    if (b == NULL)
        t = NULL;
    else
    {   t = (BTNode *)malloc(sizeof(BTNode));      //复制一个根节点
        t->data = b->data;
        t1 = Swap(b->lchild);
        t2 = Swap(b->rchild);
        t->lchild = t2;
        t->rchild = t1;
    }
    return t;
}
```

或者设计成如下算法(算法产生左、右子树交换后的二叉树 b1):

```
void Swap1(BTNode *b,BTNode *&b1)
{   if (b == NULL)
        b1 = NULL;
    else
    {   b1 = (BTNode *)malloc(sizeof(BTNode));     //复制一个根节点
        b1->data = b->data;
        Swap1(b->lchild,b1->rchild);
        Swap1(b->rchild,b1->lchild);
    }
}
```

设计如下主函数:

```
void main()
{   BTNode *b, *b1;
    CreateBTNode(b,"A(B(D(,G)),C(E,F))");
    printf(" 交换前的二叉树:");DispBTNode(b);printf("\n");
```

```
    b1 = Swap(b);
    printf(" 交换后的二叉树:");DispBTNode(b1);printf("\n");
}
```

程序执行结果如下：

```
交换前的二叉树:A(B(D(,G)),C(E,F))
交换后的二叉树:A(C(F,E),B(,D(G)))
```

7.9 假设二叉树采用二叉链存储结构，设计一个算法判断一棵二叉树是否对称同构。所谓对称同构是指其左右子树的结构是对称的。

解：判断二叉树是否对称同构的递归模型如下：

```
f(b) = true                              若 b = NULL 或 b->lchild 与 b->rchild 均为 NULL
f(b) = false                             若 b->lchild 与 b->rchild 中之一为 NULL
f(b) = f(b->lchild) & f(b->rchild)       其他情况
```

对应的算法如下：

```
bool Symm(BTNode *t1,BTNode *t2)          //判断二叉树 t1 和 t2 是否对称
{   if (t1 == NULL && t2 == NULL)
        return true;
    else if (t1 == NULL || t2 == NULL)
        return false;
    else
        return (symm(t1->lchild,t2->lchild) & symm(t1->rchild,t2->rchild));
}
bool Symmtree(BTNode *b)                  //判断二叉树 b 是否对称
{   if (b == NULL)
        return true;
    else
        return Symm(b->lchild,b->rchild);
}
```

7.10 假设二叉树采用二叉链存储结构且所有节点的值不同，其中包含值为 e、e1 和 e2 的节点，设计一个算法判断 e 是否为 e1 和 e2 的共同祖先。

解：先在以 b 为根节点的二叉树中查找 data 值为 e 的节点 *p，若节点 *p 是 e1 和 e2 的祖先，则在以节点 *p 为根的子树中一定能够找到 e1 和 e2 对应的节点，其中 FindNode 是二叉树的基本运算算法，参见《教程》中的第 7.4 节。本题的算法如下：

```
bool commparent(BTNode *b,ElemType e,ElemType e1,ElemType e2)
{   BTNode *p, *p1, *p2;
    p = FindNode(b,e);
    p1 = FindNode(p,e1);
    p2 = FindNode(p,e2);
    if (p1!= NULL && p2!= NULL)
        return true;
    else
        return false;
}
```

设计如下主函数：

```
void main()
{   ElemType e = 'A', e1 = 'D', e2 = 'E';
    BTNode *b;
    CreateBTNode(b,"A(B(D(,G)),C(E,F))");
    printf("b:");DispBTNode(b);printf("\n");
    if (commparent(b,e,e1,e2))
        printf("%c是%c和%c的公共祖先\n",e,e1,e2);
    else
        printf("%c不是%c和%c的公共祖先\n",e,e1,e2);
}
```

程序执行结果如下：

```
b: A(B(D(,G)),C(E,F))
A是D和E的公共祖先
```

7.3 补充练习题及参考答案

7.3.1 单项选择题

1. 对于一棵具有n个节点、度为4的树来说，________。

A. 树的高度至多是n－3　　B. 树的高度至多是n－4
C. 第i层上至多有4*(i－1)个节点　　D. 至少在某一层上正好有4个节点

答：这样的树中至少有一个节点的度为4，也就是说，至少有一层中有4个或4个以上的节点，因此，树的高度至多是n－3。本题答案为A。

2. 度为4、高度为h的树，________。

A. 至少有h+3个节点　　B. 至多有4^h-1个节点
C. 至多有4h个节点　　D. 至少有h+4个节点

答：与上小题分析相同，本题答案为A。

3. 对于一棵具有n个节点、度为4的树来说，树的高度至少是________。

A. $\lceil \log_4 2n \rceil$　　B. $\lceil \log_4 (3n-1) \rceil$
C. $\lceil \log_4 (3n+1) \rceil$　　D. $\lceil \log_4 (2n+1) \rceil$

答：由树的性质4可知，具有n个节点的m次树的最小高度为$\lceil \log_m (n(m-1)+1) \rceil$。这里m＝4，因此，最小高度为$\lceil \log_4 (3n+1) \rceil$。本题答案为C。

4. 在一棵3次树中度为3的节点数为2，度为2的节点数为1，度为1的节点数为2，则度为0的节点数为________。

A. 4　　B. 5　　C. 6　　D. 7

答：$n_3=2$，$n_2=1$，$n_1=2$，$n=n_3+n_2+n_1+n_0=5+n_0$，又n＝度之和＋1＝$3n_3+2n_2+n_1+1=11$，所以$n_0=11-5=6$。本题答案为C。

5. 在下列存储形式中，________不是树的存储形式。

A. 双亲表示法　　B. 孩子链表示法
C. 孩子兄弟链表示法　　D. 顺序存储表示法

答：D。

6. 用双亲存储结构表示树，其优点之一是________比较方便。

A. 找指定节点的双亲节点　　B. 找指定节点的孩子节点
C. 找指定节点的兄弟节点　　D. 判断某节点是不是叶子节点

答：在树的双亲存储结构中，每个节点都有一个指向双亲节点的伪指针。本题答案为 A。

7. 用孩子链存储结构表示树，其优点之一是________比较方便。

A. 判断两个指定节点是不是兄弟　　B. 找指定节点的双亲
C. 判断指定节点在第几层　　D. 计算指定节点的度数

答：在树的孩子链存储结构中，每个节点有指向所有孩子节点的指针，所以很容易计算其孩子节点个数（度数）。本题答案为 D。

8. 如果在树的孩子兄弟链存储结构中有 6 个空的左指针域，7 个空的右指针域，5 个节点左、右指针域都为空，则该树中叶子节点________。

A. 有 7 个　　B. 有 6 个　　C. 有 5 个　　D. 不能确定

答：在树的孩子兄弟链存储结构中，左指针域指向第一个孩子节点，右指针域指向右兄弟节点。该树有 6 个空的左指针域，说明有 6 个节点没有任何孩子，则为叶子节点。本题答案为 B。

9. 如果用孩子兄弟链来表示一棵具有 $n(n>1)$ 个节点的树，则在该存储结构中________。

A. 至多有 $n-1$ 个非空的右指针域　　B. 至少有两个空的右指针域
C. 至少有两个非空的左指针域　　D. 至多有 $n-1$ 个空的右指针域

答：该树至少有两个节点，对于有两个或两个以上节点的树，至少有两个节点没有右兄弟（根节点和其最右孩子节点），而右指针域指向兄弟节点。所以本题答案为 B。

10. 若 3 次树中有 a 个度为 1 的节点、b 个度为 2 的节点、c 个度为 3 的节点，则该树有________个叶子节点。

A. $1+2b+3c$　　B. $1+2b+3c$　　C. $2b+3c$　　D. $1+b+2c$

答：$n=n_0+n_1+n_2+n_3=n_0+a+b+c$，$n=$度之和$+1=n_1+2n_2+3n_3+1=a+2b+3c+1$，所以，$n_0=b+2c+1$，总节点数为 $a+2b+3c+1$。本题答案为 D。

11. 已知一棵度为 m 的树中有 n_1 个度为 1 的节点，n_2 个度为 2 的节点，n_3 个度为 3 的节点，……，n_m 个度为 m 的节点。该树的叶子节点数为________。

A. $\sum_{i=1}^{m}(i-1)n_i$　　B. $1+\sum_{i=1}^{m}in_i$

C. $\sum_{i=1}^{m}(i+1)n_i$　　D. $1+\sum_{i=1}^{m}(i-1)n_i$

答：设叶子节点个数为 n_0：

该树节点个数为 $n_0+n_1+\cdots+n_m=\sum_{i=0}^{m}n_i=n_0+\sum_{i=1}^{m}n_i$

又因为该树的分支数为 $\sum_{i=1}^{m}in_i$，树的节点个数$=1+$分支数$=1+\sum_{i=1}^{m}in_i$

因此：$n_0+\sum_{i=1}^{m}n_i=1+\sum_{i=1}^{m}in_i$

$$n_0 = 1 + \sum_{i=1}^{m}(i-1)n_i$$

本题答案为D。

12. 设森林F中有3棵树,第一、第二和第三棵树的节点个数分别为m1、m2和m3。与森林F对应的二叉树根节点的右子树上的节点个数是________。

A. m1　　B. m1+m2　　C. m3　　D. m2+m3

答:对应的二叉树根节点的右子树上的节点均由第二和第三棵树上的节点转换得到。本题答案为D。

13. 设F是一个森林,B是由F变换得的二叉树。若F中有n个非终端节点,则B中右指针域为空的节点有________个。

A. n−1　　B. n　　C. n+1　　D. n+2

答:以图7.5为例,F中n=2,B中右指针域为空的节点个数为3。本题答案为C。

实际上,F中每个非叶子节点都有一个最右孩子节点,这个最右孩子节点在B中右指针域为空,同时根节点的右指针域也为空,所以B中共有n+1个右指针域为空的节点。

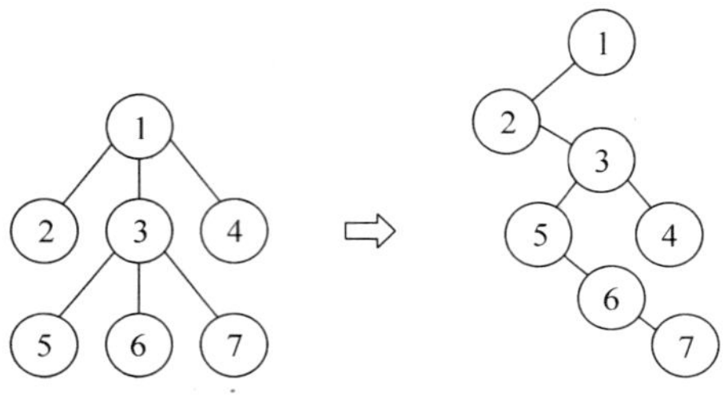

图7.5　由树转换成二叉树

14. 如果T_1是由有序树T转换而来的二叉树,那么T中节点的后序遍历序列就是T_1中节点的________序列。

A. 先序　　B. 中序　　C. 后序　　D. 层次序

答:在由树转换成二叉树时,兄弟转换成右孩子,如图7.5所示,树的后序遍历序列为2567341,而对应二叉树的中序序列为2567341。本题答案为B。

15. 设森林F对应的二叉树为B,它有m个节点,B的根为p,p的右子树节点个数为n,森林F中第一棵树的节点个数是________。

A. m−n　　B. m−n−1

C. n+1　　D. 条件不足,无法确定

答:森林F中第一棵树转换成二叉树p及p的左子树。本题答案为A。

16. 二叉树若用顺序方法存储,则下列4种运算中的________最容易实现。

A. 先序遍历二叉树　　B. 判断两个指定节点是不是在同一层上

C. 层次遍历二叉树　　D. 根据节点的值查找其存储位置

答:直接顺序扫描存储二叉树的数组即得到层次遍历二叉树序列。本题答案为C。

17. 二叉树和度为2的树的相同之处包括________。

A. 每个节点都有一个或两个孩子节点　　B. 至少有一个根节点

C. 至少有一个度为2的节点　　D. 每个节点至多有一个双亲节点

答:D。

18. 一棵完全二叉树上有 1001 个节点，其中叶子节点的个数是________。

A. 250　　B. 501　　C. 254　　D. 505

答：由二叉树性质知：$n_0=n_2+1$，且完全二叉树的 $n_1=0$ 或 1；已知二叉树的总节点数 $n=n_0+n_1+n_2$，即有：$n=2n_0+n_1-1$；将总节点数 1001 代入得：$1001=2n_0+n_1-1$，因 1001 为奇数，故 $n_1=0$，得到 $n_0=501$，由此知答案为 B。

19. 一棵有 124 个叶子节点的完全二叉树，最多有________个节点。

A. 247　　B. 248　　C. 249　　D. 250

答：由 $n_0=n_2+1$ 可知：$n_2=123$；$n=n_2+n_1+n_0=247+n_1$，在完全二叉树中，$n_1=0$ 或 1，所以 n 的最大值为 247+1=248，故选 B。

20. 在一棵具有 n 个节点的完全二叉树中，分支节点的最大编号为________。

A. $\left\lfloor\frac{n+1}{2}\right\rfloor$　　B. $\left\lfloor\frac{n-1}{2}\right\rfloor$　　C. $\left\lceil\frac{n}{2}\right\rceil$　　D. $\left\lfloor\frac{n}{2}\right\rfloor$

答：在完全二叉树中，若 n 为偶数，$n_1=1$，$n_0=n_2+1$，$n=n_0+n_1+n_2=2n_2+2$，$n_2=(n-2)/2$，最大分支节点编号$=n_2+1=n/2$；若 n 为奇数，$n_1=0$，$n=n_0+n_1+n_2=2n_2+1$，$n_2=(n-1)/2$，最大分支节点编号$=n_2=(n-1)/2$。所以分支节点的最大编号为$\lfloor n/2\rfloor$。本题答案为 D。

21. 在高度为 h 的完全二叉树中，________。

A. 度为 0 的节点都在第 h 层上

B. 第 i(1≤i≤h)层上节点都是度为 2 的节点

C. 第 i(1≤i≤h−1)层上有 2^{i-1} 个节点

D. 不存在度为 1 的节点

答：在高度为 h 的完全二叉树中，第 1 层～第 h−1 层构成一个满二叉树，在满二叉树中第 i 层上有 2^{i-1} 个节点。本题答案为 C。

22. 每个节点的度或者为 0 或者为 2 的二叉树称为正则二叉树，对于 n 个节点的正则二叉树来说，它的最大高度是________。

A. $\lceil\log_2 n\rceil$　　B. (n−1)/2　　C. $\lceil\log_2(n+1)\rceil$　　D. (n+1)/2

答：最大高度的正则二叉树是这样的二叉树：第 1 层有 1 个节点，第 2 层～第 h 层均有两个节点，因此 2(h−1)+1=n，即 h=(n+1)/2。本题答案为 D。

23. 若一棵二叉树具有 10 个度为 2 的节点，5 个度为 1 的节点，则度为 0 的节点个数是________。

A. 9　　B. 11　　C. 15　　D. 不确定

答：$n_2=10$，$n_0=n_2+1=11$。本题答案为 B。

24. 若二叉树的中序遍历序列是 abcdef，且 c 为根节点，则________。

A. 节点 c 有两个孩子　　B. 二叉树有两个度为 0 的节点

C. 二叉树的高度为 5　　D. 以上都不对

答：中序序列是 abcdef，则 ab 为节点 c 的左子树的中序序列，def 为节点 c 的右子树的中序序列，说明节点 c 既有左子树又有右子树。本题答案为 A。

25. 在任何一棵二叉树中，如果节点 a 有左孩子 b、右孩子 c，则在节点的先序序列、中序序列、后序序列中，________。

A. 节点 b 一定在节点 a 的前面　　B. 节点 a 一定在节点 c 的前面

C. 节点 b 一定在节点 c 的前面　　D. 节点 a 一定在节点 b 的前面

答:无论哪种遍历方式,都是先遍历左子树,再遍历右子树,所以节点 b 一定在节点 c 的前面被访问。本题答案为 C。

26. 如果一棵二叉树的先序序列是…a…b…,中序序列是…b…a…,则________。

A. 节点 a 和节点 b 分别在某节点的左子树和右子树中

B. 节点 b 在节点 a 的右子树中

C. 节点 b 在节点 a 的左子树中

D. 节点 a 和节点 b 分别在某节点的两棵非空子树中

答:先序序列是…a…b…,则 b 在 a 的左子树中或者 b 在 a 的某个祖先 x 的右子树中,中序序列是…b…a…,则 b 不可在 a 的某个祖先 x 的右子树中,即 b 只能在 a 的左子树中。本题答案为 C。

27. 设 n,m 为一棵二叉树上的两个节点,在中序遍历时,n 在 m 前的条件是________。

A. n 在 m 右方　　B. n 是 m 祖先　　C. n 在 m 左方　　D. n 是 m 子孙

答:中序遍历时,先遍历左子树,再访问根节点,最后遍历右子树。n 在 m 前,则 n 在 m 的左子树中或 m 在 n 的右子树中,或者 n 在某棵子树的左子树中而 m 在其右子树中,这都表示 n 在 m 的左方。本题答案为 C。

28. 如果在一棵二叉树的先序序列、中序序列和后序序列中,节点 a、b 的位置都是 a 在前、b 在后(即形如…a…b…),则________。

A. a、b 可能是兄弟　　B. a 可能是 b 的双亲

C. a 可能是 b 的孩子　　D. 不存在这样的二叉树

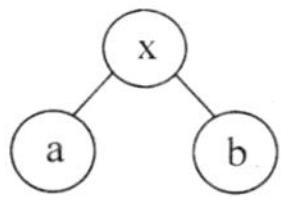

答:如图 7.6 所示的一棵二叉树中 a 和 b 节点就满足本题的条件。本题答案为 A。

图 7.6　一棵二叉树

29. 若二叉树采用二叉链存储结构,如果要交换其所有分支节点的左、右子树位置,利用________遍历方法最合适。

A. 先序　　B. 中序　　C. 后序　　D. 按层次

答:先交换其所有分支节点左、右子树的位置,再交换根节点的左、右子树。本题答案为 C。

30. 线索二叉树是一种________结构。

A. 逻辑　　B. 逻辑和存储　　C. 物理　　D. 线性

答:线索二叉树是由二叉链存储结构变化而来的,所以属存储结构或物理结构。本题答案为 C。

31. 在 n 个节点的线索二叉树中,线索的数目为________。

A. n−1　　B. n　　C. n+1　　D. 2n

答:因 n 个节点的二叉树中有 n+1 个空指针,它们都转化为存放线索,所以线索的数目为 n+1。本题答案为 C。

32. 若度为 m 的哈夫曼树(其中只有度为 m 的节点和叶子节点)中,其叶子节点个数为 n,则非叶子节点的个数为________。

A. $n-1$　　B. $\lfloor n/m \rfloor-1$　　C. $\left\lceil \frac{n-1}{m-1} \right\rceil$　　D. $\left\lceil \frac{n}{m-1} \right\rceil-1$

答:在构造度为 m 的哈夫曼树过程中,先将 n 个节点构造 n 个只含一个节点的子树,然后每次把 m 棵子树节点合并为一棵树,也就是说,每次合并减少 m−1 个子树,从 n 个叶子

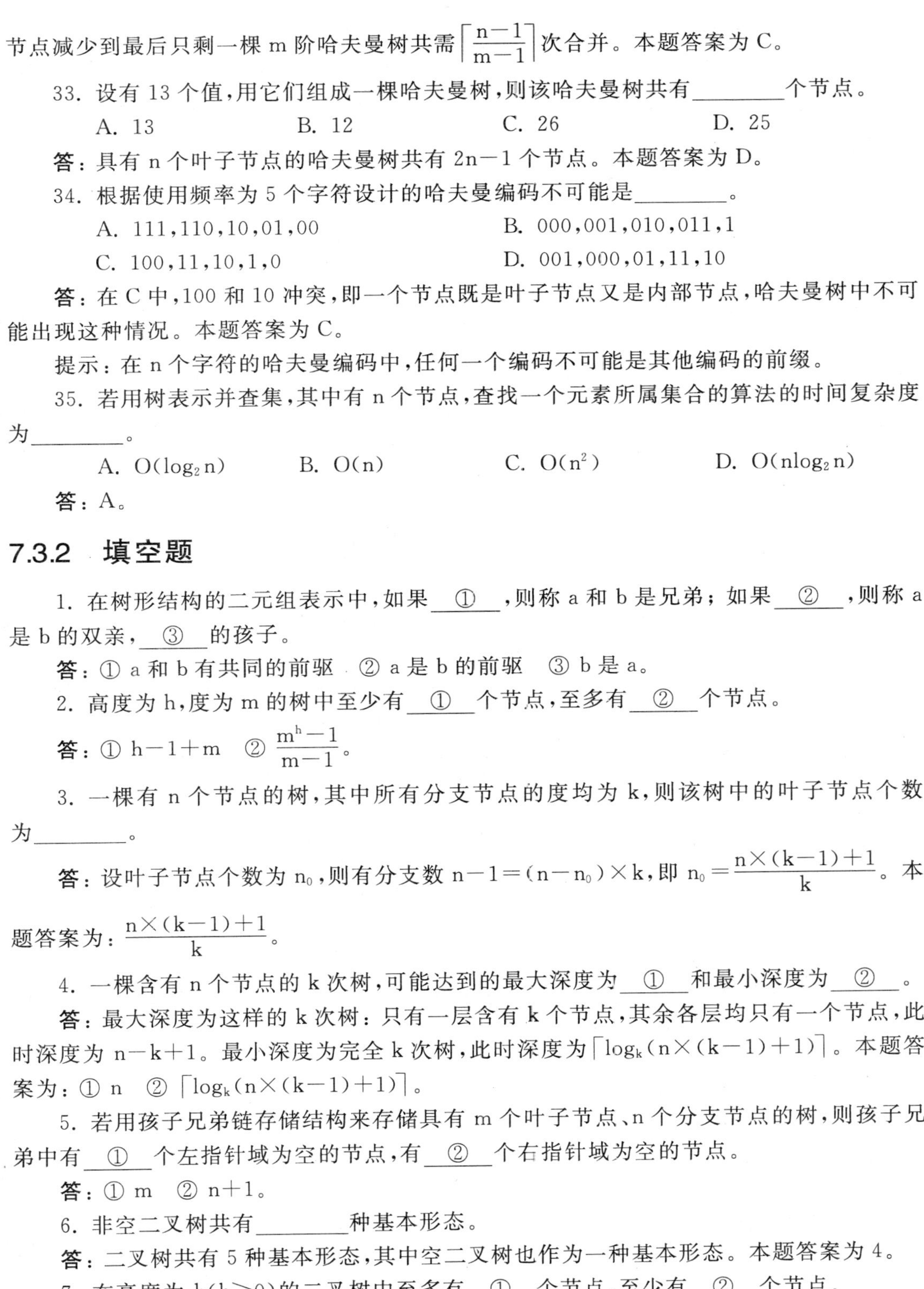

节点减少到最后只剩一棵 m 阶哈夫曼树共需$\left\lceil \frac{n-1}{m-1} \right\rceil$次合并。本题答案为 C。

33. 设有 13 个值，用它们组成一棵哈夫曼树，则该哈夫曼树共有________个节点。

A. 13　　B. 12　　C. 26　　D. 25

答：具有 n 个叶子节点的哈夫曼树共有 2n－1 个节点。本题答案为 D。

34. 根据使用频率为 5 个字符设计的哈夫曼编码不可能是________。

A. 111,110,10,01,00　　B. 000,001,010,011,1

C. 100,11,10,1,0　　D. 001,000,01,11,10

答：在 C 中，100 和 10 冲突，即一个节点既是叶子节点又是内部节点，哈夫曼树中不可能出现这种情况。本题答案为 C。

提示：在 n 个字符的哈夫曼编码中，任何一个编码不可能是其他编码的前缀。

35. 若用树表示并查集，其中有 n 个节点，查找一个元素所属集合的算法的时间复杂度为________。

A. $O(\log_2 n)$　　B. $O(n)$　　C. $O(n^2)$　　D. $O(n\log_2 n)$

答：A。

7.3.2　填空题

1. 在树形结构的二元组表示中，如果__①__，则称 a 和 b 是兄弟；如果__②__，则称 a 是 b 的双亲，__③__的孩子。

答：① a 和 b 有共同的前驱　② a 是 b 的前驱　③ b 是 a。

2. 高度为 h，度为 m 的树中至少有__①__个节点，至多有__②__个节点。

答：① h－1＋m　② $\frac{m^h-1}{m-1}$。

3. 一棵有 n 个节点的树，其中所有分支节点的度均为 k，则该树中的叶子节点个数为________。

答：设叶子节点个数为 n_0，则有分支数 $n-1=(n-n_0)\times k$，即 $n_0=\frac{n\times(k-1)+1}{k}$。本题答案为：$\frac{n\times(k-1)+1}{k}$。

4. 一棵含有 n 个节点的 k 次树，可能达到的最大深度为__①__和最小深度为__②__。

答：最大深度为这样的 k 次树：只有一层含有 k 个节点，其余各层均只有一个节点，此时深度为 n－k＋1。最小深度为完全 k 次树，此时深度为$\lceil \log_k(n\times(k-1)+1) \rceil$。本题答案为：① n　② $\lceil \log_k(n\times(k-1)+1) \rceil$。

5. 若用孩子兄弟链存储结构来存储具有 m 个叶子节点、n 个分支节点的树，则孩子兄弟中有__①__个左指针域为空的节点，有__②__个右指针域为空的节点。

答：① m　② n＋1。

6. 非空二叉树共有________种基本形态。

答：二叉树共有 5 种基本形态，其中空二叉树也作为一种基本形态。本题答案为 4。

7. 在高度为 h(h≥0)的二叉树中至多有__①__个节点，至少有__②__个节点。

答：① 2^h-1(为满二叉树时节点最多)　②h(每层只有一个节点)。

8. n个节点的二叉树最大高度是__①__,最小高度是__②__。

答:① n(每层只有一个节点) ② $\lceil \log_2(n+1) \rceil$(为完全二叉树时高度最小)。

9. n个节点的二叉树中如果有m个叶子节点,则一定有__①__个度为1的节点,__②__个度为2的节点。

答:由二叉树性质1可知,$n_0=n_2+1$,即 $n_2=n_0-1=m-1$,$n=n_0+n_1+n_2$,则 $n_1=n-n_0-n_2=n-m-(m-1)=n-2m+1$。本题答案为:① $n-2m+1$ ② $m-1$。

10. 3个节点可以构成__①__种不同形状的树,可以构成__②__种不同形状的二叉树。

答:① 2 ② 5。

11. 8层完全二叉树至少有__①__个节点,拥有100个节点的完全二叉树的最大层数为__②__。

答:8层完全二叉树具有最少给点的情况是前7层为满二叉树而第8层仅有一个节点,即为 $2^7-1+1=128$,同时也看出具有100个节点的完全二叉树的最大层数为7层。本题答案为① 128 ② 7。

12. 完全二叉树中节点个数为n,则编号最大的分支节点的编号为________。

答:$\lfloor n/2 \rfloor$。

13. 一棵有n个节点的满二叉树有__①__个度为1的节点,有__②__个分支(非终端)节点和__③__个叶子节点,该满二叉树的深度为__④__。

答:① 0 ② $\left\lfloor \frac{n}{2} \right\rfloor$ ③ $\left\lfloor \frac{n}{2} \right\rfloor+1$ ④ $\log_2^{(n+1)}$ 或 $\lfloor \log_2 n \rfloor+1$。

14. 已知二叉树有50个叶子节点,则该二叉树的总节点数至少是________。

答:节点个数最小的情况是第一层有1个节点,第2~50层有两个节点,这样共有50个叶子节点,49个非叶子节点,总有99个节点。本题答案为99。

提示:$n_0=50$,$n_2=50-1=49$,$n=n_0+n_1+n_2=99+n_1$,当 $n_1=0$ 时节点个数最少,此时为99。

15. 在顺序存储的二叉树中,编号为i和j的两个节点处在同一层的条件是________。

答:编号为i的节点所在的层号为$\lceil \log_2(i+1) \rceil$。本题答案为$\lceil \log_2(i+1) \rceil=\lceil \log_2(j+1) \rceil$。

16. 设F是由 T_1、T_2、T_3 三棵树组成的森林,与F对应的二叉树为B。已知 T_1、T_2、T_3 的节点数分别为 n_1、n_2 和 n_3。则二叉树B的左子树中有__①__个节点,二叉树B的右子树中有__②__个节点。

答:根据森林转化为二叉树的方法可知,根和左子树为森林的第一棵树而其余的树都在根的右子树上。本题答案为:① n_1-1 ② n_2+n_3。

17. 若一个二叉树的叶子节点是某子树的中序遍历序列中的最后一个节点,则它必是该子树的________序列中的最后一个节点。

答:由于中序形式为左、根、右,而先序形式为根、左、右,所以该叶子节点也是该子树先序遍历序列中的最后一个节点(注意:如果不是叶子节点则此结论不成立)。本题答案为:先序遍历。

18. 若以{4,5,6,7,8}作为叶子节点的权值构造哈夫曼树,则其带权路径长度是__①__,各节点对应的哈夫曼编码为__②__。

答:构造的哈夫曼树如图7.7所示,WPL=(4+5)*3+(6+7+8)*2=69。本题答案为① 69 ② 010、011、10、11、00。

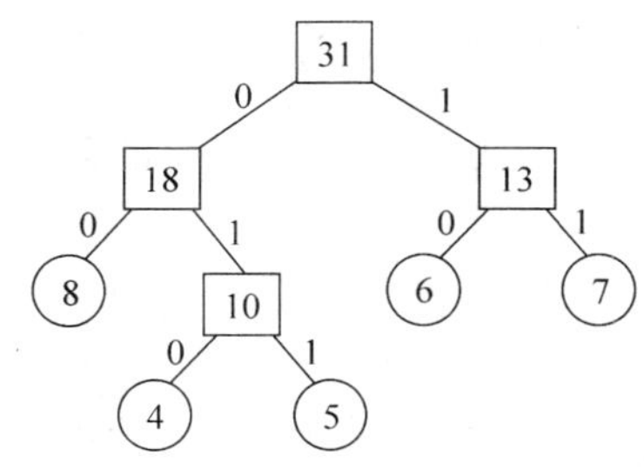

图 7.7　一棵哈夫曼树

7.3.3　判断题

1. 判断以下叙述的正确性。

(1) 树形结构中的每个节点都有一个前驱节点。

(2) 度为 m 的树中至少有一个度为 m 的节点，不存在度大于 m 的节点。

(3) 在树形结构中，处于同一层上的各节点之间都存在兄弟关系。

(4) $n(n>2)$个节点的二叉树中至少有一个度为 2 的节点。

(5) 不存在这样的二叉树：它有 n 个度为 0 的节点，$n-1$ 个度为 1 的节点，$n-2$ 个度为 2 的节点。

(6) 在任何一棵完全二叉树中，终端节点或者和分支节点一样多，或者只比分支节点多一个。

(7) 完全二叉树中的每个节点或者没有孩子或者有两个孩子。

(8) 当二叉树中节点数多于 1 个时，不可能根据节点的先序序列和后序序列唯一地确定该二叉树的逻辑结构。

(9) 只要知道完全二叉树中节点的先序序列，就可以唯一地确定它的逻辑结构。

(10) 哈夫曼树中不存在度为 1 的节点。

(11) 在哈夫曼树中，权值相同的叶子节点都在同一层上。

(12) 在哈夫曼树中，权值较大的叶子节点一般离根节点较远。

答：(1) 错误。根节点没有前驱节点。

(2) 正确。

(3) 错误。处于同一层上但有不同双亲的各节点之间是堂兄弟关系。

(4) 错误。

(5) 正确。不满足 $n_0=n_2+1$ 的性质，所以不存在这样的二叉树。

(6) 正确，在完全二叉树中，$n_1=0$ 或 1，而 $n_0=n_2+1$，所以分支节点个数 $n_1+n_2=n_0$ 或 $n_1+n_2=n_0-1$。

(7) 错误。

(8) 正确。

(9) 正确，在完全二叉树中，已知节点总数就可以确定其形状。已知其先序序列，便可知其节点总数，再根据先序序列确定每个节点的位置。实际上，只要已知完全二叉树的任一种遍历序列都可以唯一确定该二叉树。

(10) 正确。

(11) 错误。

(12) 错误。

2. 判断以下叙述的正确性。

(1) 若一个叶子节点是某二叉树先序遍历序列中的最后一个节点，则它必是该树后序遍历序列中的最后一个节点。

(2) 若一个叶子节点是某二叉树先序遍历序列中的最后一个节点，则它必是该树中序遍历序列中的最后一个节点。

(3) 在二叉树中，具有两个孩子的双亲节点，在中序遍历序列中，它的后继节点(后继节点是指中序遍历序列中排在某节点之后的节点)中最多只能有一个孩子节点。

(4) 在二叉树中，具有一个孩子的双亲节点，在中序遍历序列中，它没有后继孩子节点。

(5) 哈夫曼树是带权路径长度最短的树，路径上权值较大的节点离根较近。

(6) 已知二叉树的先序遍历和后序遍历并不能唯一地确定这棵树，因为不知道树的根节点是哪一个。

(7) 在先序遍历二叉树的序列中，任何节点其子树的所有节点都是直接跟在该节点之后的。

答：(1) 错误。通过只有两个节点(其中 a 为根节点，b 为 a 的右孩子)的二叉树来验证本叙述是不正确的。

(2) 错误。通过只有 3 个节点(其中 a 为根节点，b 为 a 的左孩子，c 为 b 的右孩子)的二叉树来验证本叙述是不正确的。

(3) 正确。中序形式为：左、根、右，即在中序遍历序列中双亲节点的后继节点只能有一个孩子节点。

(4) 错误。如果仅有右孩子，则中序形式为：根、右，此时后继节点存在。

(5) 正确。这是哈夫曼树本身的定义与特点。

(6) 错误。先序与后序的形式分别是根、左、右和左、右、根，根据这两种遍历序列的信息无法区分左、右子树。

(7) 正确。

3. 判断以下叙述的正确性。

(1) 存在这样的二叉树，对它采用任何次序的遍历，结果都相同。

(2) 二叉树就是度为 2 的树。

(3) 将一棵树转换成二叉树后，根节点没有左子树。

(4) 对于二叉树，在后序遍历序列中，任一节点的后面都不会出现它的子孙节点。

(5) 在哈夫曼编码中，当两个字符出现的频率相同时，其编码也相同。

答：(1) 正确。当二叉树只有一个根节点时，任何遍历的序列均相同。

(2) 错误。

(3) 错误。通常有左子树而无右子树。

(4) 正确。

(5) 错误。哈夫曼编码是一种前缀码，即不允许出现两字符编码相同的情况。

7.3.4 简答题

1. 简述二叉树与度为 2 的树之间的差别。

答：二叉树是一种重要的树形结构，它的特点是每个节点至多有两棵子树，即二叉树中任何节点的度数不得大于 2。而且，二叉树的子树有严格的左右之分，其次序不能任意颠倒，否则，就变成另一棵二叉树了。为此，在二叉树中，把某分支节点的左子树的根称做该分支节点的左孩子，而把分支节点的右子树的根称做该分支节点的右孩子。除此之外，二叉树可以是空树，而度为 2 的树至少有一个度为 2 的节点，所以不能为空树。

2. 已知度为 k 的树中，其度为 0、1、2、…、k－1 的节点数分别为 n_0、n_1、n_2、…、n_{k-1}。求该树的叶子节点数 n_0 和节点总数 n，并给出推导过程。

答：设该树度为 k 的节点数为 n_k，则有：

$$n = n_0 + n_1 + \cdots + n_{k-1} + n_k = \sum_{i=0}^{k-1} n_i + n_k \qquad ①$$

另外该树的分支总数为：

$$n - 1 = n_1 + 2n_2 + \cdots + (k-1)n_{k-1} + kn_k = \sum_{j=1}^{k-1} j \times n_j + kn_k \qquad ②$$

即：

$$n = \sum_{j=1}^{k-1} j \times n_j + kn_k + 1 \qquad ③$$

由①③式得：

$$\sum_{i=0}^{k-1} n_i + n_k = \sum_{j=1}^{k-1} j \times n_j + kn_k + 1$$

所以有：

$$n_0 = \sum_{i=0}^{k-1} (-1)n_i + (k-1)n_k + 1 = \sum_{i=2}^{k} (i-1)n_i + 1$$

又由②式有：

$$\frac{n-1}{k} = \frac{1}{k}\sum_{j=1}^{k-1} j \times n_j + n_k \qquad ④$$

①④两式相减可得：

$$n - \frac{n-1}{k} = \sum_{i=0}^{k-1} n_i - \frac{1}{k}\sum_{j=1}^{k-1} j \times n_j$$

即

$$n = \frac{1}{k-1}\left(kn_0 + \sum_{i=1}^{k-1} (k-i)n_i - 1\right)$$

例如，若一棵度为 4 的树中度为 1、2、3、4 的节点个数分别为 4、3、2、2，求 n_0 和 n 的过程如下：

这里 $k=4, n_1=4, n_2=3, n_3=2, n_4=2$

$$n_0 = \sum_{i=2}^{k-1} (i-1)n_i + 1 = n_2 + 2n_3 + 3n_4 + 1 = 3 + 4 + 6 + 1 = 14$$

$$n = \frac{1}{k-1}\left(kn_0 + \sum_{i=1}^{k-1} (k-i)n_i - 1\right) = \frac{1}{3}(4 \times n_0 + 3n_1 + 2n_2 + n_3 - 1) = 25。$$

3. 试证明：在具有 $n(n \geqslant 1)$ 个节点的 m 次树中，若采用孩子链存储结构，则其中有 $n(m-1)+1$ 个指针域是空的。

证明：用归纳法证明。n=1 时，它 m 个指针域是空的，成立。假设 n=k 时成立，即有 $k(m-1)+1$ 个指针域是空的。

当 $n=k+1$ 时，在原 k 个节点的树中增加一个节点，那么原 k 个节点中减少了一个指针域，但增加一个节点以增加了 m 个指针域是空的。所以有 $k+1$ 个节点的 m 次树的空指针域个数 $=k(m-1)+1-1+m=(k+1)(m-1)+1$。

本题即证。

另一种证明方法，在 m 次树的孩子链存储结构中，每个节点有 m 个指针域，共有 mn 个指针域，而指向节点的非空指针域个数为 $n-1$，所以空指针域个数为 $mn-(n-1)=n(m-1)+1$。

4. 将有关二叉树的概念推广到三次树，则一棵有 244 个节点的完全三次树的高度是多少？

答：由树的性质 4(具有 n 个节点的 m 次树的最小高度为 $\lceil \log_m(n(m-1)+1) \rceil$)可知：

该树的高度 $=\lceil \log_3(244\times 2+1) \rceil=6$。

5. 一棵高度为 h 的完全 k 次树，如果按层次自顶向下，同一层自左向右，顺序从 1 开始对全部节点进行编号，试问：

(1) 最多有多少个节点？最少有多少个节点？

(2) 编号为 q 的节点的第 i 个孩子节点(若存在)编号是多少？

(2) 编号为 q 的节点的双亲节点编号是多少？

答：(1) 在高度为 h 的完全 k 次树中，除第 h 层外，其余各层都是满的，即第 1 层有 1 个节点，第 2 层有 k 个节点，……，第 $h-1$ 层有 k^{h-2} 个节点，第 h 层最多有 k^{h-1} 个节点(为满的情况)，最少有 1 个节点。因此，最多节点数：

$$1+k+k^2\cdots+k^{h-2}+k^{h-1}=\frac{k^h-1}{k-1}$$

最少节点数：

$$1+k+k^2\cdots+k^{h-2}+1=\frac{k^{h-1}-1}{k-1}+1$$

(2) 设编号为 q 的节点是在完全 k 次树的第 l 层上从左边数第 j 个节点，那么 q 就等于前 $l-1$ 层的节点个数加 j，即：

$$q=\frac{k^{l-1}-1}{k-1}+j$$

则，

$$j=q-\frac{k^{l-1}-1}{k-1}$$

由于完全 k 次树的第 l 层上的第 j 个节点左边有 $j-1$ 个节点，它们共有 $(j-1)k$ 个孩子。因此第 j 个节点的第 i 个孩子是第 $l+1$ 层上从左边数第 $(j-1)k+i$ 个节点，其编号 p 为：

$$p=\frac{k^l-1}{k-1}+k(j-1)+i$$

将 $j=q-\dfrac{k^{l-1}-1}{k-1}$ 代入上式，化简得到：$p=(q-1)k+i+1$。

所以，当 $(q-1)k+i+1$ 小于等于树中总节点数时，编号为 q 的节点存在第 i 个孩子，其编号为 $(q-1)k+i+1$。

(3) 设编号为 q 的节点是在完全 k 次树的第 l 层上从左数的第 j 个节点，那么：

$$j=q-\frac{k^{l-1}-1}{k-1}$$

这 j 个节点对应有 $\left\lfloor \dfrac{j-1}{k} \right\rfloor+1$ 个双亲节点。因此，编号为 q 的双亲节点是第 $l-1$ 层的

第$\left\lfloor \frac{j-1}{k} \right\rfloor+1$个节点，其编号 p 为：

$$p=\frac{k^{l-1}-1}{k-1}+\left\lfloor \frac{j-1}{k} \right\rfloor+1$$

将$j=q-\frac{k^{l-1}-1}{k-1}$代入上式，化简得到：$p=\left\lfloor \frac{q+k-2}{k} \right\rfloor$。

因此，当 q=1 时，该节点为根节点，无双亲节点；否则，双亲节点的编号为$\left\lfloor \frac{q+k-2}{k} \right\rfloor$。

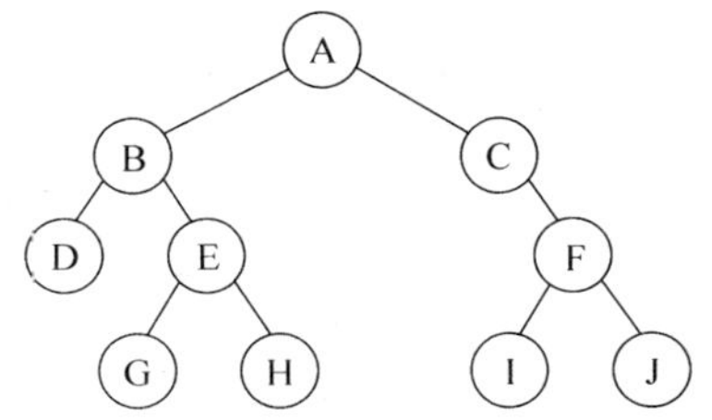

图 7.8　一棵二叉树

6. 对于如图 7.8 所示的二叉树：

(1) 画出它的顺序存储结构图；

(2) 将它转换(还原)成森林。

答：(1) 它的顺序存储结构图如下：

0	1	2	3	4	5	6	7	8	9	10	11	12	13	14
A	B	C	D	E	#	F	#	#	G	H	#	#	I	J

(2) 转换成的森林如图 7.9 所示。

7. 设 F={T1,T2,T3}是森林，如图 7.10 所示，试画出所对应的二叉树。

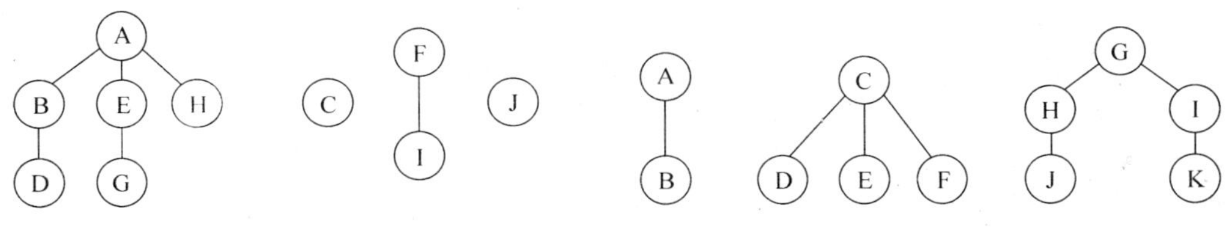

图 7.9　转换成的森林　　图 7.10　森林

答：对应的二叉树如图 7.11 所示。

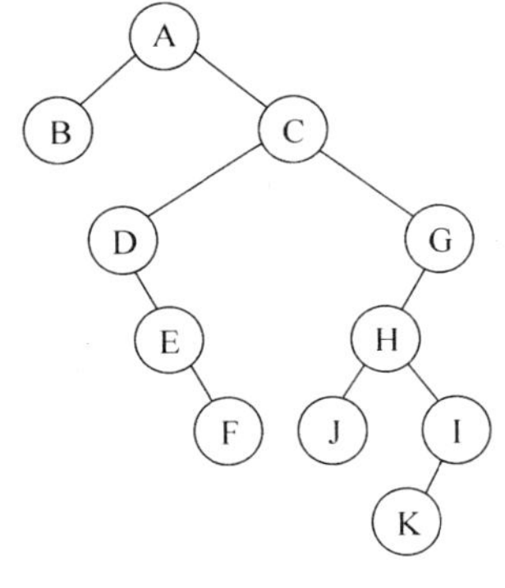

图 7.11　一棵二叉树

8. 设森林 F 对应的二叉树为 B，它有 m 个节点，B 的根为 p，p 的右子树节点个数为 n，森林 F 中第一棵树的节点个数是多少？

答：由森林转换为二叉树的过程可知，第一棵树对应 *p 节点及其左子树，即包含 m−n 个节点。

9. 任意一个有 n 个节点的二叉树，已知它有 m 个叶子节点，试证明非叶子节点中有(m−1)个节点的度为 2，其余的节点的度为 1。

证明：设 n_1 为二叉树中度为 1 的节点数，n_2 为度为 2 的节点数，则总的节点数为：

$$n=n_1+n_2+m$$

再看二叉树中分支数，除根节点外，其余节点都有一个分支进入，设 B 为分支数，则有：

$$n=B+1$$

由于这些分支是由度为 1 和 2 的节点发出的，所以又有：

$$B=n_1+2n_2$$

由以上两式可得：

$$n=n_1+2n_2+1$$

再结合前式得：

$$n_1+n_2+m=n_1+2n_2+1$$

由此推出：$n_2=m-1$。

10. 已知二叉树有50个叶子节点，则该二叉树的总节点数至少应有多少个？

答：设度为0、1、2的节点个数及总节点数分别为n_0、n_1、n_2和n，则有：

$$n_0=50$$
$$n=n_0+n_1+n_2$$
$$n-1=n_1+2\times n_2$$

由以上三式可得：$n_2=49$。

故：$n-1=n_1+2\times 49$

$n=n_1+99$

所以当$n_1=0$时，n最少，所以n至少有99个节点。

11. 具有n个节点的满二叉树的叶子节点的个数是多少？

答：设该满二叉树的高度为h，则：

总的节点个数 $n=1+2+4+\cdots+2^{h-1}=2\times 2^{h-1}-1$

而该满二叉树的叶子节点个数为 $2^{h-1}=\frac{n+1}{2}$。

12. 一棵有n个节点的满二叉树有多少个度为1的节点，有多少个分支(非终端)节点和多少个叶子节点，该满二叉树的深度为多少。

答：根据满二叉树的性质可知，一棵有n个节点的满二叉树有0个度为1的节点，有$(n-1)/2$个分支(非终端)节点和$(n+1)/2$个叶子节点，该满二叉树的深度为$\log_2(n+1)$。

13. 已知一棵满二叉树的节点个数为20到40之间的素数，此二叉树的叶子节点有多少个？

答：一棵深度为h的满二叉树的节点个数为2^h-1，则有：

$$20\leqslant 2^h-1\leqslant 40$$

即$21\leqslant 2^h\leqslant 41$，$h=5$(总节点数$=2^5-1=31$为素数，实际上为素数的条件是多余条件。)

满二叉树中叶子节点均集中在最底层，所以节点个数为$2^{5-1}=16$个。

14. 对于二叉树T的两个节点a和b，应该选择T节点的先序、中序和后序中的哪两个序列来判断节点a必定是节点b的祖先，并给出判断的方法。不需要证明判断方法的正确性。

答：可以采用先序序列和后序序列来判断。由先序序列可知b的祖先一定在b之前；而在后序序列中，b的祖先一定在b之后；取先序序列在b之前的节点集合以及后序序列在b之后的节点集合，这两个集合的交集即为b的祖先节点集合，则a必在该祖先节点集合中。

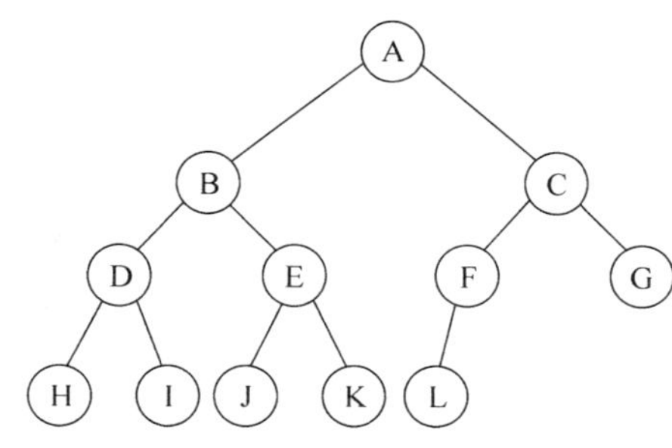

图7.12　一棵完全二叉树

15. 用一维数组存放一棵完全二叉树：ABCDEFGHIJKL。写出后序遍历该二叉树的访问节点序列。

答：该完全二叉树如图7.12所示，其后序序列为 HIDJKEBLFGCA。

16. 已知一棵完全二叉树共有892个节点，试求：

(1) 树的高度；

(2) 叶子节点数；

(3) 单支节点数；

(4) 最后一个非终端节点的序号。

答：(1) 已知深度为k的二叉树至多有 2^k-1 个节点($k>0$)，由于：$2^9-1<892<2^{10}-1$，所以树的高度为10。

(2) 对完全二叉树来说，度为1的节点只能是0或1。由 $n=n_0+n_1+n_2$ 和 $n_0=n_2+1$（二叉树的性质1)得：

① 设 $n_1=0$，则有 $892=n_0+0+n_2=n_2+1+n_2=2n_2+1$，因得到的 n_2 不为整数而出错。

② 设 $n_1=1$，则有 $892=n_0+1+n_2=n_2+1+1+n_2=2n_2+2$，得 $n_2=445$，代入 $n_0=n_2+1$，得 $n_0=446$；故叶子节点数为446。

(3) 由(2)可知单支节点数为1。

(4) 对有n个节点的完全二叉树，最后一个叶子节点即序号为n的叶子节点，其双亲节点 $\lfloor n/2 \rfloor$ 即为最后一个非终端节点，序号为 $892/2=446$。此外，由(2)可知：$n_2=445$，$n_1=1$；则最后一个非终端节点的序号为 $445+1=446$。

17. 已知完全二叉树的第8层有8个节点，则其叶子节点数是多少？

答：由完全二叉树的定义可知，除最后一层外，其他各层的节点是满的。该完全二叉树各层的节点个数分别为：1,2,4,8,16,32,…，即第i层的节点个数为 2^{i-1}。这里第8层有8个节点，显然第8层是最后一层，那么第7层的节点个数为 $2^{7-1}=64$ 个，其中的4个节点有8个叶子节点，余下的为叶子节点，个数为 $64-4=60$。所以该完全二叉树的叶子节点个数为 $60+8=68$ 个。

18. 若一棵二叉树，左、右子树均有3个节点，其左子树的先序序列与中序序列相同，右子树的中序序列与后序序列相同，试构造该树。

答：依题意，左子树的先序序列与中序序列相同，即有：

先序：根左右

中序：左根右

也即，以左子树为根的树无左孩子。此外，右子树的中序序列与后序序列相同，即有：

中序：左根右

后序：左右根

也即，以右子树为根的树无右孩子。由此构造该树如图7.13所示。

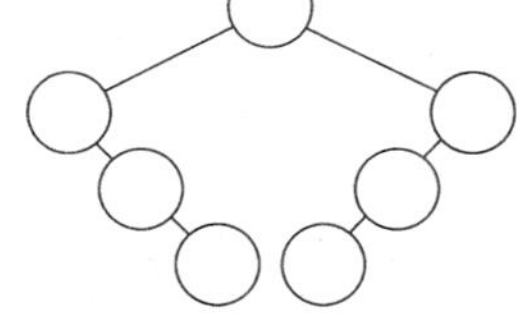

图7.13 一棵二叉树

19. 一棵非空两层的二叉树其先序序列和后序序列正好相反，画出这棵二叉树的形状。

答：先序遍历为：根左右，后序遍历为：左右根，给出满足题设条件的4种二叉树如图7.14所示。

由图7.14可知，根节点在两个序列中的位置分别在最前和最后，正好相反；若二叉树的左右子树存在,那么接下来在先序遍历中要访问左子树的根节点,而在后序遍历中则是访问右子树的根节点;这与题意不符。因此,若要两个序列正好相反,则左右子树必有一个不存在。从图 7.14 可得到:其先序序列和后序序列正好相反的二叉树必为单支树。即这棵二叉树的形状如图 7.15 所示。

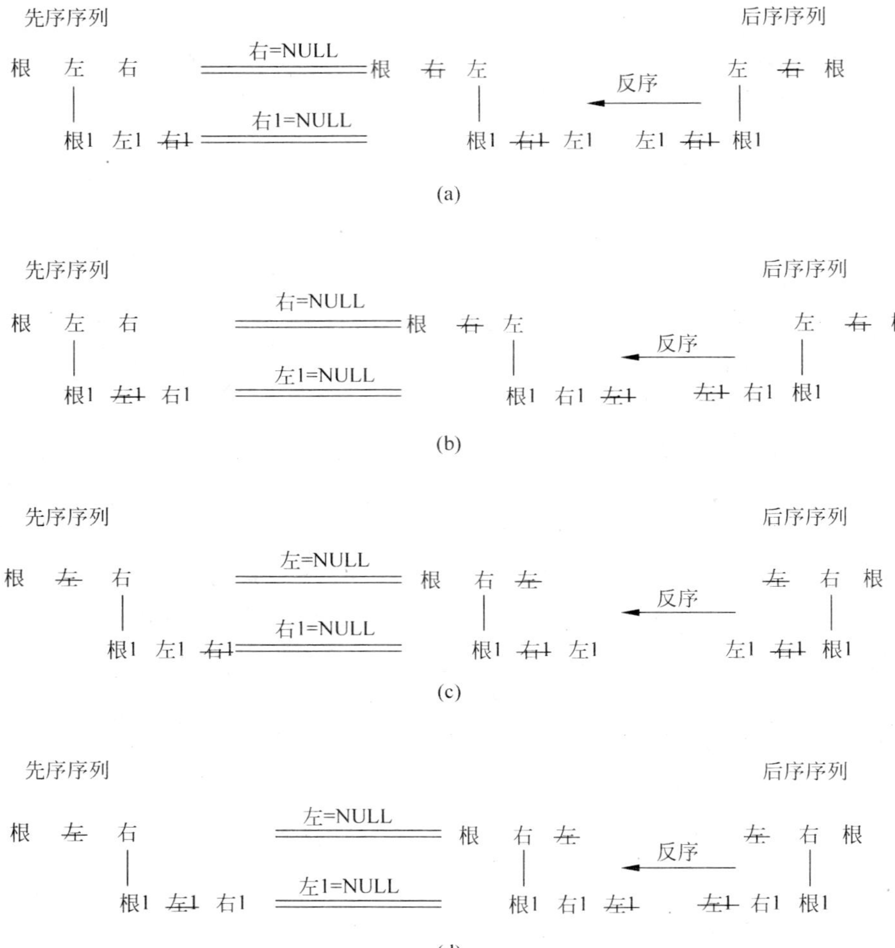

图 7.14 先序序列和后序序列正好相反的两层二叉树示意

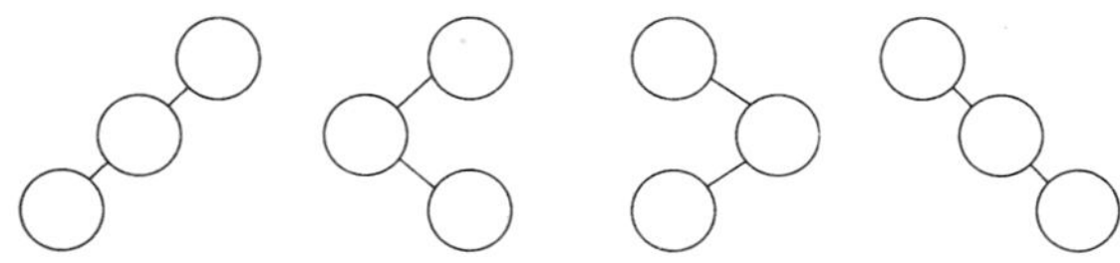

图 7.15 先序序列与后续序列正好相反的 4 种两层二叉树形态

20. 设 m 和 n 分别为二叉树中的两个节点,问:

(1) 当 n 在 m 的左方,先序遍历时 n 在 m 的前面吗?中序遍历时 n 在 m 的前面吗?

(2) 当 n 在 m 的右方,中序遍历时 n 在 m 的前面吗?

(3) 当 n 是 m 的祖先,先序遍历时 n 在 m 的前面吗？后序遍历时 n 在 m 的前面吗？

(4) 当 n 是 m 的子孙,中序遍历时 n 在 m 的前面吗？后序遍历时 n 在 m 的前面吗？

答：(1) n 在 m 的左方可以有如图 7.16 所示的两种情况。

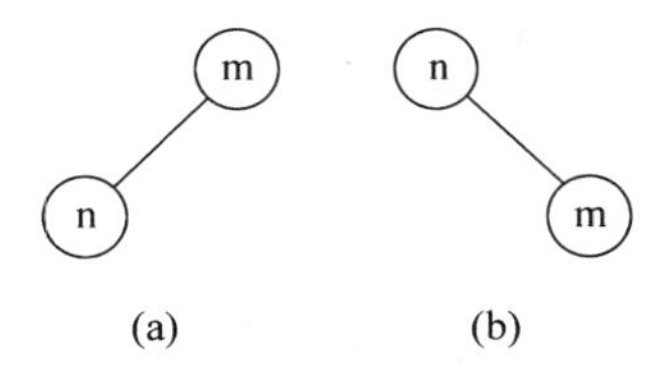

图 7.16　节点 n 在节点 m 左方的两种情况

因先序遍历为：根左右,由图 7.16 的(a)、(b)可知：遍历序列中,n 可以在 m 的前面也可以在 m 的后面；中序遍历为：左根右,对图 7.16 的两种情况,遍历序列中 n 必在 m 的前面。

(2) 调换图 7.16 中节点 n 和节点 m 的位置可知,中序遍历序列中 n 必在 m 的后面。

(3) 由定义可知：先序遍历时,祖先必定在子孙的前面；后序遍历时,祖先必定在子孙的后面；而对于中序遍历序列,左孩子及其子孙必定在祖先的前面,而右孩子及其子孙必定在祖先的后面。因此,当 n 是 m 的祖先时,先序遍历 n 必在 m 的前面,后序遍历 n 必在 m 的后面。

(4) 由(3)可知,当 n 是 m 的子孙,中序遍历时 n 可能在 m 的前面(左子孙)也可能在 m 的后面(右子孙),而后序遍历 n 必在 m 的前面。

21. 一棵二叉树的先序、中序和后序序列分别如下,其中有一部分未显示出来。试求出空格处的内容,并画出该二叉树。

先序序列：__ B __ F __ ICEH __ G

中序序列：D __ KFIA __ EJC __

后序序列：K __ FBHJ __ G __ A

答：由这些显示部分推出二叉树如图 7.17 所示。则先序序列为：ABDFKICEHJG；中序序列为：DBKFIAHEJCG；后序序列为：DKIFBHJEGCA。

22. 如果一棵哈夫曼树 T 有 n_0 个叶子节点,那么树 T 有多少个节点,要求给出求解过程。

答：一棵哈夫曼树中只有度为 2 和 0 的节点,没有度为 1 的节点,由非空二叉树的性质 1 可知,$n_0=n_2+1$,即 $n_2=n_0-1$,则：总节点数 $n=n_0+n_2=2n_0-1$。

23. 以数据集合{2,5,7,9,13}为权值构造一棵哈夫曼树,并计算其带权路径长度。

答：构造的哈夫曼树如图 7.18 所示。则有 WPL=(2+5)×3+(7+9+13)×2=79。

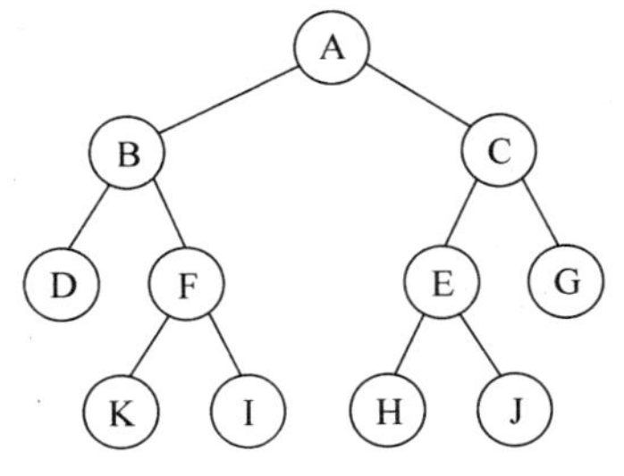

图 7.17　一棵二叉树

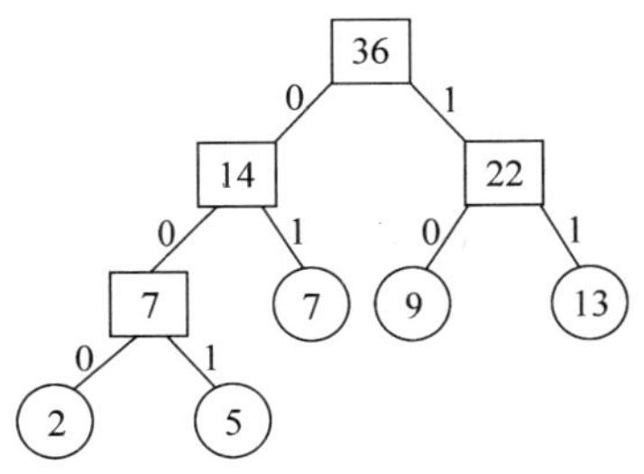

图 7.18　一棵哈夫曼树

24. 如表7.2所示的数据表给出了在一篇有19 710个词的英文文章中最普通的15个单词的出现频度。假定一篇正文仅由此字符数据表中的词组成,那么它们的最佳编码是什么?平均长度是多少?

表7.2 单词及出现的频度

单词	The	of	a	to	and	in	that	he	is	at	on	for	His	are	be
出现频度	1192	677	541	518	462	450	242	195	190	181	174	157	138	124	123

答:由这些单词的出现频度构造的哈夫曼树如图7.19所示。

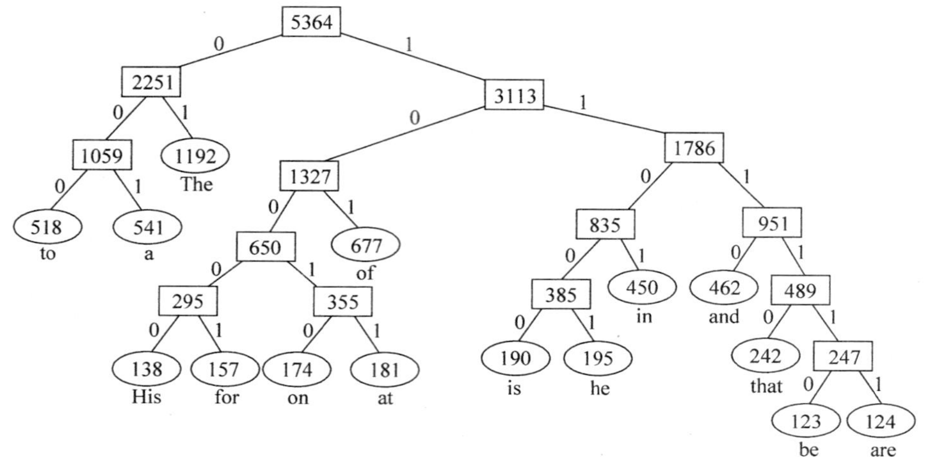

图7.19 一棵哈夫曼树

由此得到的最佳编码如下:

The:	01	of:	101	a:	001	to:	100	and:	1110
in:	1101	that:	11110	he:	11001	is:	11000	at:	10011
on:	10010	for:	10001	His:	10000	are:	111111	be:	111110

平均长度=(1192×2+677×3+541×3+518×3+462×4+450×4+242×5+195×5
+190×5+181×5+174×5+157×5+138×5+124×6+123×6)/5364
=3.56

25. 阅读下列二叉树算法,每个节点有lchild、data和rchild三个域:

```
void fun(BTNode * &p)
{   Stack s;                        //定义一个栈
    BTNode * q;
    push(s,NULL);                   //push: 向栈 s 中压入一个元素
    while (p!= NULL)
    {   q = p -> lchild;
        p -> lchild = p -> rchild;
        p -> rchild = q;
        if (p -> lchild!= NULL)
            push(s,p -> lchild);
        if (p -> rchild!= NULL)
```

```
            p = p -> rchild;
        else p = pop(s);                //pop: 从栈中弹出栈顶元素
    }
}
```

回答以下各题：

(1) fun(p)对以 p 为根的二叉树执行什么功能？

(2) 如图 7.20 所示的二叉树调用此算法，则 fun(p)的执行结果是什么？

(3) 执行中，栈 s 中元素个数最多是多少？给出此栈中元素的情况。

答：(1) fun(p)对以 p 为根的二叉树执行左、右子树交换的功能。

(2) 如图 7.19 所示的二叉树调用此算法，则 fun(p)的执行结果是如图 7.21 所示的二叉树。

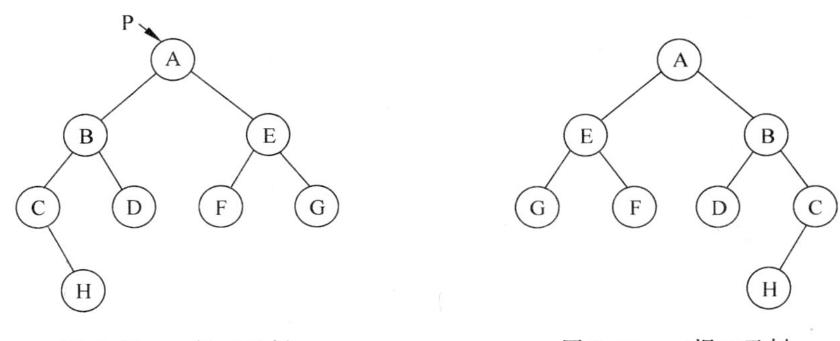

图 7.20　一棵二叉树　　　　图 7.21　一棵二叉树

(3) 本算法采用先序遍历的非递归算法实现。执行时，栈 s 中的元素个数最多是 4，此时栈中元素是：NULL(栈底为空元素)，E 节点的指针，D 节点的指针和 H 节点的指针。

7.3.5　算法设计题

1. **【树的先根遍历算法】**对于如图 7.22(a)所示的树，它的一种存储结构如图 7.22(b)所示，称为孩子表示法。树的先根遍历过程是：先访问根，然后依次先根遍历根的各个子树。

(1) 请写出该树的先根遍历序列。

(2) 试编写在孩子表示法存储结构下树的先根遍历算法：

```
void PreOrderTree(CHILDTP tnode[ ],int bt)
//tnode[ ]为孩子表示法的一维数组,bt 为根在 BTNode[ ]中的位置,bt = 0 时表示为空树
```

解：(1) 该树的先根遍历序列为：ADCHGFBE(由于没有规定孩子节点的访问顺序是从左到右还是从右到左，为了算法方便，这里规定从右向左访问孩子节点)。

(2) 设计孩子表示法的类型如下：

```
typedef struct node
{   int no;                              //孩子节点编号
    struct node * next;
} NodeType;                              //定义孩子节点类型
typedef struct
```

```
{    Elemtype elem;
     NodeType * childpt;
} CHILDTP;                                           //定义树节点类型
```

树的先根遍历算法如下：

```
void PreOrderTree(CHILDTP tnode[ ],int bt)
{    int St[MaxSize],top = -1,i;
     NodeType * p;                                   //p定义孩子节点类型
     if (bt > 0)
     {    top++ ;                                    //根节点进栈
          St[top] = bt;
          while (top >= -1)
          {    i = St[top];                          //出栈
               top-- ;
               printf(" %c",tnode[i].elem);          //访问节点
               p = tnode[i] -> childpt;
               while (p!= NULL)                      //将其所有孩子节点进栈
               {    St[top] = p -> no;
                    p = p -> next;
               }
          }
          printf("\n");
     }
}
```

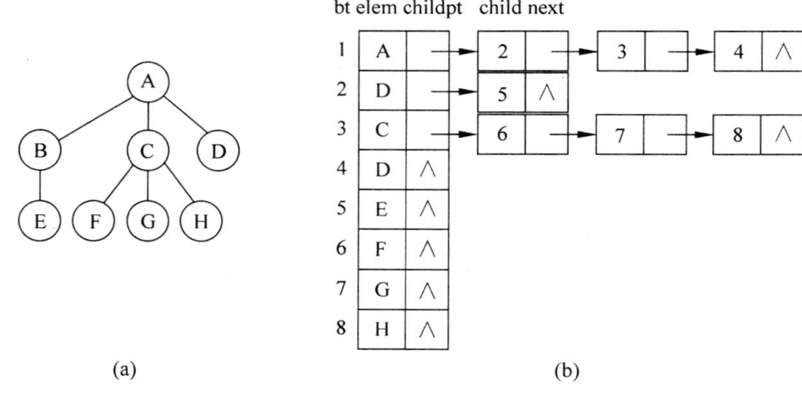

图 7.22　一棵树及其存储结构

2. **【二叉树的顺序存储结构算法】**已知一棵二叉树按顺序方式存储在数组 A[1..n]中。设计算法，求出离下标分别为 i 和 j 两个节点最近的公共祖先节点的值。

解：由二叉树顺序存储结构特点，可得到以下求离 i 和 j 两个节点最近的公共祖先节点的算法如下：

```
ElemType ancestor(ElemType A[ ],int i,int j)
{    int p = i,q = j;
     while (p!= q)
          if (p > q)
               p = p/2;                              //向上找 i 的祖先
```

```
        else
            q = q/2;                          //向上找 j 的祖先
    return A[p];
}
```

3. **【二叉树的顺序存储结构+先序遍历算法】**已知一棵高度为 k 的具有 n 个节点的二叉树，按顺序方式存储。

(1) 编写用先序遍历二叉树中节点的递归和非递归算法。

(2) 编写将二叉树中最大序号叶子节点的祖先节点全部打印输出的算法。

解：(1) 先序遍历树中节点的递归算法如下：

```
void PreOrder1(ElemType sqtree[ ],int i)
//sqtree 数组存储二叉树(大小为 MaxSize),i 初值为 1
{   if (i < MaxSize)
        if (sqtree[i]!= '#')
        {   printf(" %c",sqtree[i]);            //访问根节点
            PreOrder1(sqtree,2 * i);            //遍历左子树
            PreOrder1(sqtree,2 * i + 1);        //遍历右子树
        }
}
```

先序遍历树中节点的非递归算法如下：

```
void PreOrder2(ElemType sqtree[ ])              //sqtree 数组存储二叉树(大小为 MaxSize)
{   int St[MaxSize],top = -1,i = 1;
    top++;                                      //根节点进栈
    St[top] = i;
    while (top > -1)
    {   i = St[top];top--;                      //出栈
        printf(" %c",sqtree[i]);
        if (sqtree[2 * i + 1]!= '#')            //右孩子进栈
        {   top++;
            St[top] = 2 * i + 1;
        }
        if (sqtree[2 * i]!= '#')                //左孩子进栈
        {   top++;
            St[top] = 2 * i + 1;
        }
    }
}
```

(2) 一棵高度为 k 的二叉树最多有 2^k-1 个节点，从最后位置向前找到第一个不为空的节点即为最大序号的叶子节点 i，其双亲节点编号为 $\lfloor i/2 \rfloor$(所有下标从 1 开始的情况)。算法如下：

```
void path(ElemType sqtree[ ],int k)
{   int i = pow(2,k) - 1;                       //求 2^k - 1
    while (i > 1 && sqtree[i] == ' ') i--;      //最大序号的节点 i
    while (i > 1)
    {   i = i/2;                                //计算⌊i/2⌋,找双亲节点
```

```
        printf("%c",sqtree[i]);
    }
    printf("\n");
}
```

4. **【二叉树的二叉链存储结构+先序递归遍历算法】**假设二叉树采用二叉链存储结构存储,编写一个算法,输出一个二叉树的所有叶子节点。

解:采用先序遍历的递归算法输出所有叶子节点。对应的算法如下:

```
void findleaf(BTNode *b)
{   if (b==NULL)
        return;
    if (b->lchild==NULL && b->rchild==NULL) //为叶子节点
        printf("%c ",b->data);
    else
    {   findleaf(b->lchild);                //在左子树中递归查找
        findleaf(b->rchild);                //在右子树中递归查找
    }
}
```

5. **【二叉树的二叉链存储结构+先序递归遍历算法】**假设二叉树采用二叉链存储结构存储,试设计一个算法,输出从每个叶子节点到根节点的逆路径。

解:采用基于先序遍历的递归方法,用 path 数组存放查找的路径,pathlen 存放路径长度,当找到叶子节点 *b 时,由于 *b 叶子节点尚未添加到 path 中,因此在输出路径时还需输出 b->data 值;若 *b 不为叶子节点,将 b->data 放入 path 中,然后在左、右子树中查找。递归算法如下:

```
void AllPath1(BTNode *b,ElemType path[],int pathlen)
{   int i;
    if (b!=NULL)
    {   if (b->lchild==NULL && b->rchild==NULL)    //*b为叶子节点
        {   printf("  %c到根节点逆路径: %c ",b->data,b->data);
            for (i=pathlen-1;i>=0;i--)
                printf("%c ",path[i]);
            printf("\n");
        }
        else
        {   path[pathlen]=b->data;               //将当前节点放入路径中
            pathlen++;                           //路径长度增1
            AllPath1(b->lchild,path,pathlen);    //递归扫描左子树
            AllPath1(b->rchild,path,pathlen);    //递归扫描右子树
            pathlen--;                           //恢复环境
        }
    }
}
```

设计如下主函数调用上述算法:

```
void main()
{   BTNode *b;
```

```
    ElemType path[MaxSize];
    CreateBTNode(b,"A(B(D(,G)),C(E,F))");
    printf("括号表示法:");
    DispBTNode(b);printf("\n");
    printf("输出叶节点逆路径:\n");
    AllPath1(b,path,0);
}
```

程序执行结果如下：

```
括号表示法: A(B(D(,G)),C(E,F))
输出叶节点逆路径:
  G 到根节点逆路径: G D B A
  E 到根节点逆路径: E C A
  F 到根节点逆路径: F C A
```

6. **【二叉树的二叉链存储结构＋先序递归遍历算法】**假设二叉树采用二叉链存储结构存储。编写一个算法，给出二叉树中一个非根节点（由指针 p 所指），求它的兄弟节点（用指针 q 指向之；若没有兄弟节点，则 q 为空）。

解：先采用某种遍历方式（这里为先序遍历）找出 *p 的双亲节点，再求 *q 节点就很简单了。对应的算法如下：

```
BTNode *FindParent(BTNode *b,BTNode *p,char &tag)
//在二叉树 b 中找出孩子是 *p 节点的双亲节点,tag 指出是左孩子还是右孩子
{   if (b == NULL)
        return NULL;
    if (b -> lchild == p)
    {   tag = 'L';
        return b;
    }
    if (b -> rchild == p)
    {   tag = 'R';
        return b;
    }
    FindParent(b -> lchild,p,tag);                 //在左子树中查找
    FindParent(b -> lchild,p,tag);                 //在右子树中查找
}
BTree *FindBrother(BTNode *b,BTNode *p)            //返回兄弟节点指针
{   BTNode *q;
    char tag;
    q = FindParent(b,q,tag);                       //返回双亲节点 *q
    if (q!= NULL)
    {   if (tag == 'R')
            return q -> lchild;
        else
            return q -> rchild;
    }
    return NULL;
}
```

7.【二叉树的二叉链存储结构+先序递归遍历算法】假设二叉树的存储结构如下：

```
typedef struct node
{    ElemType data;
     struct node * lchild, * rchild, * parent;
} PBTNode;
```

其中，节点的 lchild 和 rchild 已分别填有指向其左、右孩子节点的指针，而 parent 域中为空(拟作为指向双亲节点的指针)。设计一个算法，将该存储结构中各节点的 parent 域的值修改成指向其双亲节点的指针。

解：采用先序遍历的递归算法求解，对应的算法如下：

```
void setparent(PBTNode * b,PBTNode * p)            //p 的初始值为 NULL
{    if (b!= NULL)
     {    b -> parent = p;
          setparent(b -> lchild,b);
          setparent(b -> rchild,b);
     }
}
```

8.【二叉树的二叉链存储结构+先序递归遍历算法】假设二叉树采用二叉链存储结构存储，设计一个算法，利用节点的右孩子指针 rchild 将一棵二叉树的叶子节点按从左往右的顺序串成一个单链表。

解：采用先序遍历的递归算法求解，对应的算法如下：

```
void Link(BTNode * b,BTNode * &p,BTNode * &tail,BTNode * &head)
{    if (b!= NULL)
     {    if (b -> lchild == NULL && b -> rchild == NULL)      //叶子节点
               if (p == NULL)                                  //第一个叶子节点
               {    p = head = b;
                    tail = p;
               }
               else
               {    tail -> rchild = b;
                    tail = b;
               }
          if (b -> lchild!= NULL)
               Link(b -> lchild,p,tail,head);
          if (b -> rchild!= NULL)
               Link(b -> rchild,p,tail,head);
     }
}
```

设计如下主函数：

```
void main()
{    BTNode * b, * p = NULL, * tail = NULL, * head;
     CreateBTNode(b,"A(B(D(,G)),C(E,F))");
     printf("括号表示法:");
     DispBTNode(b);printf("\n");
```

```
    Link(b,p,tail,head);
    printf("单链表:");
    while (head!= NULL)
    {   printf(" %c ",head->data);
        head = head->rchild;
    }
    printf("\n");
}
```

程序执行结果如下：

```
括号表示法: A(B(D(,G)),C(E,F))
单链表:G E F
```

9. **【二叉树的二叉链存储结构十先序递归遍历算法】**假设二叉树采用二叉链存储结构存储，设计一个算法，输出该二叉树中第一条最长的路径长度，并输出此路径上各节点的值。

解：采用基于先序递归算法的思路。用 path 保存扫描到当前节点的路径，pathlen 保存扫描到当前节点的路径长度，longpath 保存最长的路径，longpathlen 保存最长路径长度。当 b 为空时，表示当前的一个分支已扫描完毕，将 pathlen 与 longpathlen 进行比较，将较长的路径及路径长度分别保存在 longpath 和 longpathlen 中。对应的算法如下：

```
void LongPath(BTNode *b,ElemType path[],int pathlen,ElemType longpath[],
    int &longpathlen)
{   int i;
    if (b == NULL)
    {   if (pathlen > longpathlen)              //若当前路径更长,将路径保存在 longpath 中
        {   for (i = pathlen - 1;i >= 0;i--)
                longpath[i] = path[i];
            longpathlen = pathlen;
        }
    }
    else
    {   path[pathlen] = b->data;               //将当前节点放入路径中
        pathlen++;                             //路径长度增 1
        LongPath(b->lchild,path,pathlen,longpath,longpathlen);
            //递归扫描左子树
        LongPath(b->rchild,path,pathlen,longpath,longpathlen);
            //递归扫描右子树
    }
}
```

设计如下主函数：

```
void main()
{   BTNode *b;
    ElemType path[MaxSize],longpath[MaxSize];
    int i,longpathlen = 0;
    CreateBTNode(b,"A(B(D(,G)),C(E,F))");
    printf("括号表示法:");
    DispBTNode(b);printf("\n");
```

```
    LongPath(b,path,0,longpath,longpathlen);
    printf("第一条最长逆路径长度:%d\n",longpathlen);
    printf("第一条最长逆路径:");
    for (i=longpathlen;i>=0;i--)
        printf(" %c ",longpath[i]);
    printf("\n");
}
```

程序执行结果如下:

```
括号表示法: A(B(D(,G)),C(E,F))
第一条最长逆路径长度:4
第一条最长逆路径: G D B A
```

10. **【二叉树的二叉链存储结构+后序递归遍历算法】**假设二叉树采用二叉链存储结构存储,设计一个算法,计算一棵给定二叉树的所有节点数。

解:计算一棵二叉树的所有节点个数的递归模型f()如下:

```
f(b)=0                                    若b=NULL
f(b)=1                                    若b->lchild=NULL且b->rchild=NULL
f(b)=f(b->lchild)+f(b->rchild)+1          其他情况
```

对应的算法如下:

```
int Nodes(BTNode *b)
{   int num1,num2;
    if (b==NULL)
        return 0;
    else if (b->lchild==NULL && b->rchild==NULL)
        return 1;
    else
    {   num1=Nodes(b->lchild);
        num2=Nodes(b->rchild);
        return (num1+num2+1);
    }
}
```

11. **【二叉树的二叉链存储结构+后序递归遍历算法】**假设二叉树采用二叉链存储结构存储,设计一个算法,删除该二叉树,并释放所有的节点。

解:本题的递归模型f()如下:

```
f(b) ≡ 不做任何事件                                 b=NULL
f(b) ≡ f(b->lchild);f(b->rchild);删除*b节点;       其他情况
```

这正好对应后序递归遍历过程(本题只能用后序遍历,不能使用先序或中序遍历,因为只有将子树空间释放后,才能释放根节点的空间,否则丢失子树。)对应的算法如下。

```
void DelTree(BTNode *b)
{   if (b!=NULL)
    {   DelTree(b->lchild);                    //删除并释放左子树
        DelTree(b->rchild);                    //删除并释放右子树
```

```
        free(b);                                    //释放根节点
    }
}
```

12. **【二叉树的二叉链存储结构+后序遍历算法】**假设二叉树采用二叉链存储结构存储，要求返回二叉树 T 的后序遍历序列中的第一个节点的指针，是否可不用递归且不用栈来完成？请简述原因。

解：可以。二叉树后序遍历序列中的第一个节点即是左子树中最左下的节点，若最左下的节点无左子树但有右子树，那么后序序列第一个节点应是该右子树中最左下的节点。对应的算法如下：

```
BTNode * postfirst(BTNode * t)
{   BTNode * p = t;
    if (t!= NULL)
        while (p->lchild!= NULL || p->rchild!= NULL)
        {   while (p->lchild!= NULL)
                p = p->lchild;
            if (p->rchild!= NULL)
                p = p->rchild;
        }
    return p;
}
```

13. **【二叉树的二叉链存储结构+后序递归遍历算法】**假设二叉树采用二叉链存储结构存储。编写一个算法，求一个二叉树中的最大节点值。

解：求一个二叉树中的最大节点值的递归模型如下：

```
f(b) = t->data                                       b只有一个节点时
f(b) = MAX{f(b->lchild),f(b->rchild),t->data}        其他情况
```

对应的算法如下：

```
ElemType maxnode(BTNode * b)
{   ElemType max = b->data,max1;
    if (b!= NULL)
    {   printf("%c",b->data);
        if (b->lchild == NULL && b->rchild == NULL)      //只有一个节点时
            return b->data;
        else
        {   if (b->data > max)
                max = b->data;
            if (b->lchild!= NULL)
                max1 = maxnode(b->lchild);               //遍历左子树
            if (max1 > max) max = max1;
            if (b->rchild!= NULL)
                max1 = maxnode(b->rchild);               //遍历右子树
            if (max1 > max) max = max1;                  //求最大值
            return max;                                  //返回最大值
        }
    }
```

```
    return 0;
}
```

14.【**二叉树的二叉链存储结构+后序递归遍历算法**】假设一个仅包含二元运算符的算术表达式以二叉链表形式存储在二叉树 b 中,写出计算该算术表达式值的算法。

解:以二叉树表示算术表达式,根节点用于存储运算符。若能先分别求出左子树和右子树表示的子表达式的值,就可以根据根节点的运算符的要求,计算出表达式的最后结果。对应的算法如下:

```
typedef struct node
{   float val;                               //存放值
    char optr;                               //只取'+','-','*','/'
    struct node *lchild, *rchild;
} BTNode;
float compval(BTNode *b)                     //以后序遍历算法求以二叉树表示的算术表达式的值
{   float lv,rv,value;
    if (b!= NULL)
    {   if (b->lchild == NULL && b->rchild == NULL)     //叶子节点
            return b->val;
        else
        {   lv = compval(b->lchild);         //求左子树表示的子表达式的值
            rv = compval(b->rchild);         //求右子树表示的子表达式的值
            switch(b->optr)
            {
            case '+':value = lv + rv;
                    break;
            case '-':value = lv - rv;
                    break;
            case '*':value = lv * rv;
                    break;
            case '/':if (rv!= 0) value = lv/rv;
                     else exit(0);
                    break;
            }
            return value;
        }
    }
    else return 0;
}
```

15.【**二叉树的二叉链存储结构+后序非递归遍历算法**】假设二叉树采用二叉链存储结构存储,t 指向根节点,r 所指节点和 s 所指节点为二叉树中的两个节点(假设 r 和 s 不互为祖先),编写一个算法求出它们最近的共同祖先节点。本题也可以叙述为:求包含 r 和 s 两个节点的最小子树。

解:本题采用非递归后序遍历树 t(参见《教程》中第 7.5.3 节后序遍历非递归算法),不失一般性,假设 r 节点在 s 节点的左边。当后序遍历访问到 r 节点时,此时 St 中所有节点均为 r 节点的祖先,将其复制到 anor 中,然后继续后序遍历访问到 s 节点,同样此时 St 中所有节点均为 s 节点的祖先,再将其与 anor 中的节点依次(从 0 开始)比较,找出最近的共同祖先。对应的算法如下：

```
int ancestor(BTNode *t,BTNode *r,BTNode *s)
{   BTNode *St[MaxSize];
    BTNode *p;
    ElemType anor[MaxSize];
    int i,flag,top = -1;                       //栈顶指针置初值
    do
    {   while (t)                              //将 t 的所有左节点进栈
        {   top++;
            St[top] = t;
            t = t->lchild;
        }
        p = NULL;                              //p 指向当前节点的前一个已访问的节点
        flag = 1;                              //设置 t 的访问标记为已访问过
        while (top!= -1 && flag)
        {   t = St[top];                       //取出当前的栈顶元素
            if (t->rchild == p)                //右子树不存在或已被访问,访问之
            {   if (t == r)                    //要访问的节点为要找的节点
                {   for (i = 0;i <= top;i++)   //将路径存入 anor 中
                        anor[i] = St[i]->data;
                    top--;
                    p = t;
                }
                else if (t == s)
                {   i = 0;
                    while (anor[i] == St[i]->data)
                        i++;
                    printf("最近公共祖先:" %c\n",anor[i-1]);
                    return 1;
                }
                else
                {   top--;
                    p = t;                     //p 指向则被访问的节点
                }
            }
            else
            {   t = t->rchild;                 //t 指向右子树
                flag = 0;                      //设置未被访问的标记
            }
        }
    } while (top!= -1);
    return 0;
}
```

16. **【二叉树的二叉链存储结构＋层次遍历算法】**假设二叉树采用二叉链存储结构存储,设计一个算法,按层次顺序(同一层次自左至右)遍历二叉树。

解：本算法采用层次遍历算法思想,用一个循环队列 Qu,先将二叉树根节点入队列,然后出队,输出该节点 data 域,若它有左子树,便将左子树根节点入队,若它有右子树,便将右子树根节点入队,如此直到队列空为止。因为队列的特点是先进先出,从而达到按层次顺序

遍历二叉树的目的。对应的算法如下:

```
void TravLevel(BTNode *b)
{   BTNode *Qu[MaxSize];                          //定义循环队列
    int front,rear;                               //定义队首和队尾指针
    front = rear = 0;                             //置队列为空队列
    if (b!= NULL)
        printf(" %c ",b->data);
    rear++;                                       //节点指针进入队列
    Qu[rear] = b;
    while (rear!= front)                          //队列不为空
    {   front = (front + 1) % MaxSize;
        b = Qu[front];                            //队头出队列
        if (b->lchild!= NULL)                     //输出左孩子,并入队列
        {   printf(" %c ",b->lchild->data);
            rear = (rear + 1) % MaxSize;
            Qu[rear] = b->lchild;
        }
        if (b->rchild!= NULL)                     //输出右孩子,并入队列
        {   printf(" %c ",b->rchild->data);
            rear = (rear + 1) % MaxSize;
            Qu[rear] = b->rchild;
        }
    }
    printf("\n");
}
```

设计如下主函数:

```
void main()
{   BTNode *b;
    CreateBTNode(b,"A(B(D(,G)),C(E,F))");
    printf(" 括号表示法:");DispBTNode(b);printf("\n");
    printf(" 层次遍历序列:");
    TravLevel(b);
}
```

程序执行结果如下:

```
括号表示法: A(B(D(,G)),C(E,F))
层次遍历序列: A B C D E F G
```

17. **【二叉树的二叉链存储结构+层次遍历算法】**假设二叉树采用二叉链存储结构进行存储,设计一个算法,求二叉树 b 的宽度(即具有节点数最多的那一层上的节点总数)。

解:采用层次遍历的方法求出所有节点的层编号,然后求出各层的节点总数,通过比较找出层节点总数最多的值。对应的算法如下:

```
int BTWidth(BTNode *b)
{   struct
    {   int lno;                                  //节点的层次编号
        BTNode *p;                                //节点指针
```

```
    } Qu[MaxSize];                              //定义顺序非循环队列
    int front,rear;                             //定义队首和队尾指针
    int lnum,max,i,n;
    front = rear = 0;                           //置队列为空队
    if (b!= NULL)
    {   rear ++ ;
        Qu[rear].p = b;                         //根节点指针入队
        Qu[rear].lno = 1;                       //根节点的层次编号为 1
        while (rear!= front)                    //队列不为空
        {   front ++ ;
            b = Qu[front].p;                    //队头出队
            lnum = Qu[front].lno;
            if (b -> lchild!= NULL)             //左孩子入队
            {   rear ++ ;
                Qu[rear].p = b -> lchild;
                Qu[rear].lno = lnum + 1;
            }
            if (b -> rchild!= NULL)             //右孩子入队
            {   rear ++ ;
                Qu[rear].p = b -> rchild;
                Qu[rear].lno = lnum + 1;
            }
        }
        printf("各节点的层编号:\n");
        for (i = 1;i <= rear;i ++ )
            printf("    %c, %d\n",Qu[i].p -> data,Qu[i].lno);
        max = 0;lnum = 1;i = 1;
        while (i <= rear)
        {   n = 0;
            while (i <= rear && Qu[i].lno == lnum)
            {   n ++ ;
                i ++ ;
            }
            lnum = Qu[i].lno;
            if (n > max) max = n;
        }
        return max;
    }
    else
        return 0;
}
```

设计如下主函数：

```
void main()
{   BTNode *b;
    int i,longpathlen = 0;
    CreateBTNode(b,"A(B(D(,G)),C(E,F))");
    printf("括号表示法:");
    DispBTNode(b);printf("\n");
    printf("二叉树的宽度: %d\n",BTWidth(b));
```

```
}
```

程序执行结果如下：

```
括号表示法:A(B(D(,G)),C(E,F))
各节点的层编号:
  A,1
  B,2
  C,2
  D,3
  E,3
  F,3
  G,4
二叉树的宽度:3
```

CHAPTER 8

第8章 图

基本知识点：图的基本概念、图的存储结构、图的遍历算法(深度优先搜索和广度优先搜索)、图的生成树和最小生成树、最短路径、关键路径和拓扑排序。

重点：图的各种存储结构和遍历算法(递归和非递归算法)设计，构造最小生成树，生成最短路径，生成图的关键路径，拓扑排序的应用。

难点：图的遍历算法和图的各种复杂算法的设计。

8.1 本章知识体系结构

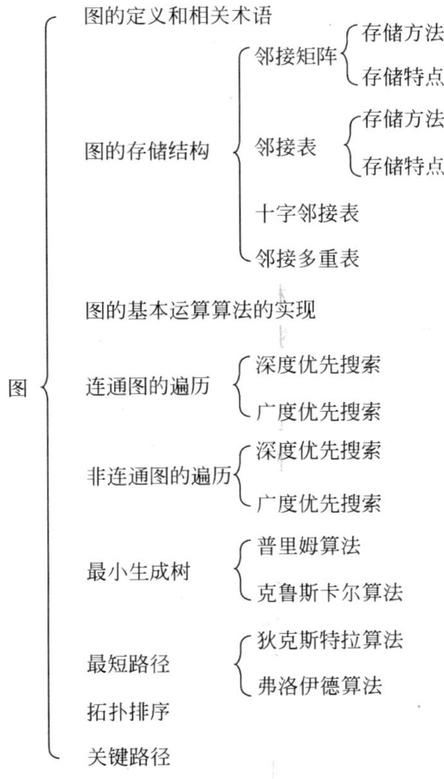

8.2 教材中练习题及参考答案

8.1 对于如图 8.1 所示的一个无向图 G,给出以顶点 0 作为初始点的所有的深度优先遍历序列和广度优先遍历序列。

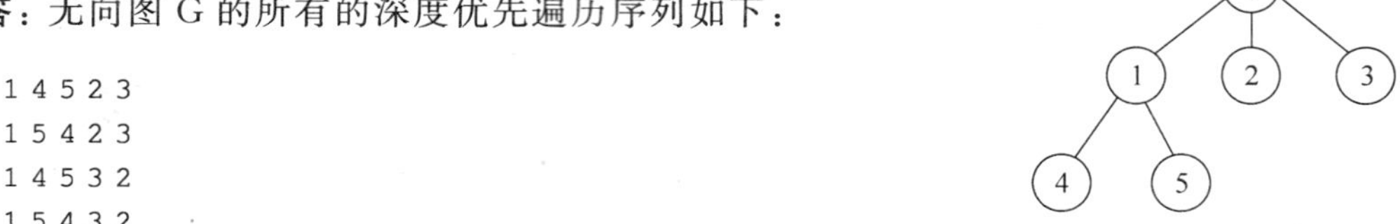

图 8.1 一个无向图

答:无向图 G 的所有的深度优先遍历序列如下:

0 1 4 5 2 3
0 1 5 4 2 3
0 1 4 5 3 2
0 1 5 4 3 2
0 2 1 4 5 3
0 2 1 5 4 3
0 2 3 1 4 5
0 2 3 1 5 4
0 3 1 4 5 2
0 3 1 5 4 2
0 3 2 1 4 5
0 3 2 1 5 4

无向图 G 所有的广度优先遍历序列如下:

0 1 2 3 4 5
0 1 2 3 5 4
0 1 3 2 4 5
0 1 3 2 5 4
0 2 1 3 4 5
0 2 1 3 5 4
0 2 3 1 4 5
0 2 3 1 5 4
0 3 1 2 4 5
0 3 1 2 5 4
0 3 2 1 4 5
0 3 2 1 5 4

8.2 对于如图 8.2 所示的带权无向图,给出利用普里姆算法(从顶点 0 开始构造)和克鲁斯卡尔算法构造出的最小生成树。

答:利用普里姆算法从顶点 0 出发构造的最小生成树为{(0,1),(0,3),(1,2),(2,5),(5,4)}。利用克鲁斯卡尔算法构造出的最小生成树为{(0,1),(0,3),(1,2),(5,4),(2,5)}。

8.3 对于如图 8.3 所示的带权有向图,采用狄克斯特拉算法求出从顶点 0 到其他各顶点的最短路径及其长度。

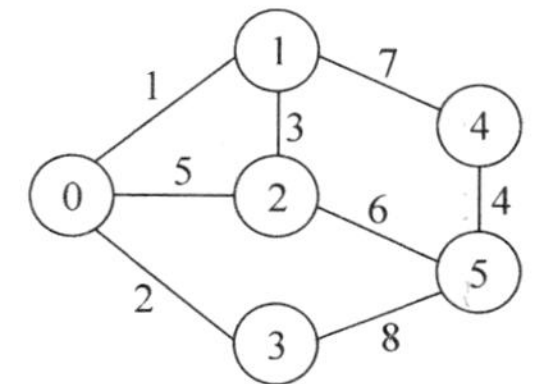
图 8.2 一个带权无向图 G

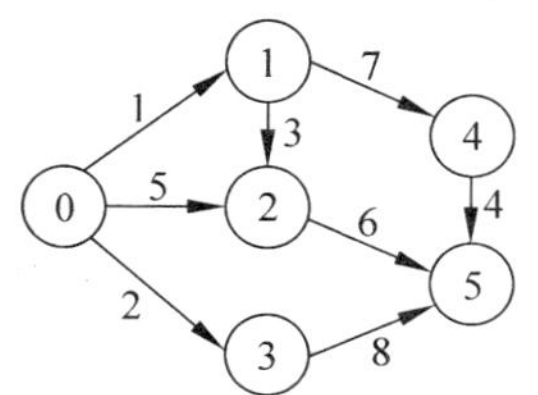
图 8.3 一个带权有向图 G

答：采用狄克斯特拉算法求出从顶点 0 到其他各顶点的最短路径及其长度如下：

```
从 0 到 1 的最短路径长度为:1,路径为:0,1
从 0 到 2 的最短路径长度为:4,路径为:0,1,2
从 0 到 3 的最短路径长度为:2,路径为:0,3
从 0 到 4 的最短路径长度为:8,路径为:0,1,4
从 0 到 5 的最短路径长度为:10,路径为:0,3,5
```

8.4 给出如图 8.4 所示有向图的所有拓扑序列。

解：不同的拓扑序列有 aebcd、abced、abecd。

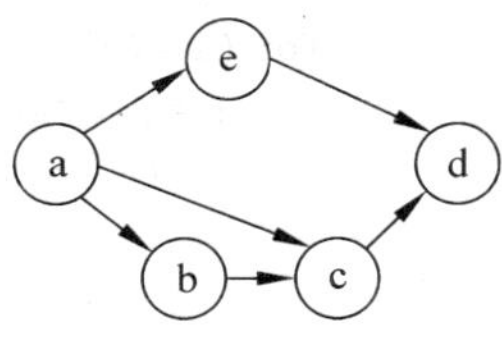

图 8.4 一个有向图

8.5 假设图 G 采用邻接表存储，编写一个算法输出其邻接表。

解：直接利用邻接表的结构来输出图 G 的邻接表。对应的算法如下：

```
void DispAdj(ALGraph *G)                          //输出邻接表 G
{   int i;
    ArcNode *p;
    printf("邻接表:\n");
    for (i=0;i<G->n;i++)
    {   p=G->adjlist[i].firstarc;
        printf("%2d: ",i);
        while (p!=NULL)
        {   printf("%2d",p->adjvex);
            p=p->nextarc;
        }
        printf("\n");
    }
}
```

8.6 假设图 G 采用邻接表存储，分别设计实现以下要求的算法：

(1) 求出图 G 中每个顶点的出度；

(2) 求出图 G 中出度最大的一个顶点，输出该顶点编号；

(3) 计算图 G 中出度为 0 的顶点数；

(4) 判断图 G 中是否存在边<i,j>。

解：对应(1)、(2)、(3)和(4)的功能的函数分别是 OutDs()、MaxOutDs()、ZeroDs()和 Arc()。

```
int OutDegree(ALGraph *G,int v)
{   ArcNode *p;
    int n=0;
    p=G->adjlist[v].firstarc;
    while (p!=NULL)
    {   n++;
        p=p->nextarc;
    }
    return n;
}
```

```
void OutDs(ALGraph *G)
{   int i;
    printf("(1)各顶点出度:\n");
    for (i=0;i<G->n;i++)
        printf("  顶点%d:%d\n",i,OutDegree(G,i));
}
void MaxOutDs(ALGraph *G)
{   int maxv=0,maxds=0,i,x;
    for (i=0;i<G->n;i++)
    {   x=OutDegree(G,i);
        if (x>maxds)
        {   maxds=x;
            maxv=i;
        }
    }
    printf("(2)最大出度:顶点%d的出度=%d\n",maxv,maxds);
}
void ZeroDs(ALGraph *G)
{   int i,x;
    printf("(3)出度为0的顶点:");
    for (i=0;i<G->n;i++)
    {   x=OutDegree(G,i);
        if (x==0)
            printf("%2d",i);
    }
    printf("\n");
}
void Arc(ALGraph *G)
{   int i,j;
    ArcNode *p;
    printf("(4)输入边:");
    scanf("%d%d",&i,&j);
    p=G->adjlist[i].firstarc;
    while (p!=NULL && p->adjvex!=j)
        p=p->nextarc;
    if (p==NULL)
        printf("  不存在");
    else
        printf("  存在");
    printf("<%d,%d>边\n",i,j);
}
```

设计如下主函数:

```
void main()
{   int i,j;
    MGraph g;
    ALGraph *G;
    g.n=5; g.e=6;
    int A[MAXV][MAXV]={{0,1,1,0,0},{0,0,1,0,0},{0,0,0,1,1},
        {0,0,0,0,1},{0,0,0,0,0}};                //建立一个有向图G的邻接矩阵
```

```
    for (i = 0;i < g.n;i ++ )
        for (j = 0;j < g.n;j ++ )
            g.edges[i][j] = A[i][j];
    G = (ALGraph * )malloc(sizeof(ALGraph));
    MatToList(g,G);
    printf("图 G 的邻接表:\n"); DispAdj(G);
    OutDs(G);
    MaxOutDs(G);
    ZeroDs(G);
    Arc(G);
}
```

程序执行结果如下：

```
图 G 的邻接表:
  0:  1  2
  1:  2
  2:  3  4
  3:  4
  4:
(1)各顶点出度:
  顶点 0:2
  顶点 1:1
  顶点 2:2
  顶点 3:1
  顶点 4:0
(2)最大出度: 顶点 0 的出度 = 2
(3)出度为 0 的顶点: 4
(4)输入边:1 2↙
  存在<1,2>边
```

8.7 假设图 G 采用邻接表存储，编写一个实现连通图 G 的深度优先遍历(从顶点 v 出发)的非递归算法。

解：深度优先遍历的非递归算法如下：

```
void DFS1(ALGraph * G,int v)                 //非递归深度优先算法
{   ArcNode * p;
    ArcNode * St[MAXV];
    int top = - 1,w,i;
    for (i = 0;i < G -> n;i ++ )
        visited[i] = 0;                      //顶点访问标志均置成 0
    printf(" % 3d",v);                       //访问顶点 v
    visited[v] = 1;
    top ++ ;                                 //将顶点 v 的第一个相邻顶点进栈
    St[top] = G -> adjlist[v].firstarc;
    while (top > - 1)                        //栈不空循环
    {   p = St[top];                         //出栈一个顶点作为当前顶点
        while (p!= NULL)                     //查找当前顶点的第一个未访问的顶点
        {   w = p -> adjvex;
            if (visited[w] == 0)
```

```
            {   printf(" %3d",w);                   //访问 w
                visited[w] = 1;
                top ++ ;                            //将顶点 w 的第一个顶点进栈
                St[top] = G -> adjlist[w].firstarc;
                break;                              //退出循环
            }
            p = p -> nextarc;                       //找下一个相邻顶点
        }
        top -- ;
    }
    printf("\n");
}
```

8.8 假设图 G 采用邻接表存储,设计一个算法,输出图 G 中从顶点 u 到 v 的所有简单路径。

解:采用基于深度优先遍历算法,用 path 数组存放找到的路径,d 存放 path 中顶点个数(初始值为 0)。将 DFS(G,u)改为 PathAll(G,u,v,path,d),先将 visited[u]置为 1(表示 u 已访问过),再从 u 顶点找到一个相邻顶点 w,如果 w=v,则将 w 加入 path 中,输出 path 中所有顶点构成一条从 u 到 v 的路径。如果 w≠v,再判断 w 是否是 u 的一个未访问过的相邻顶点,如果未访问过,则将 w 加入 path 中,再递归调用 PathAll(G,w,v,path,d+1),表示从 w 开始继续找路径。对应的算法如下:

```
int visited[MAXV];                                  //全局变量
void PathAll(ALGraph * G, int u, int v, int path[], int d)
{   ArcNode * p;
    int j,w;
    visited[u] = 1;
    p = G -> adjlist[u].firstarc;                   //p 指向顶点 u 的第一条边的边头节点
    while (p!= NULL)
    {   w = p -> adjvex;                            //w 为 u 的邻接顶点
        if (w == v)
        {   path[d + 1] = w;
            for (j = 0;j <= d + 1;j ++ )
                printf(" %2d",path[j]);
            printf("\n");
        }
        else if (visited[w] == 0)                   //若该顶点未标记访问,则递归访问之
        {   path[d + 1] = w;
            PathAll(G,w,v,path,d + 1);
        }
        p = p -> nextarc;                           //找 u 的下一个邻接顶点
    }
    visited[u] = 0;                                 //恢复环境
}
```

设计如下主函数:

```
void main()
{   int i,j;
    int u = 0,v = 3,path[MAXV];
    MGraph g;
```

```
    ALGraph *G;
    int A[MAXV][5]={{0,1,0,1,1},{1,0,1,1,0},
                    {0,1,0,1,1},{1,1,1,0,1},{1,0,1,1,0}};
    g.n=5;g.e=8;
    for (i=0;i<g.n;i++)
        for (j=0;j<g.n;j++)
            g.edges[i][j]=A[i][j];
    G=(ALGraph *)malloc(sizeof(ALGraph));
    MatToList(g,G);
    printf("图G的邻接表:\n");
    DispAdj(G);
    for (i=0;i<g.n;i++)                        //访问标识数组置初值0
        visited[i]=0;
    printf("从%d到%d的所有简单路径:\n",u,v);
    path[0]=u;visited[u]=1;                    //起始顶点放入路径中
    PathAll(G,u,v,path,0);
}
```

程序执行结果如下：

```
图G的邻接表:
  0:  1  3  4
  1:  0  2  3
  2:  1  3  4
  3:  0  1  2  4
  4:  0  2  3
从0到3的所有简单路径:
 0  1  2  3
 0  1  2  4  3
 0  1  3
 0  3
 0  4  2  1  3
 0  4  2  3
 0  4  3
```

8.9 设5地(0～4)之间架设有6座桥(A～F)，如图8.5所示，设计一个算法，从某一地出发，恰巧经过每座桥一次，最后仍回到原地。

解：该实地图对应的一个无向图G如图8.6所示，本题变为从指定点k出发找经过所有6条边回到k顶点的路径，由于所有顶点的度均为偶数，可以找到这样的路径。对应的算法如下：

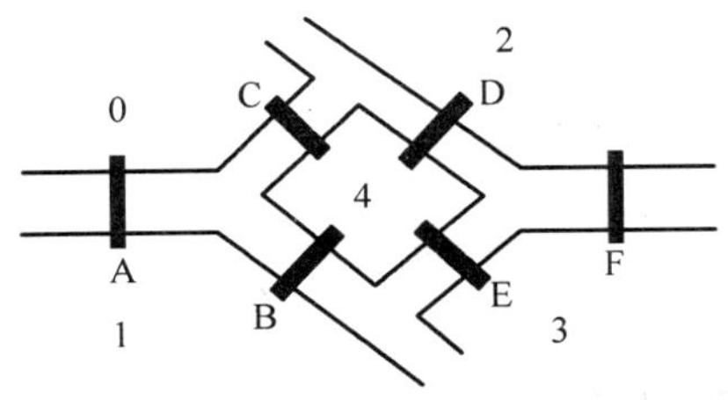

图8.5 实地图

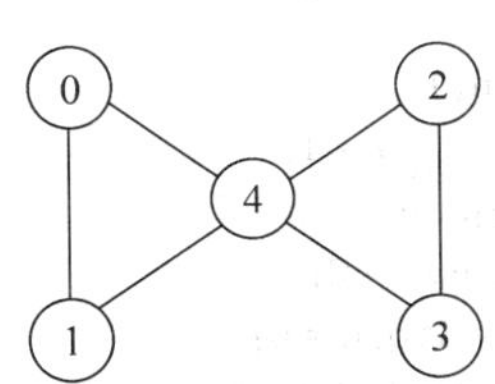

图8.6 一个无向图G

```
int vedge[MAXV][MAXV];                      //边访问数组,vedge[i][j]表示(i,j)边是否访问过
void Traversal(ALGraph *G,int u,int v,int k,int path[],int d)
//d是到当前为止已走过的路径长度,调用时初值为0
{   int m,i;
    ArcNode *p;
    d++;                                    //(u,v)加入到path中
    path[d]=v;
    vedge[u][v]=vedge[v][u]=1;              //(u,v)边已访问
    p=G->adjlist[v].firstarc;               //p指向顶点v的第一条边
    while (p!=NULL)
    {   m=p->adjvex;                        //(v,m)有一条边
        if (m==k && d==G->e-1)              //找到一个回路,输出之
        {   printf(" ");
            for (i=0;i<=d;i++)
                printf("%d->",path[i]);
            printf("%d\n",m);
        }
        if (vedge[v][m]==0)                 //(v,m)未访问过,则递归访问之
            Traversal(G,v,m,k,path,d);
        p=p->nextarc;                       //找v的下一条边
    }
    vedge[u][v]=vedge[v][u]=0;              //恢复环境,使该顶点可重新使用
}
void FindCPath(ALGraph *G,int k)            //输出经过顶点k和所有边的全部回路
{   int path[MAXV];
    int i,j,v;
    ArcNode *p;
    for (i=0;i<G->n;i++)
        for (j=0;j<G->n;j++)
            if (i==j) vedge[i][j]=1;
            else vedge[i][j]=0;
    printf("经过顶点%d的走过所有边的回路:\n",k);
    path[0]=k;
    p=G->adjlist[k].firstarc;
    while (p!=NULL)
    {   v=p->adjvex;
        Traversal(G,k,v,k,path,0);
        p=p->nextarc;
    }
}
```

设计如下主函数:

```
void main()
{   int i,j,v=4;
    MGraph g;
    ALGraph *G;
    g.n=5;g.e=6;
    int A[MAXV][MAXV]={{0,1,0,0,1},  {1,0,0,0,1},
                       {0,0,0,1,1},{0,0,1,0,1},{1,1,1,1,0}};
    for (i=0;i<g.n;i++)
```

```
        for (j = 0;j < g.n;j ++ )
            g.edges[i][j] = A[i][j];
    MatToList(g,G);
    printf("图 G 的邻接表:\n");DispAdj(G);      //输出邻接表
    FindCPath(G,v);
    printf("\n");
}
```

程序执行结果如下：

```
图 G 的邻接表:
  0:  1  4
  1:  0  4
  2:  3  4
  3:  2  4
  4:  0  1  2  3
经过顶点 4 的走过所有边的回路:
  4->0->1->4->2->3->4
  4->0->1->4->3->2->4
  4->1->0->4->2->3->4
  4->1->0->4->3->2->4
  4->2->3->4->0->1->4
  4->2->3->4->1->0->4
  4->3->2->4->0->1->4
  4->3->2->4->1->0->4
```

8.10　设无向图 G 采用邻接表表示，设计如下算法：

(1) 求顶点 i 到顶点 j(i≠j)的最短路径长度；

(2) 求顶点 i 到其余各顶点的最短路径。

要求输出路径上的所有顶点(提示：利用 BFS 遍历的思想)。

解：(1) 利用广度优先遍历的思想，求 i 和 j 两顶点间的最短路径转化为求从 i 到 j 的层数，为此设计一个 level[]数组记录每个顶点的层次。对应的算法如下：

```
int ShortPath1(ALGraph *G,int i,int j)
{   int qu[MAXV],level[MAXV];
    int front = 0,rear = 0,k,lev;                //lev 保存从 i 到访问顶点的层数
    ArcNode *p;
    visited[i] = 1;
    rear ++ ;qu[rear] = i;level[rear] = 0;       //顶点 i 已访问,将其进队
    while (front!= rear)                         //队列非空时循环
    {   front = (front + 1) % MAXV;
        k = qu[front];                           //出队顶点 k
        lev = level[front];
        if (k == j)
            return lev;                          //找到顶点 j,返回
        p = G->adjlist[k].firstarc;              //取 k 的边表头指针
        while (p!= NULL)                         //依次搜索邻接点
        {   if (visited[p->adjvex] == 0)         //若未访问过
            {   visited[p->adjvex] = 1;
                rear = (rear + 1) % MAXV;
```

```
                qu[rear] = p->adjvex;               //访问过的邻接点进队
                level[rear] = lev + 1;
            }
            p = p->nextarc;                         //找顶点k的下一邻接点
        }
    }
    return -1;                                      //如果未找到顶点j,返回一特殊值-1
}
```

(2) 基本思想与(1)的算法相同,对应的算法如下:

```
void ShortPath2(ALGraph *G, int i)
{   int qu[MAXV], level[MAXV];
    int front = 0, rear = 0, k, lev;                //lev保存从i到访问顶点的层数
    ArcNode *p;
    visited[i] = 1;
    rear++;qu[rear] = i;level[rear] = 0;            //顶点i已访问,将其进队
    while (front!= rear)                            //队非空则执行
    {   front = (front + 1) % MAXV;
        k = qu[front];                              //出队
        lev = level[front];
        if (k!= i)
            printf(" 顶点%d到顶点%d的最短距离是:%d\n", i, k, lev);
        p = G->adjlist[k].firstarc;                 //取k的边表头指针
        while (p!= NULL)                            //依次搜索邻接点
        {   if (visited[p->adjvex] == 0)            //若未访问过
            {   visited[p->adjvex] = 1;
                rear = (rear + 1) % MAXV;
                qu[rear] = p->adjvex;               //访问过的邻接点进队
                level[rear] = lev + 1;
            }
            p = p->nextarc;                         //找顶点i的下一邻接点
        }
    }
}
```

设计如下主函数:

```
void main()
{   int i, j;
    int u = 0, v = 3;
    MGraph g;
    ALGraph *G;
    int A[MAXV][5] = {{0,1,0,1,1},{1,0,1,1,0},
                      {0,1,0,1,1},{1,1,1,0,1},{1,0,1,1,0}};
    g.n = 5;g.e = 8;
    for (i = 0;i < g.n;i++)
        for (j = 0;j < g.n;j++)
            g.edges[i][j] = A[i][j];
    G = (ALGraph *)malloc(sizeof(ALGraph));
    MatToList(g, G);
    printf("图G的邻接表:\n");
```

```
    DispAdj(G);
    for (i=0;i<g.n;i++) visited[i]=0;
    printf("顶点 1 到顶点 4 的最短路径长度:%d\n",ShortPath1(G,1,4));
    for (i=0;i<g.n;i++) visited[i]=0;
    printf("顶点 1 到其他各顶点的最短距离如下:\n");
    ShortPath2(G,1);
}
```

程序的执行结果如下：

```
图 G 的邻接表:
  0:  1  3  4
  1:  0  2  3
  2:  1  3  4
  3:  0  1  2  4
  4:  0  2  3
顶点 1 到顶点 4 的最短路径长度:2
顶点 1 到其他各顶点的最短距离如下:
  顶点 1 到顶点 0 的最短距离是:1
  顶点 1 到顶点 2 的最短距离是:1
  顶点 1 到顶点 3 的最短距离是:1
  顶点 1 到顶点 4 的最短距离是:2
```

8.3 补充练习题及参考答案

8.3.1 单项选择题

1. 所谓简单路径是指除了起点和终点外________。

A. 任何一条边在这条路径上不重复出现

B. 任何一个顶点在这条路径上不重复出现

C. 这条路径由一个顶点序列构成,不包含边

D. 这条路径由边序列构成,不包含顶点

答：简单路径是由顶点序列组成,且其中除了起点和终点外其他顶点不重复出现。本题答案为 B。

2. 带权有向图 G 用邻接矩阵 A 存储,则顶点 i 的入度等于 A 中________。

A. 第 i 行非∞的元素之和　　B. 第 i 列非∞的元素之和

C. 第 i 行非∞且非 0 的元素个数　　D. 第 i 列非∞且非 0 的元素个数

答：带权有向图的邻接矩阵中,元素 0 和∞表示的都不是有向边,而入度是由邻接矩阵的列中元素个数计算出来的。本题答案为 D。

3. 无向图的邻接矩阵是一个________。

A. 对称矩阵　　B. 零矩阵　　C. 上三角矩阵　　D. 对角矩阵

答：在无向图中,顶点 i 到顶点 j 有边,则顶点 j 到顶点 i 也有边。本题答案为 A。

4. 在一个无向图中,所有顶点的度之和等于边数的________倍。

A. 1/2　　B. 1　　C. 2　　D. 4

答：在无向图中,一条边计入两个顶点的度数。本题答案为 C。

5. 一个有 n 个顶点的无向图最多有________条边。

A. n　　B. n(n－1)　　C. n(n－1)/2　　D. 2n

答：为完全无向图时边最多。本题答案为 C。

6. 具有 6 个顶点的无向图至少应有________条边才可能是一个连通图。

A. 5　　B. 6　　C. 7　　D. 8

答：具有 n 个顶点的无向图边数少于 n－1 时，不可能是连通图，只有边数大于等于 n－1 时才有可能是连通图。本题答案为 A。

7. 在一个具有 n 个顶点的无向图中，要连通全部顶点至少需要________条边。

A. n　　B. n＋1　　C. n－1　　D. n/2

答：C。

8. 下列________的邻接矩阵是对称矩阵。

A. 有向图　　B. 无向图　　C. AOV 网　　D. AOE 网

答：B。

9. 用邻接矩阵 A 表示不带权的图，判定任意两个顶点 i 和 j 之间是否有长度为 m 的路径相连，则只要检查________的第 i 行第 j 列的元素是否为零即可。

A. mA　　B. A　　C. A^m　　D. A^{m-1}

答：C。

10. 对于一个具有 n 个顶点的无向图，若采用邻接矩阵表示，则该矩阵大小是________。

A. n　　B. $(n-1)^2$　　C. n－1　　D. n^2

答：D。

11. 一个有向图 G 的邻接表存储如图 8.7 所示，现按深度优先搜索遍历，从顶点 1 出发，所得到的顶点序列是________。

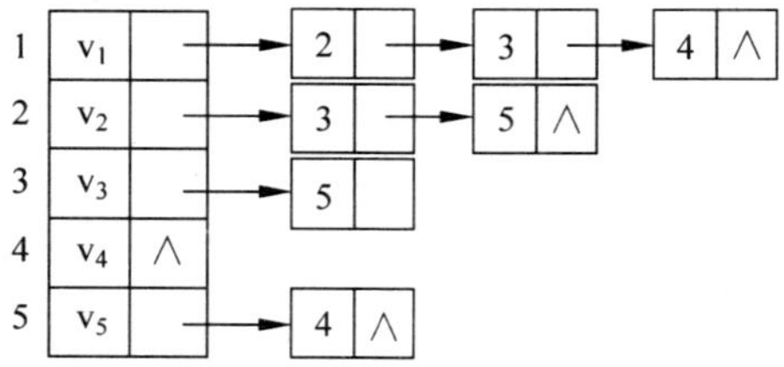

图 8.7　有向图 G 的邻接表

A. 1,2,3,4,5　　B. 1,2,3,5,4　　C. 1,2,4,5,3　　D. 1,2,5,3,4

答：B。

12. 对如图 8.8 所示的无向图，从顶点 1 开始进行深度优先遍历；可得到顶点访问序列是________。

A. 1 2 4 3 5 7 6　　B. 1 2 4 3 5 6 7　　C. 1 2 4 5 6 3 7　　D. 1 2 3 4 5 7 6

答：选项 B 中从顶点 5 到顶点 6 不符合优先遍历规则；选项 C 中从顶点 5 到顶点 6 不符合优先遍历规则；选项 D 中从顶点 2 到顶点 3 不符合优先遍历规则。本题答案为 A。

13. 对如图 8.8 所示的无向图，从顶点 1 开始进行广度优先遍历，可得到顶点访问序列是________。

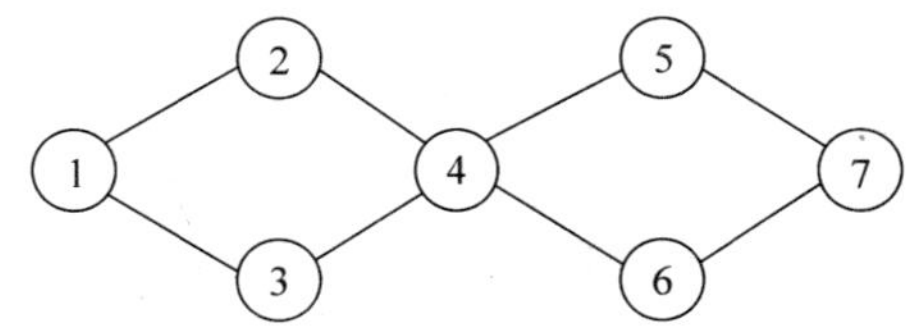

图 8.8 一个无向图

A. 1 3 2 4 5 6 7　　B. 1 2 4 3 5 6 7　　C. 1 2 3 4 5 7 6　　D. 2 5 1 4 7 3 6

答：选项 B 中 124 子序列不符合广先遍历规则；选项 C 中 457 子序列不符合广先遍历规则；选项 D 中从 2 开始不符合广先遍历规则。本题答案为 A。

14. 在如图 8.9 所示的有向图中，存在一个强连通分量 G=(V,E)，其中，________。

A. V={2,3,5,6}
E={<5,2>,<2,3>,<2,6>,<6,3>,<3,5>}

B. V={2,3,5,6}
E={<5,2>,<2,6>,<6,3>,<3,5>}

C. V={2,3,5}
E={<2,3>,<3,5>,<5,2>}

D. V={1,7}
E={<1,7>,<7,1>}

答：顶点 2→6→3→5→2 构成一个回路，所以为一个强连通分量。本题答案为 A。

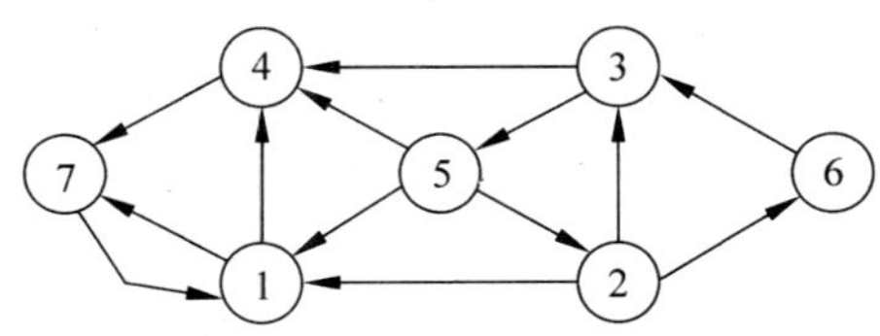

图 8.9 一个有向图

15. 如果从无向图的任一顶点出发进行一次深度优先搜索即可访问所有顶点，则该图一定是________。

A. 完全图　　B. 连通图　　C. 有回路　　D. 一棵树

答：B。

16. 采用邻接表存储的图的深度优先遍历算法类似于二叉树的________算法。

A. 先序遍历　　B. 中序遍历　　C. 后序遍历　　D. 层次遍历

答：A。

17. 采用邻接表存储的图的广度优先遍历算法类似于二叉树的________算法。

A. 先序遍历　　B. 中序遍历　　C. 后序遍历　　D. 层次遍历

答：D。

18. 任何一个带权无向连通图________最小生成树。

A. 只有一棵　　B. 有一棵或多棵　　C. 一定有多棵　　D. 可能不存在

答：B。

19. 一个无向连通图的生成树是含有该连通图的全部顶点的________。

A. 极小连通子图　B. 极小子图　C. 极大连通子图　D. 极大子图

答：A。

20. 判定一个有向图是否存在回路除了可以利用拓扑排序方法外,还可以用________。

A. 求关键路径的方法　B. 求最短路径的 Dijkstra 方法

C. 广度优先遍历算法　D. 深度优先遍历算法

答：判定一个图是否存在回路的方法如下：

(1) 利用拓扑排序算法可以判定有向图中是否存在回路。如果拓扑排序的结果只得到了部分顶点的拓扑有序序列,则该有向图中存在回路。

(2) 设图 G 是 n 个顶点的无向图,若 G 的边数 e≥n,则图 G 中一定有回路存在。

(3) 设图 G 是 n 个顶点的无向连通图,若 G 的每个顶点的度大于或等于 2,则图 G 中一定有回路存在。

(4) 利用深度优先遍历算法可以判定图 G 中是否存在回路。对于无向图来说,若深度优先遍历过程中遇到了回边则必定存在环；对于有向图来说,这条回边可能是指向深度优先森林中另一棵生成树上顶点的边；但是,如果从有向图上的某个顶点 v 出发进行深度优先遍历,若在 DFS(v)结束之前出现一条从顶点 u 到顶点 v 的回边,因 u 在生成树上是 v 的孙子,则有向图必定存在包含顶点 v 和顶点 u 的环。

本题答案为 D。

21. 若一个有向图中的顶点不能排成一个拓扑序列,则可断定该有向图________。

A. 是个有根有向图　B. 是个强连通图

C. 含有多个入度为 0 的顶点　D. 含有顶点数目大于 1 的强连通分量

答：该图中存在回路,该回路构成一个顶点个数大于 1 的强连通分量。本题答案为 D。

22. 对于含有 n 个顶点的带权连通图,它的最小生成树是指图中任意一个________。

A. 由 n－1 条权值最小的边构成的子图

B. 由 n－1 条权值之和最小的边构成的子图

C. 由 n－1 条权值之和最小的边构成的连通子图

D. 由 n 个顶点构成的边的权值之和最小的连通子图

答：D。

23. 若图的邻接矩阵中主对角线上的元素全是 0,其余元素全是 1,则可以断定该图一定是________。

A. 无向图　B. 不是带权图　C. 有向图　D. 完全图

答：D。

24. 关键路径是 AOE 网中________。

A. 从源点到汇点的最长路径　B. 从源点到汇点的最短路径

C. 最长的回路　D. 最短的回路

答：在 AOE 网中,从源点到汇点的最长路径称为关键路径。本题答案为 A。

25. 设有无向图 G＝(V,E)和 G'＝(V',E'),若 G'是 G 的生成树,则下面说法不正确的是________。

A. G'为 G 的连通分量　B. G'是 G 的无环子图

C. G'为 G 的子图　　D. G'为 G 的极小连通子图且 V'＝V

答：选项 B、D 均为生成树的特点，而选项 A 为概念错误：G'为连通图而非连通分量，因为连通分量不一定是生成树。本题答案为 A。

26. 求最短路径的 Dijkstra 算法的时间复杂度为________。

A. O(n)　　B. O(n+e)　　C. $O(n^2)$　　D. O(ne)

答：C。

8.3.2 填空题

1. 有 n 个顶点的无向图最多有________条边。

答：为完全无向图时边数最多。本题答案为：n(n－1)/2。

2. 有 n 个顶点的强连通有向图 G 至少有________条边。

答：n 个顶点的有向图依次首尾相连构成一个环，此时为边数最少的强连通图。本题答案为：n。

3. 在有 n 个顶点的有向图中，每个顶点的度最大可达________。

答：2(n－1)。

4. 若无向图 G 的顶点度数最小值大于等于________时，G 至少有一条回路。

答：2。

5. 一个图的__①__表示法是唯一的，而__②__表示法是不唯一的。

答：图的表示法主要有邻接矩阵和邻接表，前者唯一，后者不唯一。本题答案为：①邻接矩阵 ②邻接表。

6. 用邻接矩阵 A[1..n,1..n]存储有向图 G，其第 i 行的所有元素之和等于顶点 i 的________。

答：出度。

7. 有 n 个顶点的有向图 G 最多有________条边。

答：为完全有向图时边数最多。本题答案为：n(n－1)。

8. 对于一个具有 n 个顶点和 e 条边的无向图，若采用邻接表表示，则表头数组的大小为__①__，边节点总数是__②__。

答：① n　② 2e。

9. 已知一个有向图的邻接矩阵表示，删除所有从第 i 个顶点出发的边的方法是________。

答：将邻接矩阵第 i 行全部置为 0。

10. 对于 n 个顶点的不带权无向图，采用邻接矩阵表示，求图中边数的方法是__①__，判断任意两个顶点 i 和 j 是否有边相连的方法是__②__，求任意一个顶点的度的方法是__③__。

答：① 邻接矩阵中 1 的个数除以 2　② A[i][j]是否为 1　③ 计算该行或该列中 1 的个数。

11. 对于 n 个顶点的不带权有向图，采用邻接矩阵表示，求图中边数的方法是__①__，判断任意两个顶点 i 和 j 是否有边相连的方法是__②__，求任意一个顶点的度的方法是__③__。

答：① 邻接矩阵中 1 的个数　② A[i][j]是否为 1　③ 出度为该行中 1 的个数，入度为该列中 1 的个数，顶点的度等于出度和入度之和。

12. 对于 n 个顶点的无向图，采用邻接表表示，求图中边数的方法是__①__，判断任意两个顶点 i 和 j 是否有边相连的方法是__②__，求任意一个顶点的度的方法是__③__。

答：① 邻接表中边节点个数除以 2　② 从 i 表头节点开头的链表中是否包含 j 节点　③ 以 i 表头节点开头的链表中的节点个数。

13. 无向图的连通分量是指________。

答：极大连通子图。

14. 若无向图中有 m 条边，则表示该无向图的邻接表中就有________个边节点。

答：2m。

15. 当 n 个顶点 e 条边的无向图采用邻接表表示时，广度优先遍历算法的时间复杂度为__①__，深度优先遍历算法的时间复杂度为__②__，两者的不同之处在于__③__，反映在数据结构上的差别是__④__。

答：① O(n+e)　② O(n+e)　③ 访问顶点的顺序不同　④ 队列和栈

16. 对 n 个顶点的连通图来说，它的生成树一定有________条边。

答：n−1。

17. 若含有 n 个顶点的无向图恰好形成一个环，则它有________棵生成树。

答：该图有 n 条边，删除任一条边得到一棵生成树。本题答案为：n。

18. 一个连通图的________是一个极小连通子图。

答：生成树。

19. Prim 算法适用于求__①__的网的最小生成树，Kruskal 适用于求__②__的网的最小生成树。

答：① 边稠密　② 边稀疏。

20. 可以进行拓扑排序的有向图一定是________。

答：无环图。

21. 对于 n 个顶点 e 条边的有向无环图，拓扑排序算法的时间复杂度是________。

答：O(n+e)。

22. 从源点到汇点长度最长的路径称关键路径，该路径上的活动称为________。

答：关键活动。

8.3.3 判断题

1. 判断以下叙述的正确性。

(1) n 个顶点的无向图至多有 n(n−1)条边。

(2) 在有向图中，各顶点的入度之和等于各顶点的出度之和。

(3) 无论是有向图还是无向图，其邻接矩阵表示都是唯一的。

(4) 对同一个有向图来说，只保存出边的邻接表中节点的数目总是和只保存入边的邻接表中节点的数目一样多。

(5) 如果表示图的邻接矩阵是对称矩阵，则该图一定是无向图。

(6) 如果表示有向图的邻接矩阵是对称矩阵，则该有向图一定是完全有向图。

(7) 连通图的生成树包含了图中所有顶点。

(8) 对 n 个顶点的连通图 G 来说，如果其中的某个子图有 n 个顶点、n−1 条边，则该子图一定是 G 的生成树。

(9) 最小生成树是指边数最少的生成树。

(10) 从 n 个顶点的连通图中选取 n−1 条权值最小的边，即可构成最小生成树。

(11) 强连通图不能进行拓扑排序。

(12) 只要无向网中没有权值相同的边,其最小生成树就是唯一的。

(13) 只要无向网中有权值相同的边,其最小生成树就不可能是唯一的。

(14) 关键路径是由权值最大的边构成的。

(15) 如果表示某个图的邻接矩阵是对称矩阵,则该图不一定是无向图。

(16) 求单源最短路径的 Dijkstra 算法不适用于有回路的有向网络。

(17) 求单源最短路径的 Dijkstra 算法不适用于有负权边的有向网络。

(18) 最短路径一定是简单路径。

答:(1) 错误。n 个顶点的无向图至多有 n(n-1)/2 条边。

(2) 正确。

(3) 正确。

(4) 正确。

(5) 错误。如完全有向图的邻接矩阵也是对称矩阵。

(6) 错误。

(7) 正确。

(8) 错误。这样的子图不一定是连通图,而连通图的生成树一定是连通的。

(9) 错误。图的所有生成树的边数是相同的,其中数值之和最小的生成树为最少生成树。

(10) 错误。要求生成树中不能有回路。

(11) 正确。强连通图中一定存在回路,所以不能进行拓扑顺序。

(12) 正确。

(13) 错误。

(14) 错误。

(15) 正确。

(16) 错误。

(17) 正确。

(18) 正确。

2. 判断以下叙述的正确性。

(1) 连通分量是无向图中的极小连通子图。

(2) 强连通分量是有向图中的极大强连通子图。

(3) 在一个有向图的拓扑序列中若顶点 a 在顶点 b 之前,则图中必有一条边<a,b>。

(4) 对有向图 G,如果以任一顶点出发进行一次深度优先或广度优先遍历能访问到每个顶点,则该图一定是完全图。

(5) 无向图中的极大连通子图称为连通分量。

(6) 连通图的广度优先遍历中一般要采用队列来暂存刚访问过的顶点。

(7) 图的深度优先遍历中一般要采用栈来暂存刚访问过的顶点。

(8) 有向图的遍历不可采用广度优先遍历方法。

答:(1) 错误。连通分量是无向图中的极大连通子图。

(2) 正确。

(3) 错误。拓扑序列中顶点 a 在顶点 b 之前并不一定存在边<a,b>。

(4) 错误。如果有向图构成双向有向环时,则从任一顶点出发均能访问到每个顶点,但该图却非完全图。

(5) 正确。

(6) 正确。

(7) 正确。深度优先遍历递归算法的执行中就是用栈暂存刚访问过的顶点。

(8) 错误。

3. 判断以下叙述的正确性。

(1) 无环有向图才能进行拓扑排序。

(2) 拓扑排序算法不适合无向图的拓扑顺序。

(3) 关键路径是 AOE 网中从源点到终点的最长路径。

(4) 在表示某工程的 AOE 网中,加速其关键路径上的任意关键活动均可缩短整个工程的完成时间。

(5) 在 AOE 图中,关键路径上某个活动的时间缩短,整个工程的时间也就必定缩短。

(6) 在 AOE 图中,关键路径上活动的时间延长多少,整个工程的时间也就随之延长多少。

(7) 当改变网上某一关键路径上的任一关键活动后,必将产生不同的关键路径。

答:(1) 正确。

(2) 正确。多个顶点构成的无向图中必然存在回路。

(3) 正确。

(4) 错误。一个 AOE 网中可能存在多条关键路径,只有缩短所有关键路径上共有的关键活动才有可能缩短整个工程的完成时间。

(5) 错误。

(6) 正确。

(7) 错误。不一定。

8.3.4 简答题

1. 简述图有哪两种主要的存储结构,并说明各种存储结构在图中的不同操作(图的遍历、有向图的拓扑排序等)中有什么样的优越性?

答:图的存储结构主要有邻接矩阵和邻接表。

(1) 邻接矩阵:可判定图中任意两个顶点之间是否有边相连,并容易求得各个顶点的度;此外,对于图的遍历也是可行的。

(2) 邻接表:容易找到任一顶点的第一个邻接点和下一个邻接点;但要判断任意两个顶点之间是否有边相连,则需搜索第 i 个及第 j 个链表,这点不如邻接矩阵方便;此外,对于图的遍历也是可行的。

2. 回答以下关于图的问题:

(1) 有 n 个顶点的强连通图最多需要多少条边? 最少需要多少条边?

(2) 表示一个有 1000 个顶点、1000 条边的有向图的邻接矩阵有多少个矩阵元素?

(3) 对于一个有向图,不用拓扑排序,如何判断图中是否存在环?

答:(1) 有 n 个顶点的强连通图最多有 n(n-1)条边(构成一个完全有向图的情况);最少有 n 条边(n 个顶点依次首尾相接构成一个环的情况)。

(2) 这样的矩阵共有 1000^2 个矩阵元素。

(3) 对于有向图进行深度优先遍历。如果从有向图上某个顶点 v 出发进行遍历,DFS(v)结束之前出现一条从顶点 u 到顶点 v 的回边,由于 u 在生成树上是 v 的子孙,则有向图中必定存在包含顶点 v 到顶点 u 的环。

3. 一个有向图 G 的邻接表存储如图 8.10 所示，要求：

(1) 给出该图的邻接矩阵存储结构；

(2) 给出该图的所有强连通分量。

答：由邻接表得到的图 G 如图 8.11 所示。

(1) 其邻接矩阵存储结构如下：

$$\begin{bmatrix} 0 & 1 & 0 & 0 & 0 & 0 & 1 & 0 & 0 \\ 0 & 0 & 1 & 1 & 0 & 0 & 0 & 0 & 0 \\ 0 & 1 & 0 & 0 & 1 & 0 & 0 & 0 & 0 \\ 0 & 0 & 0 & 0 & 0 & 0 & 0 & 0 & 0 \\ 0 & 0 & 0 & 0 & 0 & 0 & 0 & 0 & 0 \\ 0 & 0 & 0 & 0 & 0 & 0 & 0 & 0 & 1 \\ 0 & 0 & 0 & 0 & 0 & 0 & 0 & 1 & 0 \\ 0 & 0 & 0 & 0 & 0 & 1 & 0 & 0 & 0 \\ 0 & 0 & 1 & 0 & 0 & 0 & 1 & 0 & 0 \end{bmatrix}$$

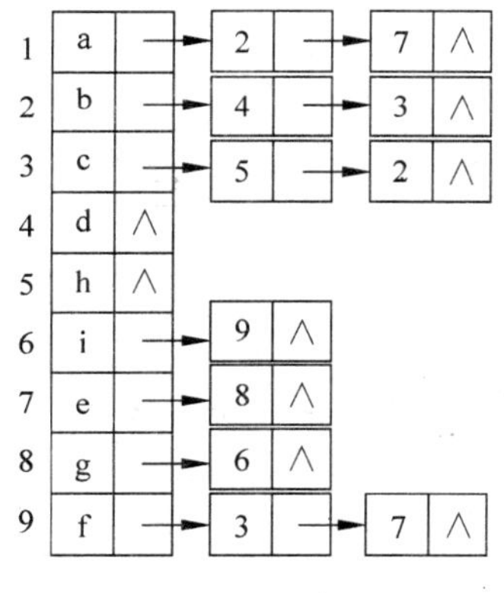

图 8.10 一个邻接表

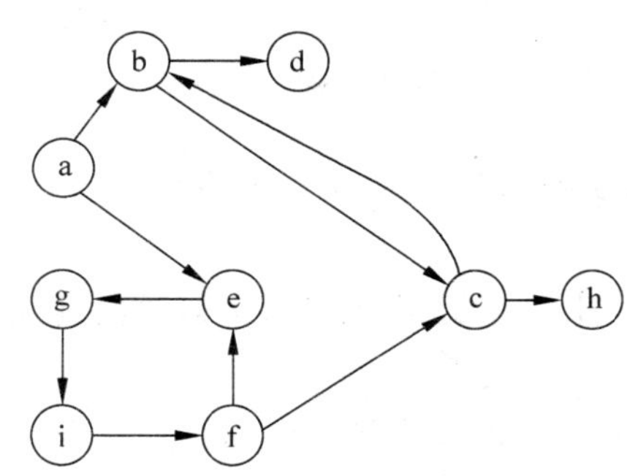

图 8.11 一个有向图

(2) 图 G 的所有强连通分量如图 8.12 所示。

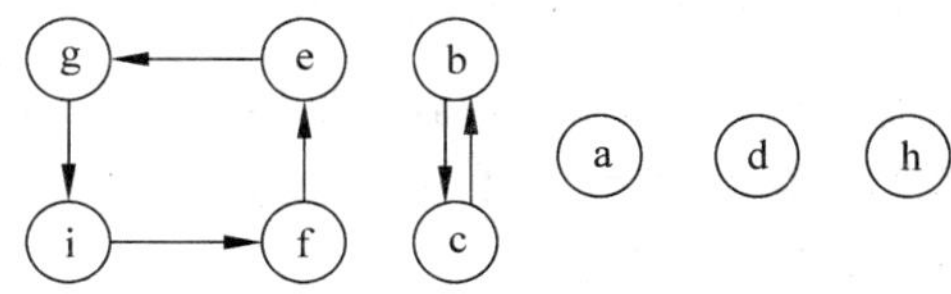

图 8.12 强连通分量

4. 对于有向无环图：

(1) 叙述求拓扑有序序列的步骤；

(2) 对于如图 8.13 所示的图 G，写出它的 4 个不同的拓扑序列。

答：(1) 拓扑排序的基本步骤是：

① 从图中选择一个没有前驱(即入度为 0)的顶点并输出它。

② 从图中删去该顶点，并且删去从该顶点发出的全部有向边。

③ 重复上述两步，直到剩余的图中不再存在没有前驱的顶点为止。

(2) 它的4个不同的拓扑序列是12345678,12354678,12347856,12347568(实际上不止4个拓扑序列,这里只给出了4个)。

5. 设有向图G如图8.14所示。

(1) 写出所有的拓扑序列;

(2) 添加一条边,使其只有唯一的拓扑序列。

答:(1) 所有的拓扑序列为:1324,1234,2134。

(2) 在添加一条边后(使入度为0的顶点和出度为0的顶点都是唯一的),如图8.15所示,则仅有唯一的拓扑序列1324。

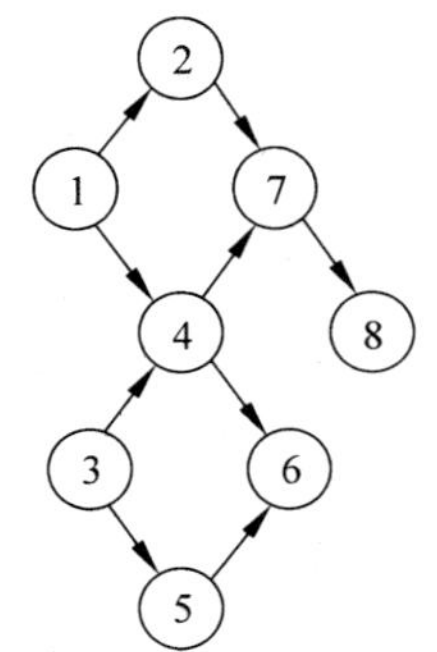

图8.13 一个有向图

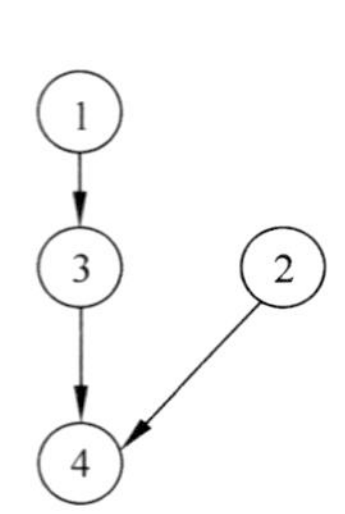

图8.14 一个有向图

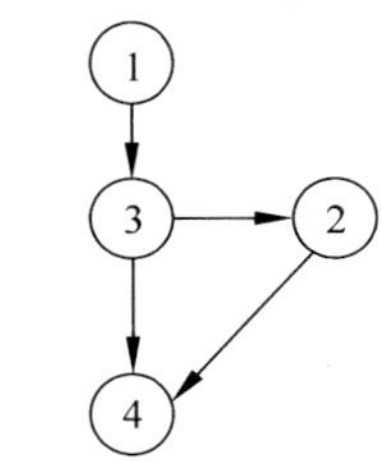

图8.15 改动后的有向图

6. 有如图8.16所示的带权有向图G,试回答以下问题。

(1) 给出一个从顶点1出发的深度优先遍历序列和广度优先遍历序列。

(2) 给出G的一个拓扑序列。

(3) 给出从顶点1到顶点8的最短路径和关键路径。

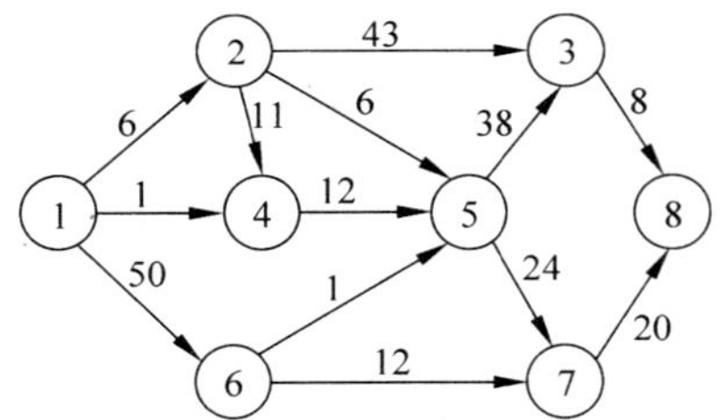

图8.16 一个带权有向图G

答:(1) 从顶点1出发的一个深度优先遍历序列:1,2,3,8,4,5,7,6。从顶点1出发的一个广度优先遍历序列:1,2,6,4,3,5,7,8。

(2) G的一个拓扑序列是:1,2,4,6,5,3,7,8(或1,6,2,4,5,3,7,8等)。

(3) 从顶点1到顶点8的最短路径为1,2,5,7,8(路径长度为56)。关键路径(即为最长的路径)为1,6,5,3,8(路径长度为97)。

7. 有一个带权图,其邻阵矩阵的数组表示如下:

$$\begin{array}{c} 1 \\ 2 \\ 3 \\ 4 \\ 5 \\ 6 \\ 7 \\ 8 \end{array}\begin{bmatrix} 0 & 3 & 5 & \infty & \infty & \infty & 9 & \infty \\ 3 & 0 & 6 & \infty & \infty & \infty & \infty & 10 \\ 5 & 6 & 0 & \infty & \infty & \infty & \infty & 4 \\ \infty & \infty & \infty & 0 & 3 & 6 & \infty & \infty \\ \infty & \infty & \infty & 3 & 0 & 5 & \infty & \infty \\ \infty & \infty & \infty & 6 & 5 & 0 & \infty & \infty \\ 9 & \infty & \infty & \infty & \infty & \infty & 0 & 7 \\ \infty & 10 & 4 & \infty & \infty & \infty & 7 & 0 \end{bmatrix}$$

试完成下列要求：

(1) 写出在该图上从顶点 1 出发进行深度优先遍历的顶点序列，并据此判断该图是否为连通图。

(2) 画出该图的带权邻接表。

(3) 如果该图是不连通的，分别从顶点 1 和顶点 4 出发，采用普里姆算法构造最小生成树(森林)。

答：(1) 从顶点 1 出发的一个深度优先遍历的顶点序列为 1,2,3,8,7,4,5,6。由深度优先遍历过程可知该图为非连通图。

(2) 该图的带权邻接表如图 8.17 所示。

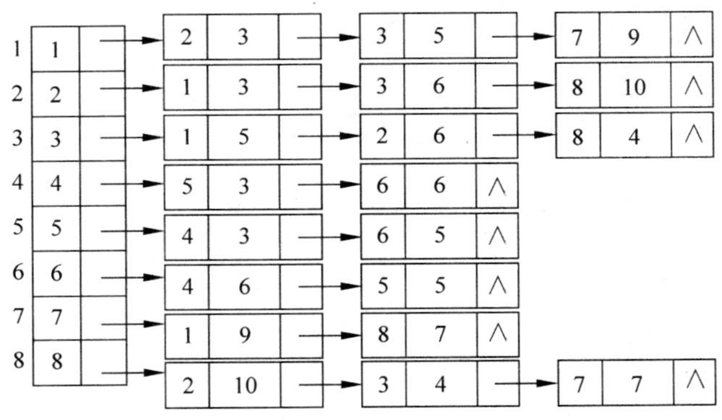

图 8.17　带权邻接表

(3) 该图是不连通的，有两个连通分量，分别从顶点 1 和顶点 4 出发采用普里姆算法构造的最小生成树(森林)如图 8.18 所示。

8. 给定如图 8.19 所示的带权无向图 G。

(1) 画出该图的邻接表存储结构。

(2) 根据该图的邻接表存储结构，从顶点 1 出发，调用 DFS 和 BFS 算法遍历该图，写出可能经过的顶点序列。

(3) 给出采用克鲁斯卡尔算法构造最小生成树的过程。

(4) 画出该图的邻接矩阵。

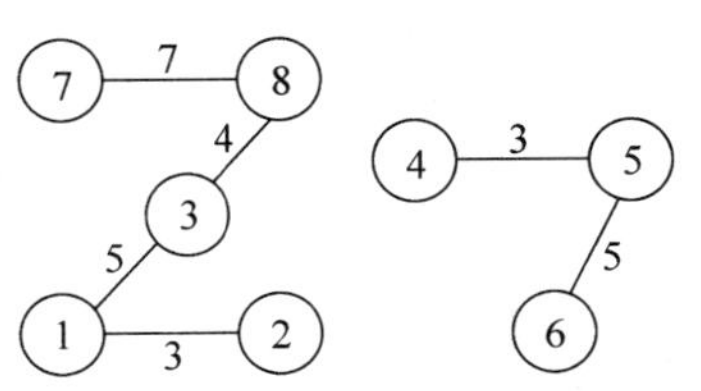

图 8.18　最小生成树(森林)

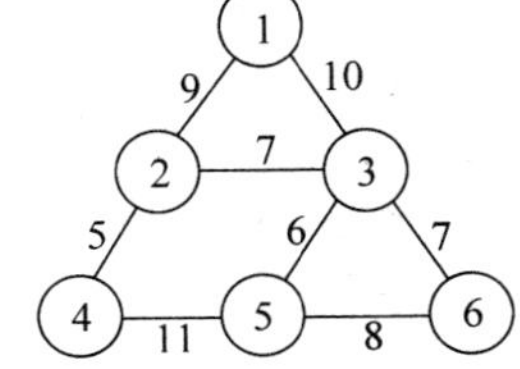

图 8.19　一个带权无向图 G

答：(1) 图 G 的邻接表存储结构如图 8.20 所示。

(2) 从顶点 1 出发，DFS 遍历序列为 1,2,3,5,4,6。BFS 遍历序列为 1,2,3,4,5,6。

(3) 采用克鲁斯卡尔算法构造最小生成树的过程如图 8.21 所示。

(4) 该图的邻接矩阵如下：

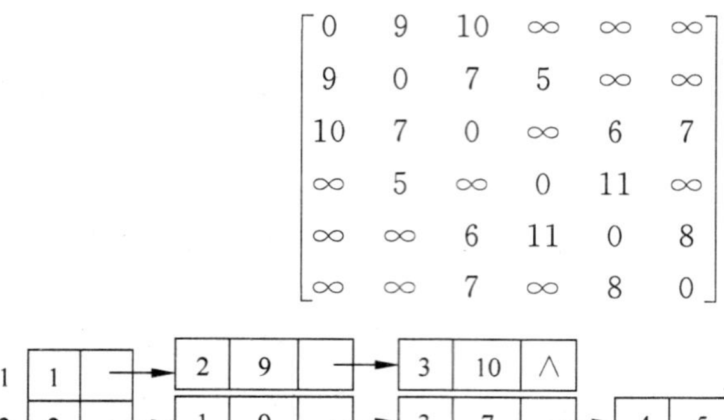

$$\begin{bmatrix} 0 & 9 & 10 & \infty & \infty & \infty \\ 9 & 0 & 7 & 5 & \infty & \infty \\ 10 & 7 & 0 & \infty & 6 & 7 \\ \infty & 5 & \infty & 0 & 11 & \infty \\ \infty & \infty & 6 & 11 & 0 & 8 \\ \infty & \infty & 7 & \infty & 8 & 0 \end{bmatrix}$$

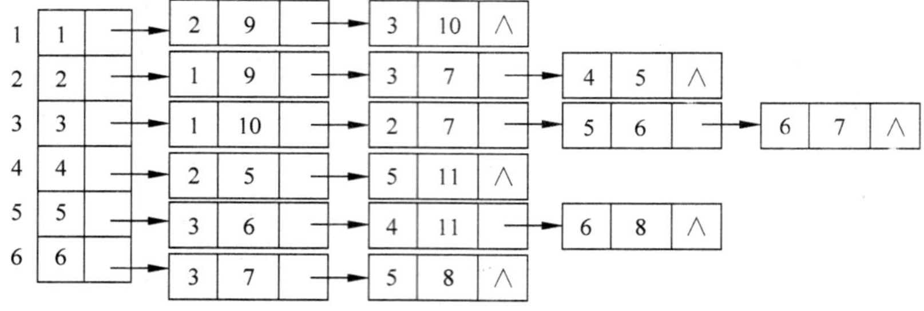

图 8.20 图 G 的邻接表

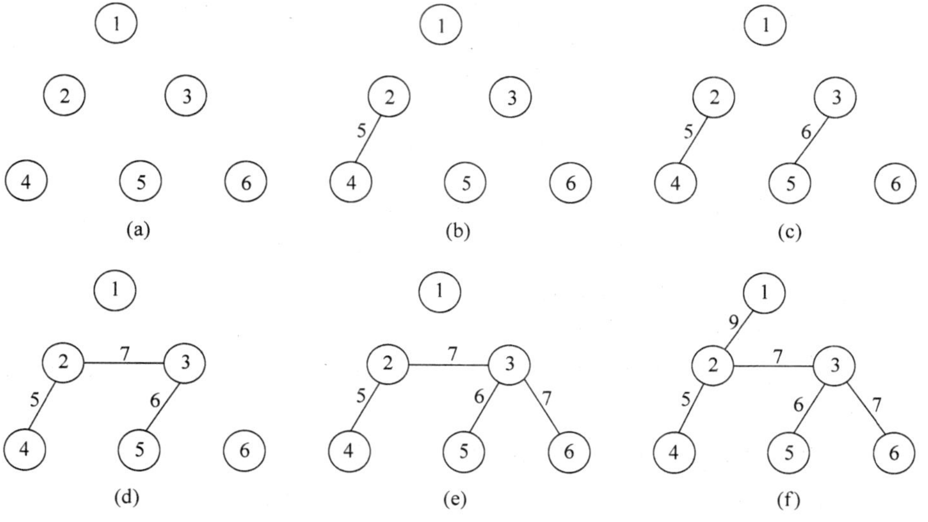

图 8.21 克鲁斯卡尔算法构造最小生成树的过程

9. 对图 8.22 所示的有向网,试利用 Dijkstra 算法求出从源点 1 到其他各顶点的最短路径,并写出执行过程。

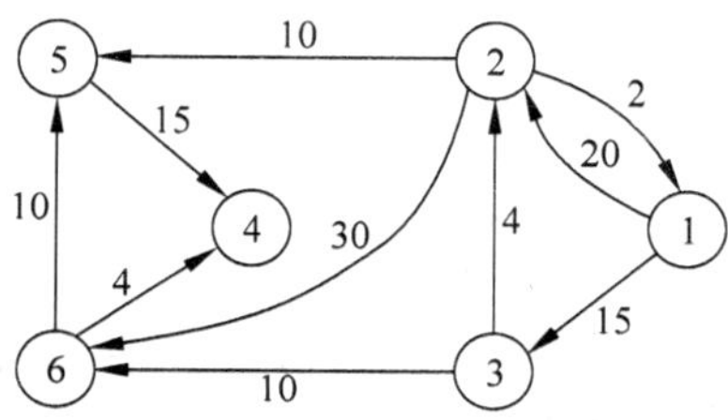

图 8.22 带权有向图

答：求解过程如下：

S	dist[]						path[]					
{1}	0	20	15	∞	∞	∞	1	1	1	0	0	0
{1 3}	0	19	15	∞	∞	25	1	3	1	0	0	3
{1 2 3}	0	19	15	∞	29	25	1	3	1	0	2	3
{1 2 3 6}	0	19	15	29	29	25	1	3	1	6	2	3
{1 2 3 5 6}	0	19	15	29	29	25	1	3	1	6	2	3
{1 2 3 4 5 6}	0	19	15	29	29	25	1	3	1	6		3

所以有：

从顶点 1 到顶点 2 的最短距离为 19，路径为 1，3，2；

从顶点 1 到顶点 3 的最短距离为 15，路径为 1，3；

从顶点 1 到顶点 4 的最短距离为 29，路径为 1，3，6，4；

从顶点 1 到顶点 5 的最短距离为 29，路径为 1，3，2，5；

从顶点 1 到顶点 6 的最短距离为 25，路径为 1，3，6。

10. 某乡有 A，B，C，D 4 个村庄，如图 8.23 所示。图中边上的权值 w_{ij} 为从 i 村庄到 j 村庄的距离。现在要在某村庄修建中心俱乐部，应使其他村庄距离中心俱乐部之和最近。

(1) 请写出各村庄之间的最短距离矩阵；

(2) 写出该中心俱乐部应设在哪个村庄以及各村庄到中心俱乐部的路径和路径长度。

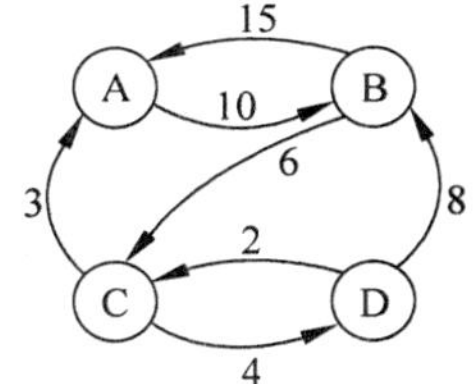

图 8.23 一个有向图

答：(1) 该图的邻接矩阵如下：

$$\begin{bmatrix} 0 & 10 & \infty & \infty \\ 15 & 0 & 6 & \infty \\ 3 & \infty & 0 & 4 \\ \infty & 8 & 2 & 0 \end{bmatrix}$$

采用弗洛伊德算法求最短路径的过程如下：

A(0)

0	10	∞	∞
15	0	6	∞
3	13	0	4
∞	8	2	0

path(0)

−1	0	−1	−1
1	−1	1	−1
2	0	−1	2
−1	3	3	−1

A(1)

0	10	16	∞
15	0	6	∞
3	13	0	4
23	8	2	0

path(1)

−1	0	1	−1
1	−1	1	−1
2	0	−1	2
1	3	3	−1

A(2)

0	10	16	20
9	0	6	10
3	13	0	4
5	8	2	0

path(2)

−1	0	1	2
2	−1	1	2
2	0	−1	2
2	3	3	−1

A(3)

0	10	16	20
9	0	6	10
3	12	0	4
5	8	2	0

path(3)

−1	0	1	2
2	−1	1	2
2	3	−1	2
2	3	3	−1

(2) 假设中心俱乐部设在 A 村庄,总路径为 9+3+5=17;假设中心俱乐部设在 B 村庄,总路径为 10+12+8=30;假设中心俱乐部设在 C 村庄,总路径为 16+6+2=24;假设中心俱乐部设在 D 村庄,总路径为 20+10+4=34。

所以,中心俱乐部应设在 A 村庄,各村庄到中心俱乐部的路径和路径长度如下:

```
B->A: B,C,A          长度为 9
C->A: C,A            长度为 3
C->A: D,C,A          长度为 5
```

11. 对于如图 8.24 示的 AOE 网,求:

(1) 每项活动 a_i 的最早开始时间 $e(a_i)$ 和最迟开始时间 $l(a_i)$;

(2) 完成此工程最少需要多少天(设边上权值为天数);

(3) 哪些是关键活动;

(4) 是否存在某项活动,当其提高速度后能使整个工程缩短工期。

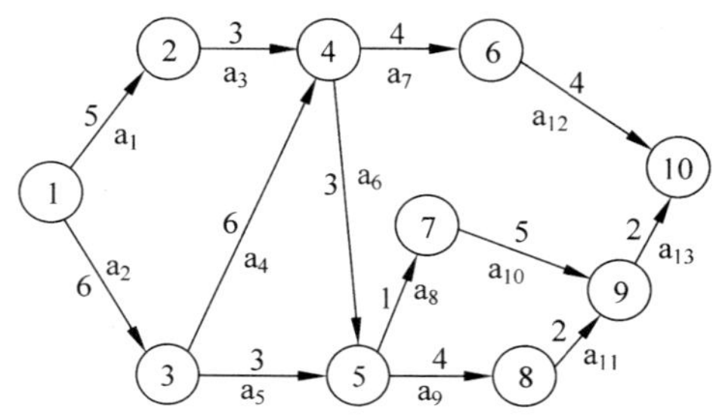

图 8.24 一个 AOE 网

答:(1) 求所有事件的最迟发生时间如下:

```
ve(1) = 0;                              ve(2) = 5;
ve(3) = 6;                              ve(4) = max{ve(2) + 3,ve(3) + 6} = 12;
ve(5) = max{ve(3) + 3,ve(4) + 3} = 15;  ve(6) = ve(4) + 4 = 16;
ve(7) = ve(5) + 1 = 16;                 ve(8) = ve(5) + 4 = 19;
ve(9) = max{ve(7) + 5,ve(8) + 2} = 21;  ve(10) = max{ve(6) + 4,ve(9) + 2} = 23。
```

求所有事件的最迟发生时间如下:

```
vl(10) = ve(10) = 23;                   vl(9) = vl(10) - 2 = 21;
vl(8) = vl(9) - 2 = 19;                 vl(7) = vl(9) - 5 = 16;
vl(6) = vl(10) - 4 = 19;                vl(5) = min{vl(7) - 1,vl(8) - 4} = 15;
vl(4) = min{vl(6) - 4,vl(5) - 3} = 12;  vl(3) = min{vl(4) - 6,vl(5) - 3} = 6;
vl(2) = vl(4) - 3 = 9;                  vl(1) = min{vl(2) - 5,vl(3) - 6} = 0。
```

求所有活动的 e()、l()和 d()如下:

```
活动 a₁: e(a₁) = ve(1) = 0     l(a₁) = vl(2) - 5 = 4     d(a₁) = 4
活动 a₂: e(a₂) = ve(1) = 0     l(a₂) = vl(3) - 6 = 0     d(a₂) = 0
活动 a₃: e(a₃) = ve(2) = 5     l(a₃) = vl(4) - 3 = 8     d(a₃) = 3
活动 a₄: e(a₄) = ve(2) = 6     l(a₄) = vl(4) - 6 = 6     d(a₄) = 0
活动 a₅: e(a₅) = ve(3) = 6     l(a₅) = vl(5) - 3 = 12    d(a₅) = 6
活动 a₆: e(a₆) = ve(3) = 12    l(a₆) = vl(5) - 3 = 12    d(a₆) = 0
```

活动 a_7：$e(a_7) = ve(4) = 12$　　$l(a_7) = vl(6) - 4 = 15$　　$d(a_7) = 3$
活动 a_8：$e(a_8) = ve(5) = 15$　　$l(a_8) = vl(7) - 1 = 15$　　$d(a_8) = 0$
活动 a_9：$e(a_9) = ve(5) = 15$　　$l(a_9) = vl(8) - 4 = 15$　　$d(a_9) = 0$
活动 a_{10}：$e(a_{10}) = ve(6) = 16$　　$l(a_{10}) = vl(9) - 5 = 16$　　$d(a_{10}) = 0$
活动 a_{11}：$e(a_{11}) = ve(7) = 19$　　$l(a_{11}) = vl(9) - 2 = 19$　　$d(a_{11}) = 0$
活动 a_{12}：$e(a_{12}) = ve(8) = 16$　　$l(a_{12}) = vl(10) - 4 = 19$　　$d(a_{12}) = 3$
活动 a_{13}：$e(a_{13}) = ve(8) = 21$　　$l(a_{13}) = vl(10) - 2 = 21$　　$d(a_{13}) = 0$

(2) 完成此工程最少需要 23 天。

(3) 从以上计算得出，关键活动为 a_2，a_4，a_6，a_8，a_9，a_{10}，a_{11} 和 a_{13}。这些活动构成了两条关键路径即 a_2，a_4，a_6，a_8，a_{10}，a_{13} 和 a_2，a_4，a_6，a_9，a_{11}，a_{13}。

(4) 存在 a_2，a_4，a_6，a_{13} 活动，任一活动提高速度后均能使整个工程缩短工期。

12. 某带权有向图及其邻接表如图 8.25 所示。

(1) 试写出深度优先搜索顺序；

(2) 画出深度优先生成树；

(3) 将该图作为 AOE 网，试给出 C 的最早发生时间及活动 FC 的最晚开始时间；

(4) 用狄克斯特拉算法计算源点 A 到各顶点的最短路径，试写出当计算出 A→D 以及 A→G 的最短路径时，A 到其他各点路径(中间结果)的值。

答：(1) 深度优先搜索顺序是 A，B，C，E，G，D，F。

(2) 深度优先生成树如图 8.26 所示。

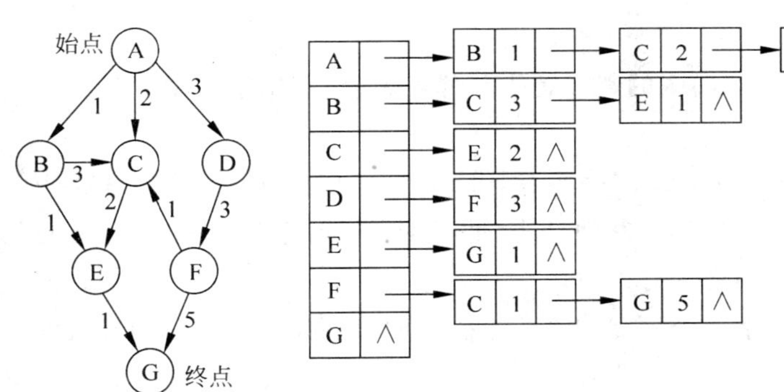

图 8.25　有向图及其邻接表

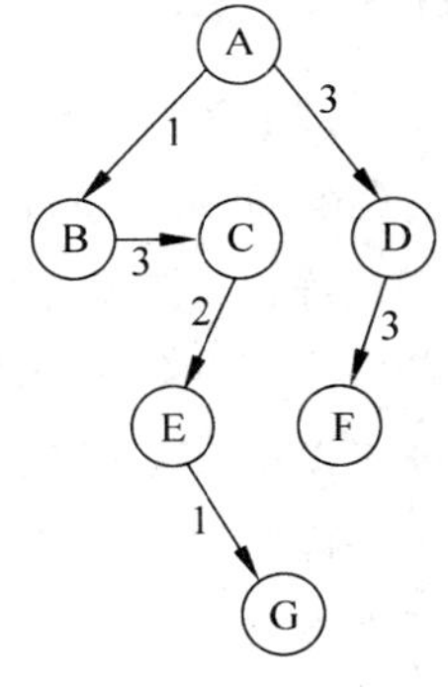

图 8.26　深度优先生成树

(3) 求解过程如下：

```
ve(A) = 0
ve(D) = 3
ve(F) = ve(D) + 3 = 6
ve(B) = 1
ve(C) = max{ve(B) + 3,ve(A) + 2,ve(F) + 3} = 7
ve(E) = max{ve(B) + 1,ve(C) + 2} = 9
ve(G) = max{ve(E) + 1,ve(F) + 5} = 11
vl(G) = ve(G) = 11
vl(E) = vl(G) - 1 = 10
vl(C) = vl(E) - 2 = 8
vl(B) = min{vl(E) - 1,vl(C) - 3} = 5
```

```
vl(F) = min{vl(G) - 5,vl(C) - 1} = 6
vl(D) = vl(F) - 3 = 3
vl(A) = min{vl(B) - 1,vl(C) - 2,vl(D) - 3} = 0
```

则：

```
l(FC) = vl(C) - 1 = 7
```

所以,C 的最早发生时间为 7,活动 FC 的最晚开始时间为 7。

(4) 用狄克斯特拉算法计算源点 A 到各顶点的最短路径如下：

```
A 到 B 的最短路径为: A,B          路径长度为: 1
A 到 C 的最短路径为: A,C          路径长度为: 2
A 到 D 的最短路径为: A,D          路径长度为: 3
A 到 E 的最短路径为: A,B,E        路径长度为: 2
A 到 F 的最短路径为: A,D,F        路径长度为: 6
A 到 G 的最短路径为: A,B,E,G      路径长度为: 3
```

当计算出 A→D 最短路径时,dist[]的值为{0,1,2,3,2,6,3},即 A 到 B、C、D、E、F、G 的路径长度分别为 1,2,3,2,6,3。

当计算出 A→G 的最短路径时,dist[]的值为{0,1,2,3,2,6,3},即 A 到 B、C、D、E、F、G 的路径长度分别为 1,2,3,2,6,3。

8.3.5 算法设计题

1. **【图的存储结构算法】**分别在有向图的邻接矩阵和邻接表上,实现删除图中某个给定顶点的算法。并分析算法的时间复杂度。

解：从图中删除一个顶点意味着还必须删除所有与该顶点相关的边。而且在邻接矩阵或邻接表存储结构中,由于删除一个顶点后,其他顶点的排列序号会发生变化,因此还必须对邻接矩阵或邻接表的每个表节点内容进行修改。

首先讨论在邻接矩阵中删除图中一个顶点的算法思想。假设要删除顶点 i,则算法的基本步骤为：

① 从邻接矩阵中求出与顶点 i 相关的边的数目 m,并将图的边数目减 m。

② 将邻接矩阵中第 i+1 行之后的所有元素前移一行,第 i+1 列之后的所有元素前移一列。

③ 从存放顶点信息的数组中删除顶点 i,并将图中的顶点数目减 1。这等同于从线性表中删除一个元素。

对应的算法如下：

```
void MDelVex(MGraph &g,int i)      //在图的邻接矩阵上删除第 i 个顶点
{   int m,j,k;
    if (i<0 || i>=g.n)
    {   printf("顶点不存在\n");
        return;
    }
    m=0;                           //步骤①
```

```
        for (j = 0;i < g.n;j ++ )
        {   if (g.edges[i][j]!= 0) m ++ ;
            if (g.edges[j][i]!= 0) m ++ ;
        }
        g.e = g.e - m;
        for (j = i + 1;j < g.n;j ++ )        //步骤②
            for (k = 0;k < g.n;k ++ )
            {   g.edges[j - 1][k] = g.edges[j][k];
                g.edges[k][j - 1] = g.edges[k][j];
            }
        for (j = i + 1;j < g.n;j ++ )        //步骤③
            g.vexs[j - 1] = g.vexs[[j];
        g.n -- ;
}
```

如果图中的顶点数目为 n,则该算法的时间复杂度为 $O(n^2)$。

对于图的邻接表存储,删除顶点 i 算法思想为：首先删除与顶点 i 相关的所有边；其次是对每个表节点中邻接点序号大于 i 的值减 1,这是因为删除顶点 i 后,在它之后的顶点位置会前移；最后再从邻接表的头节点数组中删除第 i 个节点。在这个过程中,要记录下所删除的边的数目,以便修改当前图中的边数。其步骤如下：

① 对邻接表中每个表节点,检查邻接点的序号,如果等于 i,则把该节点删除；如果大于 i,则把序号减 1；

② 从邻接表中删除第 i 个单链表的所有表节点；

③ 从邻接表的头节点数组中删除第 i 个节点。

对应的算法如下：

```
void ALDelVex(ALGraph * &G,int i)            //在图的邻接表上删除第 i 个顶点
{   int m,j;
    ArcNode * p, * q, * r;
    if (i < 0 || i >= G -> n)
    {   printf("顶点不存在\n");
        return;
    }
    m = 0;                                   //步骤①
    for (j = 0;j < G -> n;j ++ )
    {   p = G -> adjlist[j].firstarc;
        q = NULL;
        while (p!= NULL)
        {   if (p -> adjvex == i)
            {   r = p -> next;
                if (p == G -> adjlist[j].firstarc)
                    G -> adjlist[j].firstarc = r;
                else
                    q -> next = r;
                free(p);
                m ++ ;
                p = r;
            }
```

```
            else
            {   if (p->adjvex>i)
                    p->adjvex--;
                q=p;
                p=p->next;
            }
        }
    }
    while (G->adjlist[i].firstarc!=NULL) //步骤②
    {   p=G->adjlist[i].firstarc;
        G->adjlist[i].firstarc=p->next;
        free(p);
        m++;
    }
    for (j=i+1;j<G->n;j++)               //步骤③
    {   G->adjlist[i-1].data=G->adjlist[i].data;
        G->adjlist[i-1].firstarc= G->adjlist[i].firstarc;
    }
    G->n--;
    G->e=G->e-m;
}
```

如果图中有 n 个顶点和 e 条边,则上面算法的时间复杂度为 O(n+e)。

2. **【图的遍历算法】**假设无向图采用邻接表存储,编写一个算法求连通分量的个数并输出各连通分量的顶点集。

解:以深度优先遍历来求图 G 的连通分量的个数。对应的算法如下:

```
int visited[MAXV];                          //全局变量数组
int DFSTrave(ALGraph *G,int i,int j)
{   int k,num=0;                            //num 记录连通分量的个数
    for (k=0;k<G->n;k++)
        visited[k]=0;
    for (k=0;k<G->n;k++)
        if (visited[i]==0)
        {   num++;
            printf("第%d个连通分量顶点集:",num);
            DFS(G,i);                       //DFS 是《教程》中的深度优先遍历算法
            printf("\n");
        }
    return num;
}
```

说明:本题采用广度优先遍历算法亦可。

3. **【图的遍历算法】**假设采用邻接表存储图,分别写出基于 DFS 和 BFS 遍历的算法来判别顶点 i 和顶点 j(i≠j)之间是否有路径。

解:先置全局变量 visited[]为 0,然后从顶点 i 开始进行某种遍历,遍历之后,若 visited[j]=0,说明顶点 i 与顶点 j 之间没有路径;否则说明它们之间存在路径。基于 DFS 遍历的算法如下:

```
int visited[MAXV];                          //全局变量数组
bool DFSTrave(ALGraph *G,int i,int j)
{   int k;
    for (k = 0;k < G->n;k ++ )
        visited[k] = 0;
    DFS(G,i);                               //从顶点 i 开始进行深度优先遍历
    if (visited[j] == 0)
        return false;
    else
        return true;
}
```

基于 BFS 遍历的算法如下：

```
int visited[MAXV];                          //全局变量数组
bool DFSTrave(ALGraph *G,int i,int j)
{   int k;
    for (k = 0;k < G->n;k ++ )
        visited[k] = 0;
    BFS(G.i);                               //从顶点 i 开始进行广度优先遍历
    if (visited[j] == 0)
        return false;
    else
        return true;
}
```

4. **【图的遍历算法】**若有向图中存在一个顶点 v，从 v 可以通过路径到达图中其他所有顶点，那么称 v 为该有向图的根。在图 G 采用邻接表和邻接矩阵存储时，分别编写相应的算法，求有向图的所有根，并分析其算法的时间复杂度。

解：由于从有向图的根出发可以到达图中其他所有顶点，因此可以通过两种方法来判断一个顶点是否为有向图的根。一种方法是利用遍历思想（适合于邻接表存储结构），即从图的一个顶点开始进行深度（或广度）优先遍历，如果能够遍历完整个图，则该顶点为有向图的根；另一种方法是根据一个顶点到其余各顶点是否存在路径来判断（适合于邻接矩阵存储结构），如果某个顶点到其余各顶点都存在路径，那么该顶点就是有向图的根。

方法一：采用遍历方法，可以按照如下步骤求出有向图的所有根：

(1) 将 visited 数组全置为 0，并置已访问顶点数 count＝0；

(2) 从顶点 v 开始进行深度（或广度）优先搜索，并在遍历过程中对已访问的顶点数 count 进行计数；

(3) 如果 count 的值与图中的顶点数相等，则 v 为有向图的根，输出之。重复步骤(1)～(2)。

根据以上步骤，利用深度优先搜索过程，得到如下算法（这里仅介绍邻接表存储结构的情况，邻接矩阵存储对应的算法类似）：

```
int visited[MAXV] = {0};                    //全局变量
void GDFS(ALGraph *G,int v,int &count)      //深度优先搜索
{   ArcNode *p;
    visited[v] = 1;
```

```
        count++;
        p=G->adjlist[v].firstarc;
        while (p!=NULL)
        {   if (visited[p->adjvex]==0)
                GDFS(G,p->adjvex,count);
            p=p->nextarc;
        }
}
void GRoot1(ALGraph *G)                         //查找图 G 的根
{   int i,j,count;
    printf("图 G 中的根:");
    for (i=0;i<G->n;i++)
    {   for (j=0;j<G->n;j++)
            visited[j]=0;
        count=0;
        GDFS(G,i,count);
        if (count==G->n)
            printf("%2d\n",i);
    }
}
```

设计如下主函数：

```
void main()
{   int i,j;
    MGraph g;
    ALGraph *G;
    int A[MAXV][6]={{0,8,0,5,0},{0,0,3,0,0},{0,0,0,0,6},
            {0,0,9,0,0},{0,0,0,0,0}};
    g.n=5;g.e=5;
    for (i=0;i<g.n;i++)                         //建立«教程»中图 8.3 的邻接矩阵
        for (j=0;j<g.n;j++)
            g.edges[i][j]=A[i][j];
    G=(ALGraph *)malloc(sizeof(ALGraph));
    printf("图 G 的邻接表:");
    MatToList(g,G);                             //生成«教程»中图 8.3 的邻接表 G
    printf("\n");DispAdj(G);
    GRoot1(G);
}
```

程序执行结果如下：

```
图 G 的邻接表:
  0:  1  3
  1:  2
  2:  4
  3:  2
  4:
图 G 中的根: 0
```

由于在邻接表上深度优先搜索图的 GDFS 算法时间复杂度为 O(n+e)，而上述算法对图中每个顶点都调用一次 GDFS 过程，因此该算法的时间复杂度为 $O(n^2+ne)$。

方法二：首先求出图的自反传递闭包，自反传递闭包是具有下列性质的n阶方阵A：

$$A_{ij}=\begin{cases}\text{TRUE} & \text{从顶点 i 到顶点 j 有边数大于等于 0 的路径}\\ \text{FALSE} & \text{否则}\end{cases}$$

只要对Floyd算法稍作修改，就可以从一个有向图的邻接矩阵求出它的自反传递闭包。然后根据图的自反传递闭包来判断某个顶点是否为图的根。如果自反传递闭包的第i行元素全部为TRUE，则表明从顶点i到其余顶点都存在路径，那么顶点i就是图的根。对应的算法如下：

```
void GRoot2(MGraph g)
{   int i,j,k;
    int A[MAXV][MAXV];
    for (i = 0;i < g.n;i ++ )
        for (j = 0;j < g.n;j ++ )
            A[i][j] = g.edges[i][j];
    for (k = 0;k < g.n;k ++ )
        for (i = 0;i < g.n;i ++ )
            for (j = 0;j < g.n;j ++ )
                if (A[i][j] == 0 && A[i][k]> 0 && A[k][j]> 0)
                    A[i][j] = 1;
    printf("图 G 中的根:");
    for (i = 0;i < g.n;i ++ )
    {   k = 0;j = 0;
        while (j < g.n)
        {   if (A[i][j]> 0) k ++ ;
            j ++ ;
        }
        if (k == g.n - 1)
            printf(" % 2d",i);
    }
}
```

上述算法的时间复杂度同样也为$O(n^3)$，但空间复杂度要比前一种算法高。

5.【**图的深度优先遍历算法**】洞穴探宝问题：有一幅如图8.27所示的藏宝图，设计一个算法要求从入口到出口，并且必须经过“食品”和“财宝”的地方，不得经过“强盗”的地方。

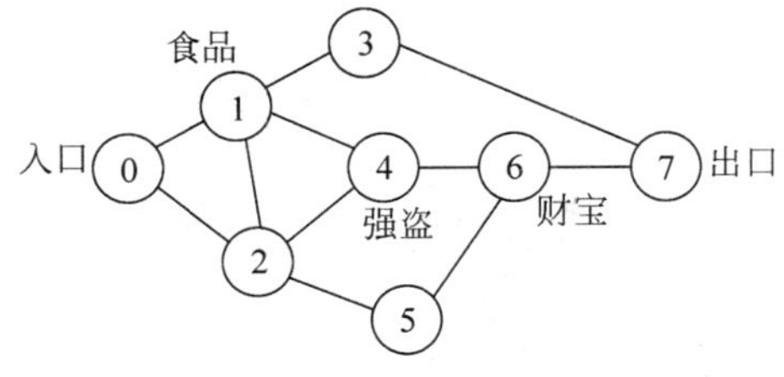

图8.27 一个藏宝图

解：藏宝图是一个无向图，本题算法思路与《教程》第8.3节例8.4相似，只是输出路径的条件改为由Cond()函数来判断。对应的算法如下：

```
int path[MAXV];                                    //全局变量
```

```
bool Cond(int path[],int d,int v1,int v6,int v4)          //判断条件
{   bool flag1 = false,flag2 = false,flag3 = true;
    int i;
    for (i = 0;i <= d;i ++)                           //判断路径中是否有"食品"
        if (path[i] == v1)
        {   flag1 = true;
            break;
        }
    for (i = 0;i <= d;i ++)                           //判断路径中是否有"财宝"
        if (path[i] == v6)
        {   flag2 = true;
            break;
        }
    for (i = 0;i <= d;i ++)                           //判断路径中是否没有"强盗"
        if (path[i] == v4)
        {   flag3 = false;
            break;
        }
    return flag1 & flag2 & flag3;
}
void TravPath(ALGraph *G,int vi,int vj,int v1,int v6,int v4,int d)
{   int v,i;
    ArcNode *p;
    visited[vi] = 1;
    d ++;
    path[d] = vi;
    if (vi == vj && Cond(path,d,v1,v6,v4) == 1)
    {   for (i = 0;i <= d;i ++)
            printf(" %2d",path[i]);
        printf("\n");
    }
    p = G->adjlist[vi].firstarc;                      //找 vi 的第一个邻接顶点
    while (p!= NULL)
    {   v = p->adjvex;                                //v 为 vi 的邻接顶点
        if (visited[v] == 0)                          //若该顶点未标记访问,则递归访问之
            TravPath(G,v,vj,v1,v6,v4,d);
        p = p->nextarc;                               //找 vi 的下一个邻接顶点
    }
    visited[vi] = 0;                                  //取消访问标记,以使该顶点可重新使用
}
```

设计如下主函数:

```
void main()
{   int i,j;
    MGraph g;
    ALGraph *G;
    int A[MAXV][8] = {
        {0,1,1,0,0,0,0,0},{1,0,1,1,1,0,0,0},{1,1,0,0,1,1,0,0},
        {0,1,0,0,0,0,0,1},{0,1,1,0,0,0,1,0},{0,0,1,0,0,0,1,0},
        {0,0,0,0,1,1,0,1},{0,0,0,1,0,0,1,0}};
```

```
    g.n = 8;g.e = 11;
    for (i = 0;i < g.n;i ++ )                    //建立图的邻接矩阵
        for (j = 0;j < g.n;j ++ )
            g.edges[i][j] = A[i][j];
    G = (ALGraph * )malloc(sizeof(ALGraph));
    MatToList(g,G);
    printf("图 G 的邻接表:\n");DispAdj(G);
    for (i = 0;i < g.n;i ++ ) visited[i] = 0;
    printf("探宝路径:\n");
    TravPath(G,0,7,1,6,4, - 1);
}
```

程序执行结果如下：

```
图 G 的邻接表:
  0:  1  2
  1:  0  2  3  4
  2:  0  1  4  5
  3:  1  7
  4:  1  2  6
  5:  2  6
  6:  4  5  7
  7:  3  6
探宝路径:
 0  1  2  5  6  7
```

6.**【图的深度优先遍历算法】**假设图采用邻接矩阵存储。自由树(即无环连通图)T=(V,E)的直径是树中所有点对点间最短路径长度的最大值,即 T 的直径定义为 MAX d(u,v)(u,v∈V),这里 d(u,v)表示顶点 u 到顶点 v 的最短路径长度(路径长度为路径中包含的边数)。编写一算法求 T 的直径,以图 8.28 为例给出解。并分析算法的时间复杂度。

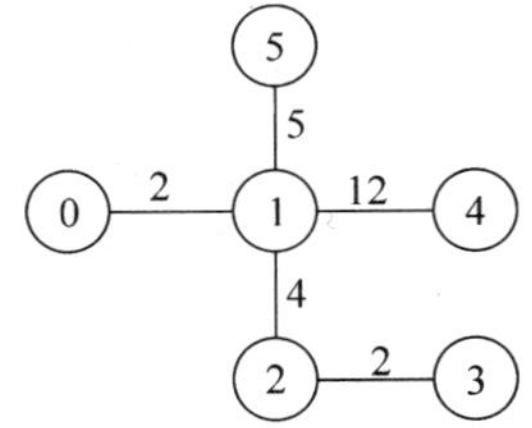

图 8.28　一棵自由树

解:利用深度优先遍历求出一个根节点 v 到每个叶子节点的距离,这是由 Diameter(v)函数实现的,该函数的时间复杂度为 O(n+e),n 为顶点个数,e 为边数。然后,以每个顶点作为根节点调用 Diameter()函数,其中最大值即为 T 的直径,由此得本算法的时间复杂度为 O(n(n+e))。

调用 DFSTrav(g,v,w,len),len 返回图 g 中从顶点 v 到以顶点 w 为根节点的子树中的所有叶子节点中的最大路径长度,例如,图 8.28 中,顶点 0 到顶点 1 的返回值为 14(路径是 0-1-4),顶点 2 到顶点 1 的返回值为 16(路径是 2-1-4)。

调用 Diameter(g,v),返回图 g 中任意两个叶子节点经过 v 的最短路径长度的最大值,其方法是求通过调用 DFSTrav(g,v,*,len),找出两个最大的 len1 和 len2,它们都是图 g 中从顶点 v 到某个叶子节点的最大路径长度,且是不同的路径,则 len1+len2 就是两个叶子节点经过顶点 v 的最短路径长度的最大值。例如,图 8.28 中经过顶点 1 的最短路径长度的最大值为 18,其路径为 3-2-1-4。

对应的算法如下:

```
void DFSTrav(MGraph g,int parent,int child,int &len)
{    int clen,v = 0,maxlen;
     clen = len;
     maxlen = len;
     while (v < g.n && g.edges[child][v] == 0)      //找 child 的第一个邻接点 v
          v++;
     while (v < g.n)                                //存在邻接点时循环
     {    if (v!= parent)
          {    len = len + g.edges[child][v];
               DFSTrav(g,child,v,len);
               if (len > maxlen)                    //比较找出最大值
                    maxlen = len;
          }
          v++;
          while (v < g.n && g.edges[child][v] == 0)//找 child 的下一个邻接点
               v++;
          len = clen;
     }
     len = maxlen;
}
int Diameter(MGraph g,int v)
{    int maxlen1 = 0;                               //存放到目前找到根 v 到叶子节点的最大值
     int maxlen2 = 0;                               //存放到目前找到根 v 到叶子节点的次大值
     int len = 0;                                   //记录深度优先遍历中到某个叶子节点的距离
     int w = 0;                                     //存放 v 的邻接顶点
     while (w < g.n && g.edges[v][w] == 0)          //找与 v 相邻的第一个顶点 w
          w++;
     while (w < g.n)                                //存在邻接点时循环
     {    len = g.edges[v][w];
          DFSTrav(g,v,w,len);
          if (len > maxlen1)
          {    maxlen2 = maxlen1;
               maxlen1 = len;
          }
          else if (len > maxlen2)
               maxlen2 = len;
          w++;
          while (w < g.n && g.edges[v][w] == 0)     //找 v 的下一个邻接点 w
               w++;
     }
     return maxlen1 + maxlen2;
}
```

设计如下主函数：

```
void main()
{    int i,j,diam,d;
     MGraph g;
     int A[MAXV][6] = {{0,2,0,0,0,0},{2,0,4,0,12,5},{0,4,0,2,0,0},
          {0,0,2,0,0,0},{0,12,0,0,0,0},{0,5,0,0,0,0}};
     g.n = 6;g.e = 5;
```

```
    for (i = 0;i < g.n;i ++ )
        for (j = 0;j < g.n;j ++ )
            g.edges[i][j] = A[i][j];
    printf("图 G 的邻接矩阵:\n");DispMat(g);
    diam = Diameter(g,0);
    for (i = 1;i < g.n;i ++ )                    //找出从所有顶点出发直径的最大值
    {   d = Diameter(g,i);
        if (diam < d) diam = d;
    }
    printf("T 的直径 = %d\n",diam);
}
```

程序执行结果如下：

```
图 G 的邻接矩阵:
  0  2  0  0  0  0
  2  0  4  0 12  5
  0  4  0  2  0  0
  0  0  2  0  0  0
  0 12  0  0  0  0
  0  5  0  0  0  0
T 的直径 = 18
```

7. **【图的最短路径算法】**给定 n 个村庄之间的交通图。若村庄 i 与村庄 j 之间有路可通，则将顶点 i 与顶点 j 之间用边连接，边上的权值 wij 表示这条道路的长度。现打算在这 n 个村庄中选定一个村庄建一所医院。编写一个算法求出该医院应建在哪个村庄，才能使距离医院最远的村庄到医院的路程最短。

解：将 n 个村庄的交通图用邻接矩阵 A 表示。算法思路是：先应用弗洛伊德算法计算每对顶点之间的最短路径；找出从每一个顶点到其他各个顶点的最短路径中最长的路径；最后在这 n 条最长路径中找出最短的一条。对应的算法如下：

```
#define n <村庄个数>
int MaxMinPath(float A[n][n])
{   int i,j,k;
    float s,min = 32767;                 //最短路径长度 min 置初值 32767
    for (k = 0;k < n;k ++ )              //应用弗洛伊德算法计算每对村庄之间的最短路径
        for (i = 0;i < n;i ++ )
            for (j = 0;j < n;j ++ )
                if (A[i][k] + A[k][j]< A[i][j])
                    A[i][j] = A[i][k] + A[k][j];
    k = -1;
    for (i = 0;i < n;i ++ )              //对每个村庄循环一次
    {   s = 0;
        for (j = 0;j < n;j ++ )          //求 i 村庄到其他村庄最长的一条路径
        if (A[i][j]> s)
            s = A[i][j];
        if (s < min)                      //在所有最长路径中选最短的一条,将该村庄放在 k 中
        {   k = i;
            min = s;
        }
```

```
    }
    return k;
}
```

此题若改成,求该医院应建在哪个村庄,使其他所有村庄到医院的路径总和最短。则算法改为:

```
#define n <村庄个数>
int MinPath(float A[n][n])
{   int i,j,k;
    float min = 10000,B[Max];          //B[i]保存村庄 i 到其他所有村庄的路径之和
    for (k = 0;k < n;k ++ )            //应用弗洛伊德算法计算每对村庄之间的最短路径
    for (i = 0;i < n;i ++ )
        for (j = 0;j < n;j ++ )
            if (A[i][k] + A[k][j]< A[i][j])
                A[i][j] = A[i][k] + A[k][j];
    for (i = 0;i < n;i ++ )            //求每个村庄到其他所有村庄的路径长度
    {   B[i] = 0;
        for (j = 0;j < n;j ++ )
            B[i] = B[i] + A[i][j];
    }
    for (i = 0;i < n;i ++ )            //求最短路径
        if (B[i]< min)
        {   k = i;
            min = B[i];
        }
    return k;
}
```

CHAPTER 9

第9章 查　找

基本知识点：查找及相关概念，各种顺序表的查找算法和性能分析，各种树表的查找算法和性能分析，哈希表的构造、查找和性能分析。

重点：各种顺序表和树表的查找算法和性能分析，构造哈希表、冲突处理和性能分析。

难点：各种查找算法的设计和性能分析。

9.1 本章知识体系结构

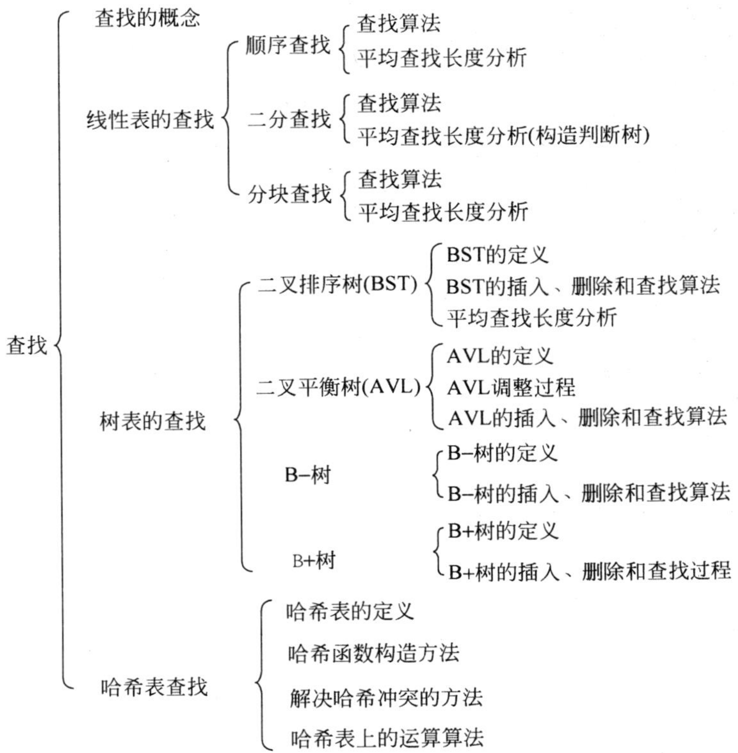

9.2 教材中练习题及参考答案

9.1 对于 A[0..10]有序表,采用二分查找法时,求成功和不成功时的平均查找长度。并对于有序表{12,18,24,35,47,50,62,83,90,115,134},当用二分查找法查找 90 时,需进行多少次查找可确定成功;查找 47 时需进行多少次查找可确定成功;查找 100 时,需进行多少次查找才能确定不成功。

答:对于 A[0..10]有序表构造的判定树如图 9.1(a)所示。因此有:

$$ASL_{succ}\ \frac{1\times 1+2\times 2+4\times 3+4\times 4}{11}=3$$

$$ASL_{unsucc}=\frac{4\times 3+8\times 4}{12}=3.67$$

对于本题给定的有序表构造的判定树如图 9.1(b)所示,由此可知本题答案分别为 2、4 和 3。

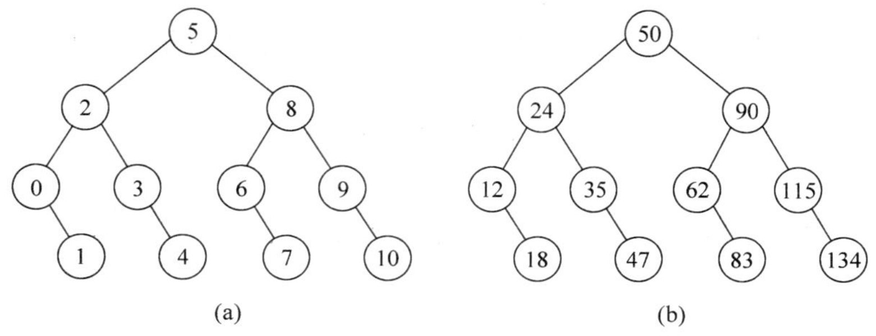

图 9.1 一棵判定树

9.2 将整数序列{4,5,7,2,1,3,6}中的数依次插入到一棵空的二叉排序树中,试构造相应的二叉排序树,要求用图形给出构造过程,不需编写程序。

答:构造一棵二叉排序树过程如图 9.2 所示。

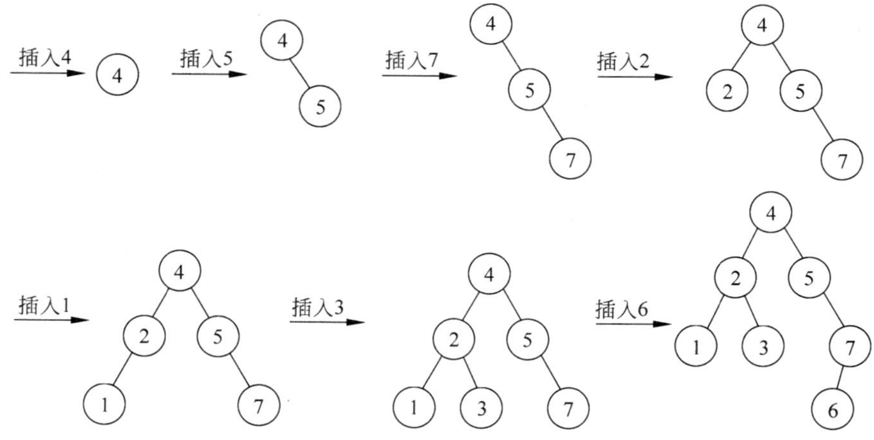

图 9.2 构造二叉排序树过程

9.3 将整数序列{4,5,7,2,1,3,6}依次插入到一棵空的平衡二叉树中,试构造相应的平衡二叉树,要求用图形的方式给出构造过程,不需编写程序。

答:构造一棵平衡二叉树过程如图 9.3 所示。

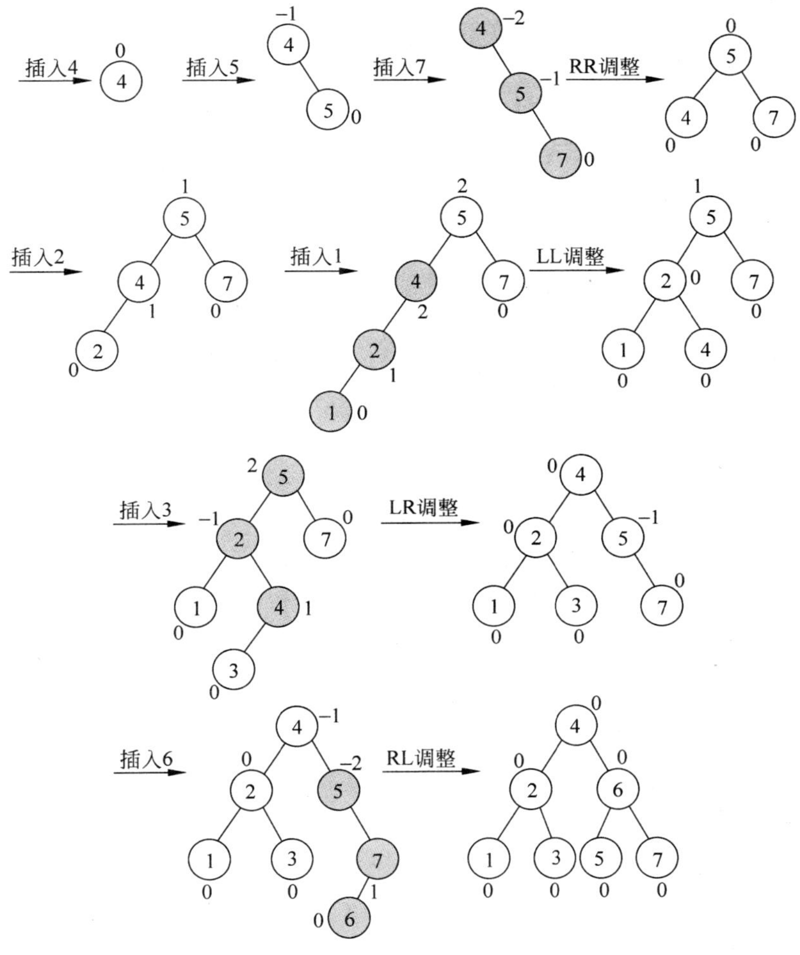

图 9.3 构造平衡二叉树过程

9.4 编写一个算法,输出在一棵二叉排序树中查找某个关键字 k 经过的路径。

解:使用 path 数组存储经过的节点,当找到所要找的节点时,输出 path 数组中的元素值,从而输出以根节点到当前节点的路径。对应的算法如下:

```
int path[MaxSize];                          //全局变量
void SearchBST1(BSTNode *bt,KeyType k,KeyType path[],int i)
{   int j;
    if (bt == NULL)
        return;
    else if (k == bt -> key)
    {   path[i + 1] = bt -> key;
        for (j = 0;j <= i + 1;j++)
            printf(" %2d",path[j]);
```

```
            printf("\n");
        }
        else
        {   path[i+1] = bt->key;            //添加到路径中
            if (k < bt->key)
                SearchBST1(bt->lchild,k,path,i+1);    //在左子树中递归查找
            else
                SearchBST1(bt->rchild,k,path,i+1);    //在右子树中递归查找
        }
}
```

设计如下主函数:

```
void main()
{   BSTNode *bt;
    KeyType k = 3;
    int a[] = {5,2,1,6,7,4,8,3,9},n = 9;
    bt = CreatBST(a,n);             //创建一棵二叉排序树
    printf("BST:");DispBST(bt);printf("\n");
    printf("查找%d关键字:",k);SearchBST1(bt,k,path,-1);
    printf("\n");
}
```

程序执行结果如下:

```
BST:5(2(1,4(3)),6(,7(,8(,9))))
查找关键字 3:5 2 4 3
```

也可以设计如下查找算法:

```
int SearchBST2(BSTNode *bt,KeyType k)
{   if (bt == NULL)
        return 0;
    else if (k == bt->key)
    {   printf("%2d",bt->key);
        return 1;
    }
    else if (k < bt->key)
        SearchBST2(bt->lchild,k);     //在左子树中递归查找
    else
        SearchBST2(bt->rchild,k);     //在右子树中递归查找
    printf("%2d",bt->key);
}
```

设计相应的主函数,程序执行结果如下:

```
BST:5(2(1,4(3)),6(,7(,8(,9))))
查找关键字 3:3 4 2 5
```

从中看到,两者输出的路径相反,SearchBST1()更灵活些,它可以对路径上经过的节点进行相应的处理。

9.5 编写一个算法,判断给定的二叉树是否是二叉排序树。

解:对二叉排序树来说,其中序遍历序列为一个递增有序序列。因此,对给定的二叉树进行中序遍历,如果始终能保持前一个值比后一个值小,则说明该二叉树是一棵二叉排序树。对应的算法如下:

```
KeyType predt = - 32768;              //predt 为全局变量,保存当前节点中序前驱的值,初值为 - ∞
bool JudgeBST(BSTNode * bt)
{   bool b1,b2;
    if (bt == NULL)
        return true;
    else
    {   b1 = JudgeBST(bt -> lchild);          //判断左子树
        if (!b1 || predt >= bt -> key)        //判断根节点
           return false;
        predt = bt -> key;
        b2 = JudgeBST(bt -> rchild);          //判断右子树
        return b2;
    }
}
```

9.6 已知一个关键字序列为 if、while、for、case、do、break、else、struct、union、int、double、float、char、long、bool 共 15 个字符串,哈希函数 H(key)为关键字的第一个字母在字母表中的序号,哈希表的表长为 26。

(1) 若处理冲突的方法采用线性探查法,设计一个算法输出每个关键字对应的 H(key)、输出哈希表并求成功情况下的平均查找长度。

(2) 若处理冲突的方法采用链地址法,设计一个算法输出哈希表并计算成功情况下和不成功情况下的平均查找长度。

解:(1) 设哈希表 HT 表长为 M(=26),关键字个数为 N(=15)。对应的算法如下:

```
#include <stdio.h>
#include <string.h>
#define N 15
#define M 26
int H(char * s)                              //求字符串 s 的哈希函数值
{
    return(( * s - 'a' + 1) % M);
}
void Hash(char * s[])                        //构造哈希表
{   int i,j,k;
    char HT[M][10];
    int Det[M];                              //存放探查次数
    for (i = 0;i < M;i++)                    //哈希表置初值
    {   HT[i][0] = '\0';
        Det[i] = 0;
    }
    printf("字符串 key\tH(key)\n");
    printf("--------------------------\n");
    for (i = 0;i < N;i++)                    //求每个关键字的位置
```

```
    {
        j = H(s[i]);                        //求 s[i]的哈希函数值
        printf("%s\t\t%d\n",s[i],j);
        k = 0;                              //累加探查次数
        while (1)
        {   k++;
            if (HT[j][0] == '\0')           //不冲突时,直接放到该处
            {
                strcpy(HT[j],s[i]);
                break;
            }
            else                            //冲突时,采用线性线性探查法求下一个地址
                j = (j + 1) % M;
        }
        Det[j] = k;
    }
    printf("--------------------------\n");
    printf("哈希表\n");
    printf("位置\t字符串\t探查次数\n");
    printf("--------------------------\n");
    for (i = 0;i < M;i++)                   //输出哈希表
        printf("%d\t%s\t%d\n",i,HT[i],Det[i]);
    printf("--------------------------\n");
    k = 0;                                  //累加探查总数
    for (i = 0;i < M;i++)
        k + = Det[i];
    printf("成功情况下的平均查找长度:%g\n",1.0 * k/N);
}
```

设计如下主函数:

```
void main()
{   char * s[] = {"if","while","for","case","do","break","else","struct",
        "union","int","double","float","char","long","bool"};
    Hash(s);
}
```

程序执行结果如下:

```
字符串 key    H(key)
--------------------------
if            9
while         23
for           6
case          3
do            4
break         2
else          5
struct        19
union         21
int           9
double        4
```

```
float         6
char          3
long          12
bool          2
-------------------------
哈希表
位置 字符串   探查次数
-------------------------
0             0
1             0
2    break    1
3    case     1
4    do       1
5    else     1
6    for      1
7    double   4
8    float    3
9    if       1
10   int      2
11   char     9
12   long     1
13   bool     12
14            0
15            0
16            0
17            0
18            0
19   struct   1
20            0
21   union    1
22            0
23   while    1
24            0
25            0
-------------------------
```

成功情况下的平均查找长度:2.66667

(2) 先定义哈希表的类型 HashTable 如下：

```
typedef struct node                          //定义哈希表链表的节点类型
{   char *key;
    struct node *next;
} LNode;
typedef struct                               //定义哈希表表头节点类型
{
    LNode *link;
} HTType;
```

算法思想是：先构造哈希链表，然后输出它，再通过该哈希链表求查找失败时的平均关键字比较次数。对应的算法如下：

```
int H(char * s)                                 //求字符串 s 的哈希函数值
{
    return(( * s - 'a' + 1) % M);
}
void Hash1(char * s[],HTType HT[])              //构造哈希表
{   int i,j;
    LNode * q;
    for (i = 0;i < M;i++)                       //哈希表置初值
        HT[i].link = NULL;
    for (i = 0;i < N;i++)                       //求每个关键字的位置
    {   q = (LNode * )malloc(sizeof(LNode));    //创建新节点
        q -> key = (char * )malloc(sizeof(strlen(s[i])));
        strcpy(q -> key,s[i]);
        q -> next = NULL;
        j = H(s[i]);                            //求 s[i]的哈希函数值
        if (HT[j].link == NULL)                 //不冲突时,直接放到该处
            HT[j].link = q;
        else
        {   q -> next = HT[j].link;             //冲突时,采用前插法插入新节点
            HT[j].link = q;
        }
    }
}
void DispHT(HTType HT[])                        //输出哈希表
{   int i;
    LNode * p;
    printf("哈希表\n");
    printf("位置\t 关键字序列\n");
    printf(" -------------------------- \n");
    for (i = 0;i < M;i++)
    {   printf(" %d\t",i);
        p = HT[i].link;
        while (p!= NULL)
        {   printf(" %s ",p -> key);
            p = p -> next;
        }
        printf("\n");
    }
    printf(" -------------------------- \n");
}
double SearchLength(HTType HT[])                //求查找不成功时的平均查找长度
{   int i,k,count = 0;                          //count 为统计查找失败时总的比较次数
    LNode * p;
    for (i = 0;i < M;i++)
    {   k = 0;
        p = HT[i].link;
        while (p!= NULL)
        {   k++;
            p = p -> next;
        }
        count + = k;
```

```
    }
    return 1.0 * count/M;
}
```

设计如下主函数：

```
void main()
{   HTType HT[M];
    char * s[] = {"if","while","for","case","do","break","else","struct",
        "union","int","double","float","char","long","bool"};
    Hash1(s,HT);
    DispHT(HT);
    printf("不成功情况下的平均查找长度：%g\n",SearchLength(HT));
}
```

程序执行结果如下：

```
哈希表
位置    关键字序列
--------------------------
0
1
2    bool break
3    char case
4    double do
5    else
6    float for
7
8
9    int if
10
11
12   long
13
14
15
16
17
18
19   struct
20
21   union
22
23   while
24
25
--------------------------
```

不成功情况下的平均查找长度：0.576923

9.3 补充练习题及参考答案

9.3.1 单项选择题

1. 在二叉排序树中,凡是新插入的节点,都是没有________的。

A. 孩子　　B. 关键字　　C. 平衡因子　　D. 赋值

答:在二叉排序树中,新节点都是作为叶子节点插入的。本题答案为 A。

2. 只有在顺序存储结构上才能实现的查找方法是________法。

A. 顺序查找　　B. 二分查找　　C. 树形查找　　D. 哈希查找

答:B。

3. 在数据元素有序、元素个数较多而且固定不变的情况下,宜采用________法。

A. 二分查找　　B. 分块查找　　C. 二叉排序树查找　　D. 顺序查找

答:A。

4. 有一个长度为 12 的有序表,按二分查找法对该表进行查找,在表内各元素等概率的情况下,查找成功时所需的平均比较次数为________。

A. 35/12　　B. 37/12　　C. 39/12　　D. 43/12

答:B。

5. 有一个有序表 R[1..13]={1,3,9,12,32,41,45,62,75,77,82,95,100},当用二分查找法查找值为 82 的节点时,经过________次比较后查找成功。

A. 1　　B. 2　　C. 4　　D. 8

答:n=13,R[11]=82,第 1 次与 R[(1+13)/2=7]=45 比较,第 2 次与 R[(8+13)/2=10]=77,比较第 3 次与 R[(11+13)/2=12]=95 比较,第 4 次与 R[(10+12)/2=11]=85 比较,成功,总共比较 4 次,本题答案为 C。

6. 如图 9.4(a)所示的一棵二叉排序树其在查找不成功时的平均查找长度是________。

A. 21/7　　B. 28/7　　C. 15/6　　D. 21/6

答:如图 9.4(b)所示,不带数字的节点均为查找不成功的外部节点。在查找失败时,其比较过程是经历了一条从判定树根到某个外部节点的路径,所需的关键字比较次数是该路径上内部节点的总数。其平均查找长度为(2×2+3×3+4×2)/7=21/7。本题答案为 A。

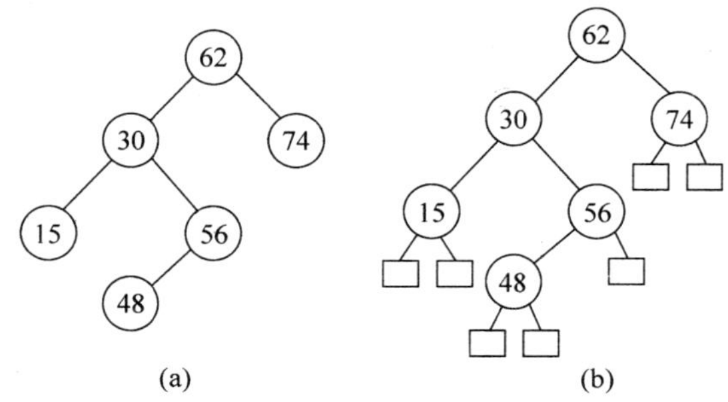

图 9.4　一棵二叉排序树

7. 采用分块查找时，若线性表中共有 625 个元素，查找每个元素的概率相同，假设采用顺序查找来确定节点所在的块，则每块分为________个节点最佳。

A. 9　　B. 25　　C. 6　　D. 625

答：分块查找时最佳块数为 $\sqrt{625}=25$，本题答案为 B。

8. 具有 5 层节点的 AVL 树至少有________个节点。

A. 10　　B. 12　　C. 15　　D. 17

答：设 N_h 表示深度为 h 的平衡二叉树中含有的最少节点数，有：

$N_0=0$

$N_1=1$

$N_2=2$

$N_h=N_{h-1}+N_{h-2}+1$

由此，求出 $N_5=12$，对应的 AVL 树如图 9.5 所示。本题答案为 B。

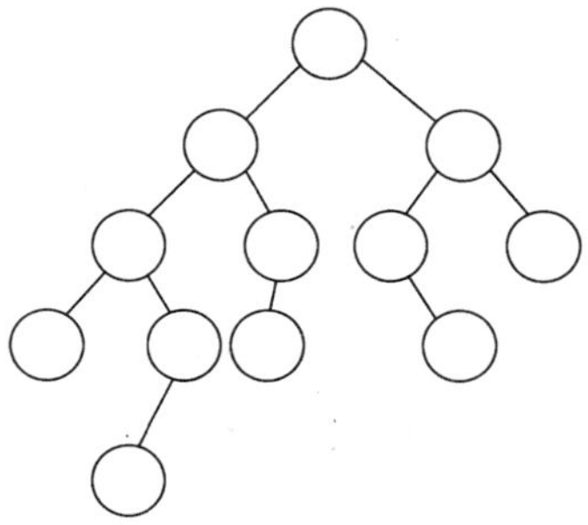

图 9.5 一棵 AVL 树

9. 下面关于 B－树和 B＋树的叙述中，不正确的结论是________。

A. B－树和 B＋树都能有效地支持顺序查找

B. B－树和 B＋树都能有效地支持随机查找

C. B－树和 B＋树都是平衡的多分树

D. B－树和 B＋树都可用于文件索引结构

答：由于 B＋树的所有叶子节点包含了全部关键字的信息，且叶子节点本身依关键字的大小按自小而大的顺序连接，可以进行顺序查找，而 B－树不支持顺序查找。本题答案为 A。

10. 设有 n 个关键字，散列查找法的平均查找长度是________。

A. O(1)　　B. O(n)　　C. $O(\log_2 n)$　　D. $O(n^2)$

答：A。

11. 设哈希表长 m＝14，哈希函数 H(key)＝key MOD 11。表中已有 4 个节点 addr(15)＝4，addr(38)＝5，addr(61)＝6，addr(84)＝7，其余地址为空，如用二次探查再散列法处理冲突，则关键字为 49 的节点的地址是________。

A. 8　　B. 3　　C. 5　　D. 9

答：addr(49)＝49%11＝5　　冲突

$h_1=(5+1^2)\%11=6$　　仍冲突

$h_2=(5-1^2)\%11=4$　　仍冲突

$h_3=(5+2^2)\%11=9$

所以本题答案为 D。

12. 散列表的平均查找长度________。

A. 与处理冲突方法有关而与表的长度无关

B. 与处理冲突方法无关而与表的长度有关

C. 与处理冲突方法有关且与表的长度有关

D. 与处理冲突方法无关且与表的长度无关

答：散列表的平均查找长度与处理冲突方法有关，与表的装填因子有关，但与表的长度无关。本题答案为 A。

9.3.2 填空题

1. 衡量查找算法性能好坏的主要标准是________。

答：关键字的平均比较次数或平均查找长度。

2. 为了实现分块查找，线性表必须采用________方法存储。

答：索引。

3. 对二叉排序树进行________遍历，可以得到按关键字大小从小到大排列的节点序列。

答：中序。

4. 在高度为 h 含 n 个节点的二叉排序树上查找一个关键字最多比较次数为________。

答：h。

5. 在一棵 10 阶的 B－树上，每个非根节点非叶子节点的节点中所含的关键字的数目最多允许为__①__个，最少允许为__②__个。

答：m＝10，设非根节点非叶子节点的关键字个数为 j，则 $\lceil m/2 \rceil - 1 \leqslant j \leqslant m-1$，即 $4 \leqslant j \leqslant 9$，本题答案为：①9，②4。

6. 当向 B－树中插入关键字时，可能引起节点的__①__，最终可能导致整个 B－树的高度__②__，当从 B－树中删除关键字时，可能引起节点__③__，最终可导致整个 B－树的高度__④__。

答：①分裂，②增加 1，③合并，④减少 1。

7. 采用哈希存储方法时，用于计算节点存储地址的是________。

答：哈希函数。

8. 评价哈希函数好坏的标准是________。

答：哈希函数取值是否均匀。

9. 在各种查找方法中，其平均查找长度与节点个数 n 无关的查找方法是________。

答：哈希表查找法。

10. 在哈希存储中，装填因子 α 的值越大，则__①__；α 的值越小，则__②__。

答：由哈希查找法可知本题答案为：①存取元素时发生冲突的可能性就越大 ②存取元素时发生冲突的可能性就越小。

9.3.3 判断题

1. 判断以下叙述的正确性。

(1) 顺序查找法只能在顺序存储结构上进行。

(2) 二分查找可以在有序的双向链表上进行。

(3) 分块查找的效率与线性表被分成多少块有关。

(4) 二叉排序树是用来进行排序的。

(5) 在二叉排序树中，每个节点的关键字都比左孩子关键字大，比右孩子关键字小。

(6) 每个节点的关键字都比左孩子关键字大，比右孩子关键字小，这样的二叉树一定是二叉排序树。

(7) 在二叉排序树中,新插入的关键字总是处于最底层。

(8) 在二叉排序树中,新节点总是作为树叶来插入的。

(9) 二叉排序树的查找效率和二叉排序树的高度有关。

(10) 在平衡二叉排序树中,每个节点的平衡因子值都是相等的。

(11) 在平衡二叉排序树中,以每个分支节点为根的子树都是平衡的。

(12) 哈希存储方法只能存储数据元素的值,不能存储数据元素之间的关系。

(13) 哈希冲突是指同一个关键字对应多个不同的哈希地址。

(14) 哈希查找过程中,关键字的比较次数和哈希表中关键字的个数直接相关。

(15) 在用线性探查法处理冲突的哈希表中,哈希函数值相同的关键字总是存放在一片连续的存储单元中。

答:(1) 错误。顺序查找法也可以在链式存储结构上进行。

(2) 错误。二分查找只能在可以进行随机查找的存储结构上进行,即只能在顺序存储的有序表上进行。

(3) 正确。

(4) 错误。二叉排序树主要用于改进一般二叉树的查找效率。

(5) 正确。

(6) 错误。对于二叉排序树,左子树上所有记录的关键字均小于根记录的关键字;右子树上所有记录的关键字均大于根记录的关键字。而不是仅仅与左、右孩子的关键字进行比较。

(7) 错误。

(8) 正确。

(9) 正确。

(10) 错误。每个节点的平衡因子的绝对值小于2。

(11) 正确。

(12) 正确。每个元素的存储位置通过哈希函数和解决冲突的方法得到。

(13) 错误。哈希冲突是指多个不同关键字对应相同的哈希地址。

(14) 错误。只与装填因子有关。

(15) 错误。不一定。

2. 判断以下叙述的正确性。

(1) 用顺序表和单链表存储的有序表均可使用二分查找方法来提高查找速度。

(2) n个数据元素存放在一维数组A[1..n]中,在进行顺序查找时,其平均查找长度与这n个数的排列次序有关。

(3) 若哈希表的装填因子 $\alpha<1$,则可避免冲突的产生。

(4) 在二叉排序树的任意一棵子树中,关键字最小的节点必无左孩子,关键字最大的节点必无右孩子。

(5) 在二叉排序树上删除一个节点时,不必移动其他节点,只要将该节点的双亲节点的相应指针域置空即可。

(6) 哈希表的查找效率主要取决于构造哈希表时选取的哈希函数和处理冲突的方法。

(7) 对二叉排序树的查找都是从根节点开始的,则查找失败一定落在叶子节点上。

答:(1) 错误。链表存储的有序表不能用二分查找法查找。

(2) 错误。顺序查找既适合于有序表也适合于无序表,对这两种表,若对每个元素的查找概率相等,则顺序查找的 ASL 相同,并且都是(n+1)/2。

(3) 错误。α 越小则只能说明发生冲突的概率越小,但仍有可能发生冲突。

(4) 正确。

(5) 错误。如果删除的是非叶子节点,则必须调整某些节点,使调整后的二叉树仍为二叉排序树。

(6) 正确。

(7) 错误。查找失败一定落在外部节点上。

9.3.4 简答题

1. 试述顺序查找法、二分查找法和分块查找法对被查找的表中元素的要求。对长度为 n 的表来说,3 种查找法在查找成功时的平均查找长度各是多少?

答:3 种方法对查找的要求分别如下:

(1) 顺序查找法:表中元素可以按任意次序存放。

(2) 二分查找法:表中元素必须以关键字的大小按递增或递减的次序存放且以顺序表存储。

(3) 分块查找法:表中每块内的元素可按任意次序存放,但块与块之间必须以关键字的大小递增(或递减)存放,即前一块内所有元素的关键字都不能大(或小)于后一块内任何元素的关键字。

3 种方法的平均查找长度分别如下:

(1) 顺序查找法:查找成功的平均查找长度为$\frac{n+1}{2}$。

(2) 二分查找法:查找成功的平均查找长度为 $\log_2(n+1)-1$。

(3) 分块查找法:若用顺序查找确定所在的块,平均查找长度为:$\frac{1}{2}\left(\frac{n}{s}+s\right)+1$;若用二分查找确定所在块,平均查找长度为 $\log_2\left(\frac{n}{s}+1\right)+\frac{s}{2}$。其中,s 为每块含有的元素个数。

2. 试问含有 8 个关键字的 3 阶 B-树最多有几个非叶子节点?最少有几个非叶子节点?画出其形态。

答:3 阶 B-树每个节点的关键字个数为 1~2,所有节点均为一个关键字时节点最多,均为两个关键字时节点最少。所以含有 8 个关键字的 3 阶 B-树最多有 7 个非叶子节点,最少有 4 个非叶子节点,其形态分别如图 9.6(a),9.6(b)所示。其中,"•"表示一个关键字。

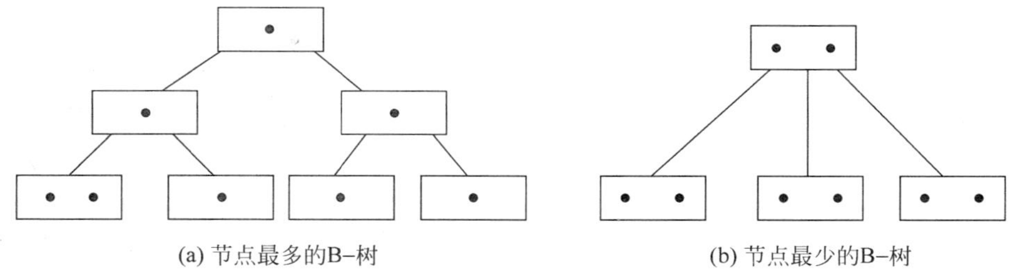

图 9.6 两棵含有 8 个关键字的 3 阶 B-树

3. 已知一棵3阶B一树如图9.7所示,画出在其中插入关键字18的过程。

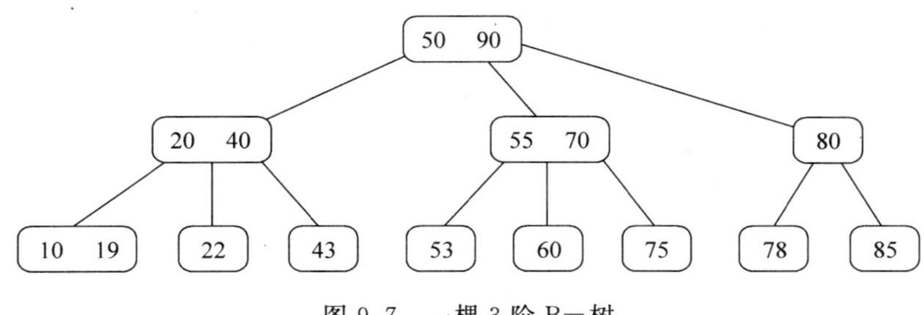

图9.7 一棵3阶B一树

答:3阶B一树每个节点的关键字个数为1～2。在该3阶B一树中插入18,实际上插入到叶子节点,该节点变为 $\boxed{10\quad 18\quad 19}$,如图9.8(a)所示;分裂该节点,18放入双亲节点,双亲节点变为 $\boxed{18\quad 20\quad 40}$,如图9.8(b)所示;分裂该节点,20放入双亲节点,双亲节点变为 $\boxed{50\quad 20\quad 90}$,如图9.8(c)所示;分裂该节点,如图9.8(d)所示;这就是插入关键字18后的最终结果。

4. 证明二叉排序树的中序遍历序列是从小到大有序的。

证明:采用反证法证明:

设中序遍历序列为:

$$R_1, R_2, R_3, \cdots, R_i, \cdots, R_j, \cdots, R_n \qquad (1)$$

并假设 $R_j < R_i$,根据二叉排序树的生成规则:R_i,R_j 一定是以某一节点 R_k 为根的子树中的节点。不妨设在生成二叉排序树时,R_i 先于 R_j 输入,而且 $R_i \geqslant R_k$($R_i < R_k$ 的情况类似)。这样 R_i 输入后一定是 R_k 右子树中的节点。在 R_j 输入时,若 $R_j \geqslant R_k$,则 R_j 也成为 R_k 右子树的节点,但由于 $R_j < R_i$,所以,R_j 不可能成为 R_i 右子树中的节点。若 $R_j < R_k$,则 R_j 成为 R_k 左子树中的节点,这样按中序遍历所得序列为:

$$\cdots, R_k, \cdots, R_j, \cdots, R_i, \cdots \qquad (2)$$

或

$$\cdots, R_j, \cdots, R_k, \cdots, R_i, \cdots \qquad (3)$$

这样,(2)、(3)两式与(1)式矛盾,所以当 $R_j < R_i$ 时命题成立。

同理可以证明 R_j 先于 R_i 输入的情况。

5. 某人认为他发现了二叉树的一个重要性质。假设在二叉树中对某关键字K的查找在一叶子节点处结束,考虑三个集合:集合A包含查找路径左边的关键字;集合B包含查找路径上的关键字;集合C包含查找路径右边的关键字。他由此认为:任何三个关键字a,b,c,a∈A, b∈B,c∈C,都满足a≤b≤c。你若认为正确,请说明理由;若认为不正确,则给出一个反例并加以说明。

答:这样的二叉树实际上是二叉排序树。按照A,B和C的划分,对于任意的a∈A,在B中一定可找到a的最近祖先,记为d,a在d的左子树中。有4种可能:①b=d。这时a<d=b,因而a<d成立;②d在b的左子树中,这时a<d<b,因而a<b成立;③d在b的右子树中,这时由于a也在b的右子树中,有a>b,因而a<b不成立;④b在d的右子树中,这时a<d<b,因而a<b成立。因此,可得出结论,a<b不成立,原因是d可能在b的右子

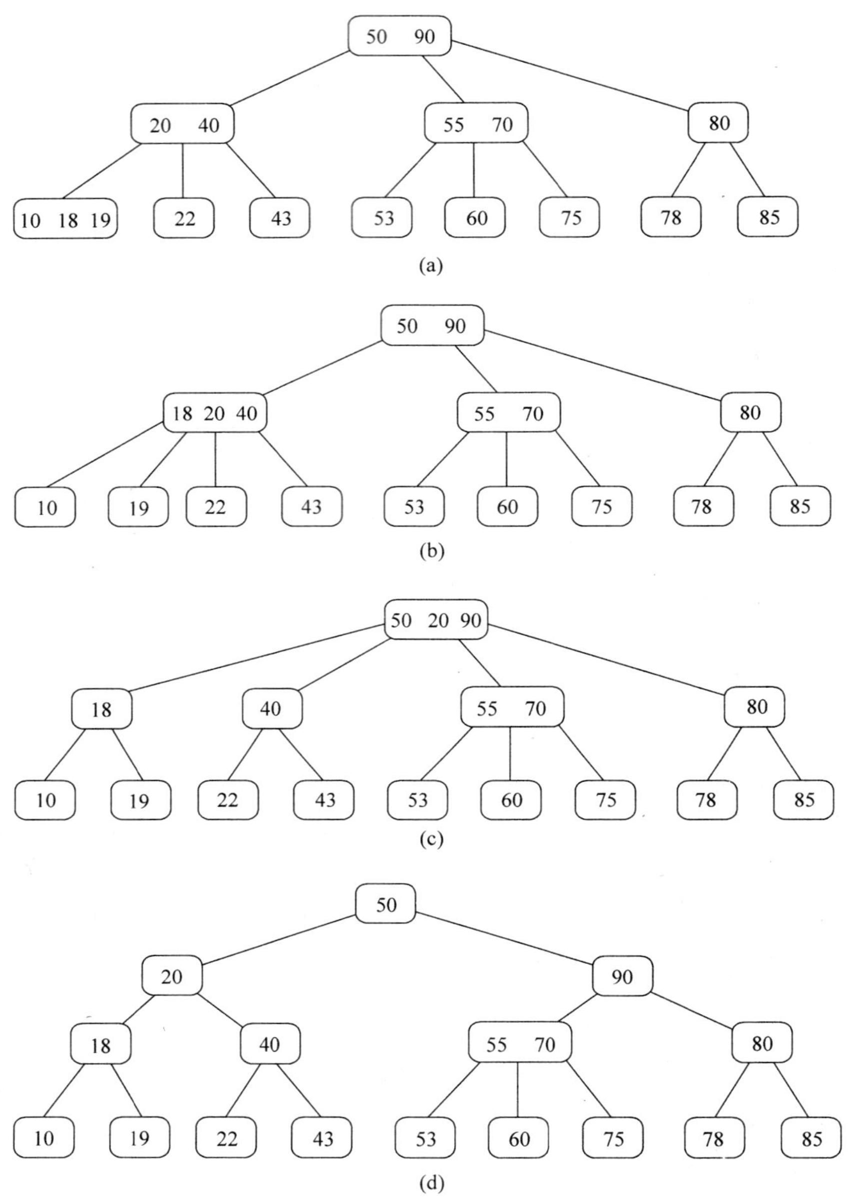

图 9.8 在 B－树中插入关键字 18 的过程

树中。如图 9.9(a)所示是一个反例,其中的粗线标识出一条查找路径,即 A＝{1,3},B＝{6,2,4,5},C＝{7},但集合 A 中的 3 大于集合 B 中的 2。

对于任意的 b∈B 和 c∈C,也有对称的结论,b＜c 不成立。如图 9.9(b)所示是一个反例,其中的粗线标识出一条查找路径,即 A＝{1},B＝{6,2,4,3},C＝{5,7},但集合 B 中的 6 大于集合 C 中的 5。

对于任意的 a∈A 和 c∈C,按照 A、B 和 C 的划分,可设 d 和 e 是 B 中分别为 a 和 c 在 B 中最近祖先,a 和 c 分别在 d 的左子树和 e 的右子树中。有两种可能:①d 在 e 的左子树中,这时有 a＜d＜e＜c，即 a＜c 成立；②e 在 d 的右子树中，这时 a＜d＜e＜c，即 a＜c 成立。因此，无论如何 a＜c 成立。

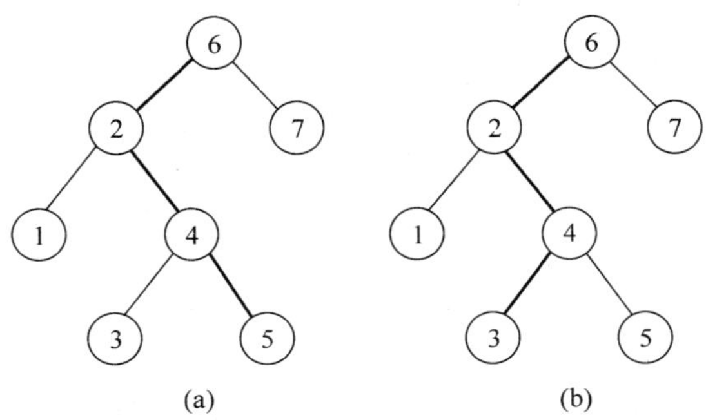

图 9.9 两棵二叉排序树

6. 对于关键字序列{30,15,21,40,25,26,36,37}，若查找表的装填因子为 0.8，采用线性探查再散列方法解决冲突，完成以下各题：

(1) 设计哈希函数；

(2) 画出哈希表；

(3) 计算在等概率条件下查找成功和查找失败时的平均查找长度。

答：由于装填因子为 0.8，关键字个数 n=8，所以表长 m=8/0.8=10。

(1) 用除留余数法，设哈希函数为 H(key)=key MOD 7。

(2) 设计的哈希表如表 9.1 所示。

表 9.1 哈希表

地址	0	1	2	3	4	5	6	7	8	9
关键字	21	15	30	36	25	40	26	37		
探查次数	1	1	1	3	1	1	2	6		

(3) 结合表 9.1 和哈希函数，计算成功情况下的平均查找长度如下：

$$ASL_{succ}=\frac{1+1+1+3+1+1+2+6}{8}=\frac{16}{8}=2$$

在查找失败时各 H(key)(只能取 0～6 中的一个值，表 9.2 中的阴影部分)的对应的探查次数如表 9.2 所示，故查找失败时的平均查找长度为：

$$ASL_{unsucc}=\frac{9+8+7+6+5+4+3}{7}=6$$

表 9.2 失败时的探查次数

地址	0	1	2	3	4	5	6	7	8	9
关键字	21	15	30	36	25	40	26	37		
探查次数	9	8	7	6	5	4	3	2	1	1

7. 设有一组关键字{9,1,23,14,55,20,84,27}，采用哈希函数：H(key)=key MOD 7，表长 m 为 10，用开放地址法的二次探查再散列方法 $H_i=(H(key)+d_i)$ MOD 10($d_i=\pm1^2,\pm2^2,\pm3^2,\cdots$)来解决冲突。要求对该关键字序列构造哈希表，并计算查找成功的平均查找

长度。

答：设计的哈希表如表9.3所示。

表9.3 哈希表

地址	0	1	2	3	4	5	6	7	8	9
关键字	14	1	9	23		27	55	20		84
探查次数	1	1	1	2		3	1	2		3

例如，对于关键字84：

H(84)=84 MOD 7=0(冲突)

$H_1=(0+1^2)$MOD 10=1(冲突)

$H_2=(0-1^2)$MOD 10=9

共探查了3次。

对于关键字27：

H(27)=27 MOD 7=6(冲突)

$H_1=(6+1^2)$MOD 10=7(冲突)

$H_2=(6-1^2)$MOD 10=5

共探查了3次。

平均查找长度：$ALS_{succ}\frac{1+1+1+2+3+1+2+3}{8}=\frac{14}{8}=1.75$。

9.3.5 算法设计题

1. **【顺序查找算法】**对含有n个互不相同元素的线性表，同时找最大元素和最小元素至少需进行多少次比较？

解：通过一趟扫描并比较，可以找出最大元素和最小元素。对应的算法如下：

```
void FindElem(KeyType A[],KeyType &min,KeyType &max)
{   int i;
    min = max = A[0];
    for (i = 1;i < n;i++)
        if (A[i]< min)
            min = A[i];
        else if (A[i]> max)
            max = A[i];
}
```

当线性表元素递减排列时，条件A[i]<min总是成立，不会执行else语句，共需进行n-1比较。当线性表元素递增排列时，条件A[i]<min总是不成立，每次循环都会执行else语句，共需进行2n-2次比较。因此，本算法至少要进行n-1次比较才能找到最大元素和最小元素，最坏情况下，要进行2n-2次比较才能得到结果。

2. **【二分查找算法】**利用二分查找法在一个有序表中插入一个元素，并保持表的有序性。

解：先采用二分查找法找到插入元素的位置pos，将位置pos及之后的所有元素后移一个位置，然后将 x 放置在位置 pos 处。对应的算法如下：

```
void Binsert(ElemType R[ ],int n,ElemType x)
{   int low = 0,high = n - 1,mid,pos,i;
    bool find = false;
    while (low <= high && find == 0)          //二分查找
    {   mid = (low + high)/2;
        if (x < R[mid])
            high = mid - 1;
        else if (x > R[mid])
            low = mid + 1;
        else
        {   i = mid;
            find = true;
        }
    }
    if (find)                                 //若找相同值的元素,则在该 mid 处插入元素
        pos = mid;
    else                                      //若未找相同值的元素,则在该 high + 1 处插入
                                              //元素
        pos = high + 1;
    for (i = n - 1;i >= pos;i -- )            //后移一位
        R[i + 1] = R[i];
    R[pos] = x;                               //插入元素
}
```

3. **【二叉排序树算法】**设计一个在二叉排序树中查找指定关键字节点的非递归算法。

解：二叉排序树查找不同于一般二叉树查找，从根节点到所找到的节点，前者只有一条扫描路径即为查找路径，后者有多条扫描路径，而其中只有一条查找路径。在二叉排序树中查找，直接使用 while 循环语句，从上向下一层一层地比较，直到找到对应的节点或查找失败为止。对应的算法如下：

```
bool FindNode(BSTNode * bt,KeyType k)
{   while (bt!= NULL)
    {   if (bt -> key == k)                   //找到节点
            break;
        else if (bt -> key < k)
            bt = bt -> rchild;                //在右子树中查找
        else
            bt = bt -> lchild;                //在左子树中查找
    }
    if (bt!= NULL)
        return true;
    else
        return false;
}
```

4. **【二叉排序树算法】**编写一个算法，在给定的二叉排序树上找出任意两个不同节点的最近的公共祖先(若在两节点 A、B 中，A 是 B 的祖先，则认为 A、B 的最近的公共祖先就是 A)。

解：除考虑题中指定的特殊情况外，从根节点开始向下查找，边查找边比较。对应的算

法如下：

```
BSTNode *FindAncestor(BSTNode *t,BSTNode *A,BSTNode *B)
{   BSTNode *p;
    if (A->lchild==B || A->rchild==B)        ///B是*A的孩子节点,返回A
        return A;
    if (B->lchild==A || B->rchild==A)        ///A是*B的孩子节点,返回B
        return B;
    p=t;                                     //从根节点开始查找
    while ((p->key>A->key && p->key>B->key) ||
        (p->key<A->key && p->key<B->key))
    {   while (p->key>A->key && p->key>B->key)
            p=p->lchild;
        while (p->key<A->key && p->key<B->key)
            p=p->rchild;
    }
    //在退出while语句时只有两种情况:
    //(1)p->key>A->key且p->key<B->key,说明A在*p的左子树中,B在*p的右子树,
    //即*p为A和B的最近公共祖先.
    //(2)p->key<A->key且p->key>B->key,说明B在*p的左子树中,A在*p的右子树,
    //即*p为A和B的最近公共祖先.
    return p;
}
```

5. **【二叉排序树算法】**试写一递归算法，从大到小输出二叉排序树中所有其值不小于 x 的关键字。

解：由二叉排序树的性质可知，其右子树中所有节点值大于根节点值，其左子树中所有节点值小于根节点值。为了从大到小输出，应先遍历右子树，再访问根节点，后遍历左子树。对应的算法如下：

```
void Output(BSTNode *root,KeyType x)
{   if (root==NULL)
        return;
    if (root->rchild!=NULL)
        Output(root->rchild,x);
    if (root->key>=x)
        printf("%d ",root->key);
    if (root->lchild!=NULL)
        Output(root->lchild,x);
}
```

6.【二叉排序树算法】设计一个算法，求出指定节点在给定二叉排序树中的层次。

解：采用二叉排序树非递归查找算法，用 n 保存查找层次。对应的算法如下：

```
int Level(BSTNode *bt,KeyType k)
{   int n=0;
    if (bt!=NULL)
    {   n++;                                 //层数增1
        while (bt->key!=k)
        {   n++;                             //层数增1
```

```
            if (bt->key<k)
                bt=bt->rchild;                  //在右子树中查找
            else
                bt=bt->lchild;                  //在左子树中查找
        }
    }
    return n;
}
```

设计如下主函数：

```
void main()
{   BSTNode *bt;
    KeyType k=9;
    int a[]={5,2,1,6,7,4,8,3,9},n=9;
    bt=CreatBST(a,n);                           //创建一棵二叉排序树
    printf("BST:");DispBST(bt);
    printf("关键字%d所在层次:%d\n",k,Level(bt,k));
}
```

程序执行结果如下：

```
BST:5(2(1,4(3)),6(,7(,8(,9))))
```

关键字 9 所在层次:5

7.**【二叉排序树算法】**设有一个二叉排序树的存储结构类型如下：

```
typedef struct node
{   KeyType key;                                //KeyType为关键字类型
    int size;
    struct node *lchild, *rchild, *parent;
} Tree;
```

一个节点 *p 的 size 域存放以该节点为根的子树中节点的总数(包括 *p 本身)。设树高为 h,试写一个时间复杂度为 O(h)的算法 Rank(Tree *t,Tree *x),返回 x 所指节点在二叉树 t 中的中序序列的排列序号,即求 *x 是根 t 的二叉排序树中的第几个最小元素。

解：算法思路是先求 *x 在以 *x 为根的子树中排列序号 r,因为 *x 的左子树中的所有节点在中序序列中均处于 *x 之前,所以有 r=x－>size＋1。这里的加 1 是表示包含 *x 节点本身。当 *x 左子树为空时,相当于左子树的 size 为 0。

以 *x 上溯到其双亲节点,当 *x 是其双亲节点的左子树时,r 值不变；当 *x 是其双亲节点的右子树时,必须加上双亲节点本身及其左子树中所有节点个数作为新的 r 值。这个过程一直上溯到根节点,所以执行时间不会超过树的高度 h。

对应的算法如下：

```
int Rank(Tree *t,Tree *x)
{   int r;
    Tree *y;
    if (x->lchild==NULL)                        //当*x的左孩子为空时,r=1
        r=1;
    else                                        //否则,r等于左孩子的size值加1
```

```
        r = x -> lchild -> size + 1;
    y = x;
    while (y!= t)
    {   if (y == y -> parent -> rchild)          //当 * y 是其双亲节点的右子树时
            if (y -> parent -> lchild == NULL)   //当 * y 的左兄弟不存在时
                r++;
            else                                 //当 * y 的左兄弟存在时
                r = r + y -> parent -> lchild -> size + 1;
        y = y -> parent;                         //继续上溯
    }
    return r;
}
```

8. **【平衡二叉树算法】**利用二叉树遍历的思想编写一个判断二叉树是否为平衡二叉树的算法。

解：设 balance 为平衡二叉树的标记，初值为 1(真)，最后返回二叉树 bt 是否为平衡二叉树；h 为二叉树 bt 的高度。采用递归先序遍历的判断方法。对应的算法如下：

```
int abs(int x, int y)
{   int z = x - y;
    return z > 0?z: - z;
}
void JudgeAVT(BSTNode * bt, int &balance, int &h)
{   int bl, br, hl, hr;
    if (bt == NULL)
    {   h = 0;
        balance = 1;
    }
    else if (bt -> lchild == NULL && bt -> rchild == NULL)
    {   h = 1;
        balance = 1;
    }
    else
    {   JudgeAVT (bt -> lchild, bl, hl);         //求出左子树的平衡因子 bl 和高度 hl
        JudgeAVT(bt -> rchild, br, hr);          //求出右子树的平衡因子 br 和高度 hr
        h = (hl > hr?hl:hr) + 1;
        if (abs(hl, hr)< 2)
            balance = bl & br;                   //& 为整数的逻辑与
        else
            balance = 0;
    }
}
```

设计如下主函数：

```
void main()
{   BSTNode * b = NULL;
    int i, k, h, balance;
    KeyType a[] = {16,3,7,11,9,26,18,14,15};
    for(i = 0;i < 9;i++)                         //建立一棵 AVL 树的过程
        InsertAVL(b, a[i], k);
```

```
    printf("AVL:");DispBSTree(b);printf("\n");
    JudgeAVT(b,balance,h);
    printf("JudgeAVT = %d,h = %d\n",balance,h);
}
```

程序执行结果如下：

```
AVL:11(7(3,9),18(15(14,16),26))
JudgeAVT - 1,h = 4
```

9.【**平衡二叉树算法**】编写一个算法，计算一棵 AVL 树中所有节点的 bf(平衡因子)值。

解：计算一个节点 * b 之 bf 值的递归模型 f()如下：

```
f(b)≡(b->bf = 0                          当 b == NULL
f(b)≡(b->bf = 1;f(b->lchild)             当 b->lchild == NULL&&b->rchild == NULL
f(b)≡(b->bf = b 左子树的高度 - b 右子树的高度其他情况
```

对应的算法如下：

```
int Height(BSTNode * b)                          //求 * b 为根节点的子树的高度
{   int max1,max2;
    if (b == NULL)
        return 0;
    else if (b->lchild == NULL && b->rchild == NULL)
        return 1;
    else
    {   max1 = Height(b->lchild);
        max2 = Height(b->rchild);
        return (max1 > max2?max1 + 1:max2 + 1);
    }
}
void Compbf(BSTNode * &b)                        //求 b 树所有节点的 bf 值
{   if (b!= NULL)
    {   if (b->lchild == NULL && b->rchild == NULL)
        {   b->bf = 0;
            printf("    %d: %d\n",b->key,b->bf);
        }
        else
        {   b->bf = Height(b->lchild) - Height(b->rchild);
            printf("    %d: %d\n",b->key,b->bf);
            Compbf(b->lchild);
            Compbf(b->rchild);
        }
    }
}
```

设计如下主函数：

```
void main()
{   BSTNode * b = NULL;
    int i,k;
    KeyType a[] = {16,3,7,11,9,26,18,14,15};
```

```
    for(i=0;i<9;i++)                          //建立一棵AVL树的过程
        InsertAVL(b,a[i],k);
    printf("AVL:");DispBSTree(b);printf("\n");
    printf("各节点bf值:\n");Compbf(b);
}
```

程序执行结果如下：

```
AVL:11(7(3,9),18(15(14,16),26))
各节点bf值:
    11:-1
    7:0
    3:0
    9:0
    18:1
    15:0
    14:0
    16:0
    26:0
```

实际上，上述求bf和求高度两步合二为一，可得到如下算法：

```
int Compbf1(BSTNode *&b)
{   int max1,max2;
    if (b==NULL)
        return 0;
    if (b->lchild==NULL && b->rchild==NULL)
    {   b->bf=0;
        printf("    %d:%d\n",b->key,b->bf);
        return 1;
    }
    else
    {   max1=Compbf1(b->lchild);
        max2=Compbf1(b->rchild);
        b->bf=max1-max2;
        printf("    %d:%d\n",b->key,b->bf);
        return (max1>max2?max1+1:max2+1);
    }
}
```

CHAPTER 10

第10章 内排序

基本知识点：内排序的概念，各种排序的方法。

重点：各种排序算法的性能特点、各种排序算法的比较和选择。

难点：复杂排序算法设计。

10.1 本章知识体系结构

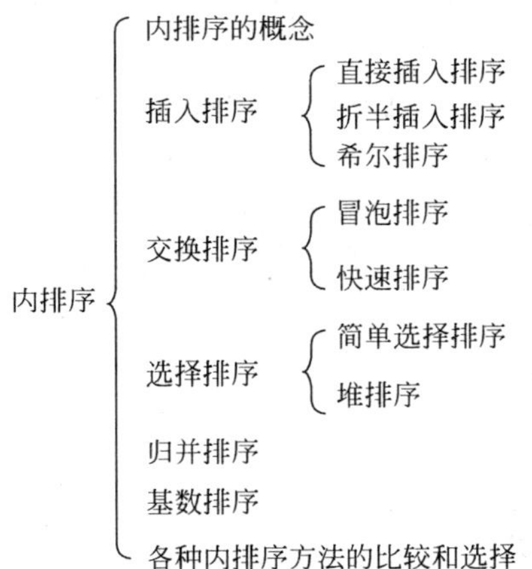

10.2 教材中练习题及参考答案

10.1 在实现快速排序的非递归算法时，可根据基准元素，将待排序序列划分为两个子序列。若下一趟首先对较短的子序列进行排序，试证明在此作法下，快速排序所需要的栈的深度为 $O(\log_2 n)$。

答：由快速排序的算法可知，所需递归工作栈的深度取决于所需划分的最大次数。在排序过程中每次划分都把整个待排序序列根据基准元素划分为左、右两个子序列，这两个子序列进栈。设 S(n)为对 n 个记录进行快速排

序时平均所需栈的深度,则:

$$S(n)=\frac{1}{n}\sum_{k=1}^{n}(S(k-1)+S(n-k))=\frac{2}{n}\sum_{i=0}^{n-1}S(i)$$

当 n=1 时,所需栈空间为常量,由此可推出:$S(n)=O(\log_2 n)$。

实际上,在快速排序中下一趟首先对较短子序列排序,并不会改变所需栈的深度,所以所需栈的深度仍为 $O(\log_2 n)$。

10.2 如果只想在一个有 n 个元素的任意序列中得到其中最小的第 k(k<<n)个元素之前的部分有序序列,那么最好采用什么排序方法?为什么?例如有这样一个序列:{57,40,38,11,13,34,48,75,6,19,9,7},要得到其第 4 个元素之前的部分有序序列,用所选择的算法实现时,要执行多少次比较?

答:采用堆排序最合适,建立初始堆(小根堆)所花时间不超过 4n,每次选出一个最小元素所花时间为 $\log_2 n$,因此得到第 k 个最小元素之前的部分有序序列所花时间大约为 $4n+k\log_2 n$,而冒泡排序和直接选择排序所花时间为 kn。

对于序列{57,40,38,11,13,34,48,75,6,19,9,7},形成初始堆(小根堆)并选出最小数据 6,需进行 18 次数据比较;选出次小数据 7 时,需进行 5 次数据比较;再选出数据 9 时,需进行 6 次数据比较;选出数据 11 时,需进行 4 次数据比较,总共需进行 33 次关键字比较。整个过程如图 10.1 所示。

10.3 对给定关键字(假设所有关键字均不相等)的序号 j(0≤j<n),要求在无序记录 A[0..n-1]中找到按关键字从小到大排在第 j 位上的记录,试利用快速排序的划分思想设计算法实现上述查找。

解:在快速排序的划分过程中,每次归位(所谓归位 A[i]元素,即将其放到有序序列中 i 下标处)一个元素,即将 A[s..t]进行划分时,以 A[s]为基准,将其归位,当归位元素的下标为 j 时,即找到了第 j 位上的记录。对应的算法如下:

```
void Partition(RecType A[],int low,int high,int &i)   //划分
{   int j;
    RecType tmp;
    i = low;j = high;
    if (low < high)
    {   tmp = A[i];
        while (i!= j)
        {   while (j > i && A[j].key > tmp.key) j--;
            A[i] = A[j];
            while (i < j && A[i].key < tmp.key) i++;
            A[j] = A[i];
        }
        A[i] = tmp;
    }
}
int FindElem(RecType A[],int n,int j)        //在 A 中找第 j 大的元素
{   int s = 0,t = n - 1,k;
    Partition(A,s,t,k);                      //当前划分的基准的下标为 k
    while (k!= j)                            //若划分的基准不为 j 时继续
        if (k < j)                           //k < j 时,R[j]一定在后部分,只对后部分进行再划分
```

```
            Partition(A,k + 1,t,k);
        else                                //k > j 时,R[j]一定在前部分,只对前部分进行再划分
            Partition(A,s,k - 1,k);
    return(A[j].key);
}
```

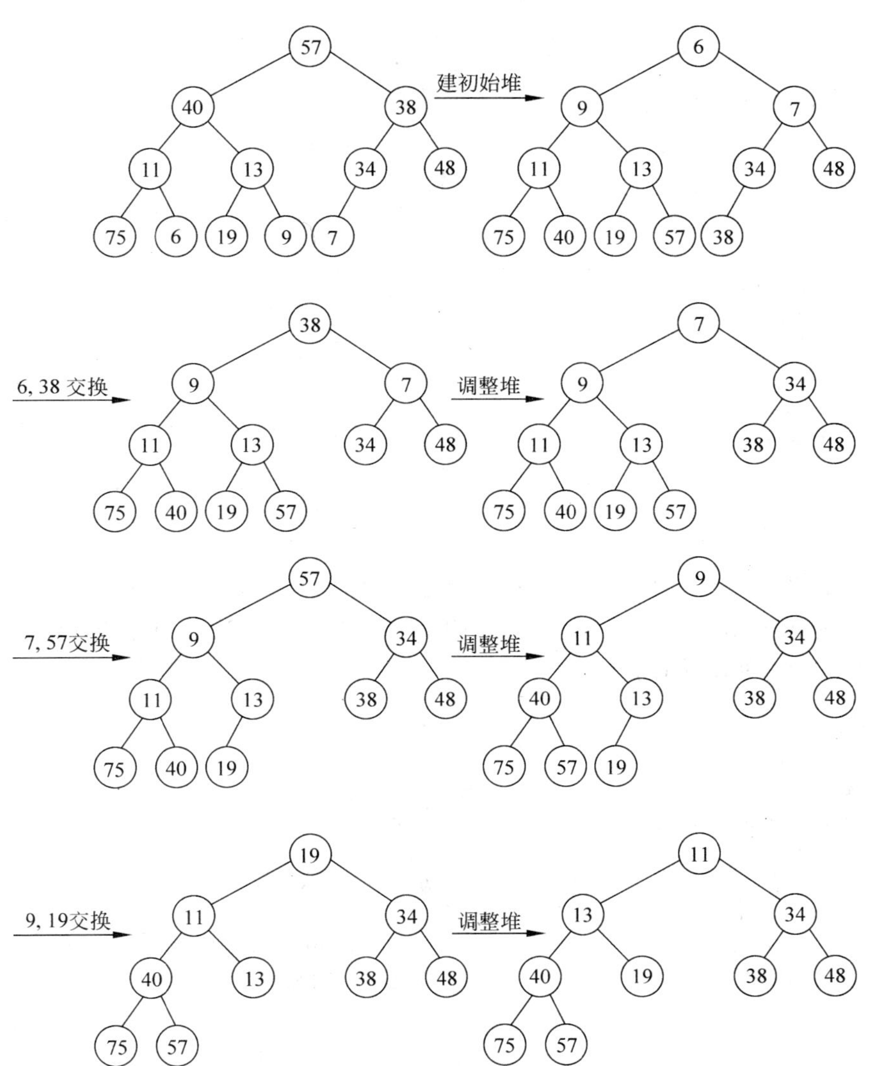

图 10.1　建立初始堆和产生第 4 个元素之前的部分有序序列过程

10.4　给定 n 个记录的有序表 A[0..n－1]和 m 个记录的有序表 B[0..m－1],将它们归并为一个有序表,存放到 C[0..m＋n－1]中,试写出这一算法。

解:采用二路归并方法。假设有序表都是从小到大有序的,对应的算法如下:

```
void Merge(RecType A[ ],int n,RecType B[ ],int m,RecType C[ ])
{    int i,j,k = 0;
     while (i < n && j < m)
     {    if (A[i]< B[j])
```

```
            {   C[k] = A[i];
                k++;i++;
            }
            else if (A[i]> B[j])
            {   C[k] = B[j];
                k++;j++;
            }
            else                              //A[i] = B[j]
            {   C[k] = A[i];
                k++;i++;
                C[k] = B[j];
                k++;j++;
            }
        }
        while (i < n)
        {   C[k] = A[i];
            k++;i++;
        }
        while (j < m)
        {   C[k] = B[j];
            k++;j++;
        }
    }
```

10.5 假设有 n 个关键字不同的记录存于顺序表中，要求不经过排序而从中选出按从大到小顺序的前 m(m<<n)个元素。试采用简单选择排序算法实现此选择过程。

解：改进后的简单选择排序算法如下：

```
void SelectSort1(RecType R[],int n,int m)
{   int i,j,k,l;
    RecType tmp;
    for (i = 0;i < m;i++)                  //作第 i 趟排序
    {   k = i;
        for (j = i + 1;j < n;j++)          //在当前无序区 R[i..n - 1]中选 key 最大的 R[k]
            if (R[j].key > R[k].key)
                k = j;                     //k 记下目前找到的最大关键字所在的位置
        if (k!= i)                         //交换 R[i]和 R[k]
        {   tmp = R[i];
            R[i] = R[k];R[k] = tmp;
        }
        printf("    i = %d ",i);            //输出每一趟的排序结果
        for (l = 0;l < n;l++)
            printf(" %2d",R[l].key);
        printf("\n");
    }
}
```

10.6 设 n 个记录 R[0..n－1]的关键字只取三个值：0,1,2。编写一个时间复杂度为 O(n)的算法将这 n 个记录排序。

解：采用基数排序法，将关键字为三个值的记录分别放到三个队列中，然后收集起来即

可。对应的算法如下：

```
#include <stdio.h>
#include <malloc.h>
#define Max 3
typedef int KeyType;                                  //定义关键字类型
typedef char InfoType[10];
typedef struct                                        //记录类型
{   KeyType key;                                      //关键字项
    InfoType data;                                    //其他数据项,类型为 InfoType
} RecType;
typedef struct node
{   RecType Rec;
    struct node *next;
} NodeType;
void RadixSort1(RecType R[],int n)
{   NodeType *head[Max], *tail[Max], *p, *t;          //定义各链队的首尾指针
    int i,k;
    for (i=0;i<Max;i++)                               //初始化各链队首、尾指针
            head[i]=tail[i]=NULL;
    for (i=0;i<n;i++)
    {   p=(NodeType *)malloc(sizeof(NodeType));      //创建新节点
        p->Rec=R[i];
        p->next=NULL;
        k=R[i].key;                                   //找第 k 个链队,k=0,1 或 2
        if (head[k]==NULL)                            //进行分配,采用前插法建表
        {   head[k]=p;
            tail[k]=p;
        }
        else
        {   tail[k]->next=p;
            tail[k]=p;
        }
    }
    p=NULL;
    for (i=0;i<Max;i++)                               //对于每一个链队进行循环收集
        if (head[i]!=NULL)                            //产生以 p 为首节点指针的单链表
        {   if (p==NULL)
            {   p=head[i];
                t=tail[i];
            }
            else
            {   t->next=head[i];
                t=tail[i];
            }
        }
        i=0;
        while (p!=NULL)                               //将排序后的结果放到 R[]数组中
        {   R[i++]=p->Rec;
            p=p->next;
        }
}
```

设计如下主函数：

```
void main()
{   int i,n=5;
    RecType R[5]={{1,"Stud1"},{0,"Stud2"},{0,"Stud3"},
        {2,"Stud4"},{1,"Stud5"}};    printf("排序前:\n ");
    for (i=0;i<n;i++)
        printf("[ %d, %s] ",R[i].key,R[i].data);
    printf("\n");
    RadixSort1(R,n);
    printf("排序后:\n ");
    for (i=0;i<n;i++)
        printf("[ %d, %s] ",R[i].key,R[i].data);
    printf("\n");
}
```

程序执行结果如下：

```
排序前:
  [1,Stud1]  [0,Stud2]  [0,Stud3]  [2,Stud4]  [1,Stud5]
排序后:
  [0,Stud2]  [0,Stud3]  [1,Stud1]  [1,Stud5]  [2,Stud4]
```

显然，RadixSort1()算法的时间复杂度为O(n)。

10.3 补充练习题及参考答案

10.3.1 单项选择题

1. 在下列排序方法中，时间复杂度不受数据初始状态的影响，恒为$O(n\log_2 n)$的是________。

A. 堆排序　　B. 冒泡排序　　C. 简单选择排序　　D. 快速排序

答：A。

2. 在下列排序方法中，在某一趟结束后未必能选出一个元素放在其最终位置上的是________。

A. 堆排序　　B. 冒泡排序　　C. 直接插入排序　　D. 快速排序

答：C。

3. 下列排序方法中，在待排序的数据已经为有序时，花费时间反而最多的是________。

A. 快速排序　　B. 希尔排序　　C. 冒泡排序　　D. 堆排序

答：A。

4. 依次将待排序序列中的元素插入到有序子序列中并扩大有序子序列的排序方法是________。

A. 快速排序　　B. 直接插入排序　　C. 冒泡排序　　D. 堆排序

答：B。

5. 若表 R 在排序前已按关键字正序排列，则________方法的比较次数最少。

A. 直接插入排序　　B. 快速排序

C. 归并排序　　D. 简单选择排序

答：A。

6. 已知表 A 中每个元素距其最终位置不远，采用________方法最节省时间。

A. 堆排序　　B. 直接插入排序

C. 快速排序　　D. 简单选择排序

答：B。

7. 在下列排序方法中，关键字比较的次数与记录的初始排列次序无关的是________。

A. 希尔排序　　B. 冒泡排序

C. 直接插入排序　　D. 直接选择排序

答：D。

8. 快速排序方法在________情况下最不利于发挥其长处。

A. 要排序的数据量太大　　B. 要排序的数据中含有多个相同值

C. 要排序的数据已基本有序　　D. 要排序的数据个数为奇数

答：C。

9. 数据表 A 中有 10 000 个元素，如果仅要求找出其中最大的 10 个元素，则采用________方法最节省时间。

A. 堆排序　　B. 希尔排序　　C. 快速排序　　D. 基数排序

答：其中只有堆排序每次输出一个堆顶元素（即最大或最少值的元素），然后对堆进行再调整，保证堆顶元素总是当前剩下元素的最大或最小的，本题答案为 A。

10. 内排序方法的稳定性是指________。

A. 该排序算法不允许有相同的关键字记录

B. 该排序算法允许有相同的关键字记录

C. 平均时间为 $O(n\log_2 n)$ 的排序方法

D. 以上都不对

答：D。

11. 在以下各排序方法中，________是不稳定的排序方法。

A. 直接插入排序　　B. 冒泡排序　　C. 归并排序　　D. 堆排序

答：D。

12. 在以下各排序方法中，________是稳定的排序方法。

A. 直接插入和快速排序　　B. 快速排序和堆排序

C. 简单选择和归并排序　　D. 归并排序和冒泡排序

答：D。

13. 在以下各排序方法中，________是稳定的排序方法。

A. 简单选择排序　　B. 二分插入排序　　C. 希尔排序　　D. 快速排序

答：B。

14. 若需在 $O(n\log_2 n)$ 的时间内完成对顺序表的排序，且要求排序是稳定的，则可选择的排序方法是________。

A. 快速排序　　B. 堆排序

C. 归并排序　　　　D. 直接插入排序

答:C。

15. 在以下各排序方法中,辅助空间为 O(n)的是________。

A. 堆排序　　B. 归并排序　　C. 希尔排序　　D. 快速排序

答:B。

16. 若一组记录的排序码为{46,79,56,38,40,84},则利用堆排序的方法建立的初始堆为________。

A. 79,46,56,38,40,80　　B. 84,79,56,38,40,46

C. 84,79,56,46,40,38　　D. 84,56,79,40,46,38

答:B。

17. 若一组记录的关键字为{46,79,56,38,40,84},则利用快速排序的方法,以第 1 个记录为基准得到的一次划分结果为________。

A. 38,40,46,56,79,84　　B. 40,38,46,79,56,84

C. 40,38,46,56,79,84　　D. 40,38,46,84,56,79

答:C。

18. 一组记录的关键字为{25,48,16,35,79,82,23,40,36,72},其中,含有 5 个长度为 2 的有序表,按归并排序的方法对该序列再进行一趟归并后的结果为________。

A. 16,25,35,48,23,40,79,82,36,72　　B. 16,25,35,48,79,82,23,36,40,72

C. 16,25,48,35,79,82,23,36,40,72　　D. 16,25,35,48,79,23,36,40,72,82

答:对于{25,48,16,35,79,82,23,40,36,72},{25,48}和{16,35}两个子序列归并的结果为{16,25,35,48},{79,82}和{23,40}两个子序列归并后的结果为{23,40,79,82},余下的两个记录本趟不归并,所以一趟归并后的结果为{16,25,35,48,23,40,79,82,36,72}。本题答案为 A。

19. 已知 10 个数据元素为{54,28,16,34,73,62,95,60,26,43},对该数列按从小到大排序,经过一趟冒泡排序后的序列为________。

A. 16,28,34,54,73,62,60,26,43,95　　B. 28,16,34,54,62,73,60,26,43,95

C. 28,16,34,54,62,60,73,26,43,95　　D. 16,28,34,54,62,60,73,26,43,95

答:冒泡排序每趟经过比较交换从无序区中产生一个最大的元素。答案为 B。

20. 用某种排序方法对线性表{25,84,21,47,15,27,68,35,20}进行排序时,元素序列的变化情况如下:

(1) 25,84,21,47,15,27,35,68,20

(2) 21,25,47,84,15,27,35,68,20

(3) 15,21,25,27,35,47,68,84,20

(4) 15,20,21,25,27,35,47,68,84

其所采用的排序方法是________。

A. 简单选择排序　B. 希尔排序　　归并排序　　D. 快速排序

答:C。

21. 对一组序列{48,36,68,99,75,24,28,52}进行快速排序,要求结果从小到大排序,则进行一次划分之后结果为________。

A. (24 28 36)48(52 68 75 99)　　B. (28 36 24)48(75 99 68 52)
C. (36 88 99)48(75 24 28 52)　　D. (28 36 24)48(99 75 68 52)

答：B。

22. 在以下排序方法中，最好情况下时间复杂度为 O(n)的依次是__①__、__②__。
A. 直接插入排序　B. 简单选择排序　C. 冒泡排序　D. 快速排序

答：① A　② C。

23. 在以下排序方法中，最坏情况下时间复杂度为 $O(n^2)$的依次是__①__、__②__。
A. 直接插入排序　B. 简单选择排序　C. 堆排序　D. 归并排序

答：① A　② B。

24. 在以下排序方法中，平均时间复杂度为 $O(n^2)$的依次是__①__、__②__。
A. 直接插入排序　B. 冒泡排序　C. 归并排序　D. 基数排序

答：① A　② B。

10.3.2 填空题

1. 若不考虑基数排序，则在其他几种排序方法中，主要进行的两种基本操作是关键字的__①__和记录的__②__。

答：① 比较　② 移动。

2. 在记录按关键字有序时，快速排序的时间复杂度为________。

答：$O(n^2)$。

3. 堆是一种有用的数据结构。堆排序是一种__①__排序，堆实质上是一棵__②__节点的层次序列。对含有 n 个元素的序列进行排序时，堆排序的时间复杂度为__③__，所需的空间复杂度为__④__。关键字序列{5,23,16,68,94,72,71,73}是否满足堆的性质？__⑤__。

答：① 选择　② 完全二叉树　③ $O(n\log_2 n)$　④ O(1)　⑤ 满足(小根堆)。

4. 在对一组记录{50,40,95,20,15,70,60,45,80}进行直接选择排序时，在第 4 次交换和选择后，未排序记录(即无序表)为________。

答：{50,70,60,95,80}。

5. 在对一组记录{50,40,95,20,15,70,60,45,80}进行堆排序时，根据初始记录构成初始堆后，最后 4 条记录为________。

答：{50,60,40,20}。

6. 在对一组记录{50,40,95,20,15,70,60,45,80}进行直接插入排序时，当把第 7 个记录 60 插入到有序表中时，为寻找插入位置需比较________次。

答：第 6 趟的结果为{15,20,40,50,70,95,60,45,80}，此时插入 60，要与 95,70 和 50 进行比较，共比较 3 次，本题答案为 3。

7. 在对一组记录{50,40,95,20,15,70,60,45,80}进行希尔排序时，假定取 $d_{i+1}=\lfloor d_i/2 \rfloor$，$0\leqslant i\leqslant t-1$，其中 $t=\lfloor \log_2 n \rfloor$，$d_0=n$，$d_t=1$，n 为待排序记录的个数，则第二趟排序结束后前 4 条记录为________。

答：$t=3$，$d_0=9$，$d_1=4$，$d_2=2$，$d_3=1$，第 1 趟($d_1=4$)后的结果为{15,40,60,20,50,70,95,45,80}，第 2 趟($d_2=2$)后的结果为{15,20,50,40,60,45,80,70,95}，本题答案为{15,20,50,40}。

8. 在归并排序中,若待排序记录的个数为20,则共需要进行___①___趟归并,在第三趟归并中,是把长度为___②___的有序表归并为长度为___③___的有序表。

答:n=20,共需进行$\lceil \log_2 n \rceil=5$趟归并,第1趟归并后成为10个有序表,第2趟归并后成为5个有序表(每个长度为4),第3趟归并将长度为4个的有序表归并为长度为8的有序表,本题答案为:①5,②4,③8。

9. 在堆排序和快速排序中,若原始记录接近正序或反序,则选用___①___,若原始记录随机分布,则最好选用___②___。

答:根据堆排序和快速排序的特点可知本题答案为:①堆排序,②快速排序。

10. 在直接插入和简单选择排序中,若初始数据基本有序,则选用___①___,若初始数据基本反序,则选用___②___。

答:①直接插入排序,②简单选择排序。

11. 在排序过程中,任何情况下都不比较关键字大小的排序方法是________。

答:基数排序。

10.3.3 判断题

1. 判断以下叙述的正确性。

(1) 只有在线性表的初始状态为反序的情况下,冒泡排序过程中元素的移动次数才会达到最大值。

(2) 只有在线性表的初始状态为反序的情况下,简单选择排序过程中元素的移动次数才会达到最大值。

(3) 对n个元素进行简单选择排序,关键字的比较次数总是$\frac{n(n-1)}{2}$次。

(4) 只有在线性表的初始状态为反序的情况下,在直接插入排序过程中元素的移动次数才会达到最大值。

(5) 只有在线性表的初始状态为反序的情况下,在堆排序过程中关键字的比较次数才会达到最大值。

(6) 对n个元素进行快速排序,在进行第一次划分时,关键字的比较次数总是n-1次。

答:(1) 正确。

(2) 错误,简单选择排序在初始状态为反序时移动元素的次数会达到最大值,但不仅仅只有这种情况。

(3) 正确。

(4) 正确。

(5) 错误。

(6) 正确。

2. 判断以下叙述的正确性。

(1) 快速排序方法在任何情况下均可得到最快的排序效果。

(2) 基数排序的设计思想是依照对关键字值的比较来实现的。

(3) 排序的稳定性是指排序算法中比较的次数保持不变,且算法能够终止。

(4) 快速排序的速度是所有排序方法中最快的,且所需辅助空间也最少。

(5) 对一个堆,按二叉树层次进行遍历可以得到一个有序序列。

(6) 任何情况下归并排序都比直接插入排序快。

(7) 冒泡排序和快速排序都是基于交换的两种排序方法,前者最坏时间复杂度为 $O(n^2)$,后者最坏时间复杂度为 $O(n\log_2 n)$,所以快速排序在任何情况下都比冒泡排序效率高。

(8) 在任何情况下,二分插入排序都优于直接插入排序。

答:(1) 错误。快速排序在待排序记录关键字为随机分布时效果最好,基本有序时效果最差。

(2) 错误。基数排序不进行关键字值的比较。

(3) 错误。

(4) 错误。

(5) 错误。

(6) 错误,归并排序最好的时间复杂度为 $O(n\log_2 n)$,而直接插入排序最好的时间复杂度为 $O(n)$。

(7) 错误。

(8) 错误,在排序的数序中元素个数很少时,二分插入排序不一定比直接插入排序快。

10.3.4 简答题

1. 以关键字序列{265,301,751,129,937,863,742,694,076,438}为例,分别写出进行以下排序算法的各趟排序后,关键字序列的状态:

(1) 直接插入排序　(2) 希尔排序　(3) 冒泡排序　(4) 快速排序
(5) 直接选择排序　(6) 堆排序　(7) 归并排序　(8) 基数排序

答:(1) 直接插入排序过程如下:

初始状态:265,301,751,129,937,863,742,694,076,438
第 1 趟　265,301,751,129,937,863,742,694,076,438
第 2 趟　256,301,751,129,937,863,742,694,076,438
第 3 趟　129,256,301,751,937,863,742,694,076,438
第 4 趟　129,256,301,751,937,863,742,694,076,438
第 5 趟　129,256,301,751,863,937,742,694,076,438
第 6 趟　129,256,301,742,751,863,937,694,076,438
第 7 趟　129,256,301,694,742,751,863,937,076,438
第 8 趟　076,129,256,301,694,742,751,863,937,438
第 9 趟　076,129,256,301,438,694,742,751,863,937

(2) 希尔排序过程如下:

初始状态:265,301,751,129,937,863,742,694,076,438
第 1 趟(d=5) 265,301,694,076,438,863,742,751,129,937
第 2 趟(d=2) 129,076,265,301,438,751,694,863,742,937
第 3 趟(d=1) 076,129,256,301,438,694,742,751,863,937

(3) 冒泡排序过程如下:

初始状态:265,301,751,129,937,863,742,694,076,438
第1趟:　076,265,301,751,129,937,863,742,694,438
第2趟:　076,129,265,301,751,438,937,863,742,694
第3趟:　076,129,265,301,438,751,694,937,863,742
第4趟:　076,129,265,301,438,694,751,742,973,863
第5趟:　076,129,265,301,438,694,742,751,863,973
第6趟:　076,129,265,301,438,694,742,751,863,973

(4) 快速排序过程如下:

初始状态:265,301,751,129,937,863,742,694,076,438
第1趟:　076,129,256,751,937,863,742,694,301,439
第2趟:　076,129,256,751,937,863,742,694,301,439
第3趟:　076,129,256,438,301,694,742,751,863,937
第4趟:　076,129,256,301,438,694,742,751,863,937
第5趟:　076,129,256,301,438,694,742,751,863,937

(5) 直接选择排序过程如下:

初始状态:265,301,751,129,937,863,742,694,076,438
第1趟:　076,301,751,129,937,863,742,694,265,438
第2趟:　076,129,751,301,937,863,742,694,265,438
第3趟:　076,129,265,301,937,863,742,694,751,438
第4趟:　076,129,265,301,937,863,742,694,751,438
第5趟:　076,129,265,301,438,863,742,694,751,937
第6趟:　076,129,265,301,438,694,742,863,751,937
第7趟:　076,129,265,301,438,694,742,863,751,937
第8趟:　076,129,265,301,438,694,742,751,863,937
第9趟:　076,129,265,301,438,694,742,751,863,937

(6) 堆排序(大根堆)过程如下:

初始状态:265,301,751,129,937,863,742,694,076,438
第1趟:　(937,694,863,256,438,751,742,129,076,301)
第2趟:　(863,694,751,256,438,301,742,129,076),937
第3趟:　(751,694,742,256,438,301,076,129),863,937
第4趟:　(742,694,301,256,438,129,076),751,863,937
第5趟:　(694,438,301,256,076,129),742,751,863,937
第6趟:　(438,256,301,129,076),694,742,751,863,937
第7趟:　(301,256,076,129),438,694,742,751,863,937
第8趟:　(256,129,076),301,438,694,742,751,863,937
第9趟:　076,129,256,301,438,694,742,751,863,937

(7) 归并排序过程如下:

初始状态:265,301,751,129,937,863,742,694,076,438

第 1 趟：　256,301,129,751,863,937,694,742,076,438

第 2 趟：　129,256,301,751,694,742,863,937,076,438

第 3 趟：　076,129,256,301,438,694,742,751,863,937

(8) 基数排序过程如下：

初始状态：　　265,301,751,129,937,863,742,694,076,438

第 1 趟(个位)：301,751,742,863,694,256,076,937,438,129

第 2 趟(十位)：301,129,937,438,742,751,256,863,076,694

第 3 趟(百位)：076,129,256,301,438,694,742,751,863,937

2. 证明：对于一个长度为 n 的任意表进行排序，至少需要进行 $n\log_2 n$ 次比较。

证明：在排序过程中，每次比较(如 a 和 b 两元素进行比较)会出现两条路径(即 a＞b 和 a≤b 两种路径)，若整个排序过程至少需作 t 次比较，则显然会有 2^t 条路径。由于 n 个记录总共有 n!种不同的排列，因而必须有 n!种不同的比较路径，于是有：$2^t \geq n!$，即 $t \geq \log_2(n!)$。

因为：$\log_2(n!) \approx n\log_2 n$

所以，$t \geq n\log_2 n$。

3. 在实现插入排序的过程中，可以用二分查找来确定第 i 个元素在前 i－1 个元素中的可能插入位置(即折半插入排序)，这样做能否改善插入排序的时间复杂度？为什么？

答：不能。因为在这里二分查找只减少了关键字间的比较次数，而记录的移动次数不变，算法的时间复杂度仍为 $O(n^2)$。

4. 指出堆和二叉排序树的区别。

答：以小根堆为例，堆的特点是双亲节点的关键字必然小于等于孩子节点的关键字，而两个孩子节点的关键字没有次序规定。而二叉排序树中，每个双亲节点的关键字均大于左子树节点的关键字，每个双亲节点的关键字均小于右子树节点的关键字，也就是说，每个双亲节点的左、右孩子的关键字有次序关系。

5. 我们知道，对于 n 个元素组成的线性表进行快速排序时，所需要进行的比较次数与这 n 个元素的初始排列有关。问：

(1) 当 n＝7 时，最好情况下需进行多少次比较？请说明理由。

(2) 当 n＝7 时，给出一个最好情况的初始排列的实例。

(3) 当 n＝7 时，在最坏情况下需进行多少次比较？请说明理由。

(4) 当 n＝7 时，给出一个最坏情况的初始排序的实例。

答：(1)在最好情况下，假设每次划分能得到两个长度相等的子表，表的长度 $n=2^k-1$，那么，第一遍划分得到两个长度为 $\lfloor n/2 \rfloor$ 的子表，第二遍划分得到 4 个长度为 $\lfloor n/4 \rfloor$ 的子表。以此类推，总共进行 $k=\log_2(n+1)$ 遍划分，各子表的长度为 1，此时排序完毕。当 n＝7 时，k＝3，在最好情况下，第一遍比较 6 次可找到一个其基准是正中间的元素，第二遍分别对两个子表(其长度均为 3，此时 k＝2)进行排序，各两次。这样就可以将原表排序完毕。所以总共比较 10 次即可，其快速排序的判断树与比较次数如图 10.2 所示(图中各节点数字表示对应子序列中元素个数)。

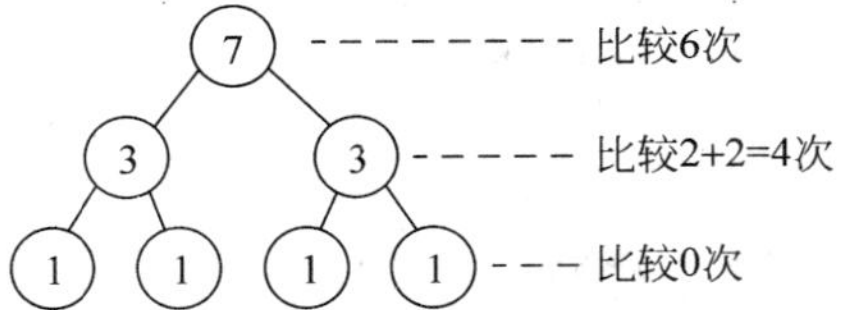

图 10.2　快速排序的判断树与比较次数

(2) 当 n=7 时，由(1)可知，每次排序都应使第一个元素存储在表的正中位置，因此最好的初始排序情况的例子为：{4,7,5,6,3,1,2}。

(3) 在最坏情况下，若每次用来划分的记录的关键字具有最大值(或最小值)，那么只能得到左(或右)子表，其长度比原长度少 1。因此，若原表中的记录按关键字递减次序排序，而要求按递增次序排序时，快速排序的效率与冒泡排序相同，其时间复杂度为 $O(n^2)$，所以当 n=7 时，最坏情况下的比较次数为 21 次。

(4) 当 n=7 时，快速排序在最坏情况下初始排序序列有序。所以 n=7 时最坏情况的初始排序的例子为：{7,6,5,4,3,2,1}。

6. 某整型数组 R 的 10 个元素值依次为{6,2,9,7,3,8,4,5,0,10}。用下列各排序方法，将 R 中元素由小到大排序。

(1) 取第一个元素 6 作为划分数据，试写出快速排序第一次划分操作后 R 中的结果。

(2) 用堆排序(用大根堆)，试写出将第一个选出的数据放在 R 的最后位置上，将 R 调整成堆后的 R 中结果。

(3) 有基数为 3 的基数排序法，试写出第一次分配和收集后 R 中的结果。

答：(1) 快速排序第一次分割过程如下：

```
void Partition(RecType R[],int n)
{   RecType tmp;
    int i,j;
    i = 0,j = n - 1;
    tmp = R[i];                     //用区间的第 1 个记录作为基准
    while (i!= j)                   //从区间两端交替向中间扫描,直至 i = j 为止
    {   while (j > i && R[j]> = tmp)
            j-- ;                   //从右向左扫描,找第 1 个关键字小于 tmp 的记录 R[j]
        R[i] = R[j];
        while (i < j && R[i]< = tmp)
            i++;                    //从左向右扫描,找第 1 个关键字大于 tmp 的记录 R[i]
        R[j] = R[i];
    }
    R[i] = tmp;
}
```

其划分过程如下(数序中第 1 个带方框的数由 i 指向，第 2 个带方框的数由 j 指向)：

tmp = 6

初始序列：[6],2,9,7,3,8,4,5,0,[10]

第 1 次循环：[6],2,9,7,3,8,4,5,[0],10 → [0],2,9,7,3,8,4,5,[0],10

0,2,[9],7,3,8,4,5,[0],10 → 0,2,[9],7,3,8,4,5,[9],10

第 2 次循环：0,2,[9],7,3,8,4,[5],9,10 → 0,2,[5],7,3,8,4,[5],9,10

0,2,5,[7],3,8,4,[5],9,10 → 0,2,5,[7],3,8,4,[7],9,10

第 3 次循环：0,2,5,[7],3,8,[4],7,9,10 → 0,2,5,[4],3,8,[4],7,9,10

0,2,5,4,3,[8],[4],7,9,10 → 0,2,5,4,3,[8],[8],7,9,10

循环结束： 0,2,5,4,3,6,8,7,9,10

执行后的结果为：{0,2,5,4,3,6,8,7,9,10}。

(2) 建堆及调整过程如图 10.3 所示。

所以结果为：{9,7,8,6,3,2,4,5,0,10}。

(3) 若以 3 为基数，则整个数序变为{20,2,100,21,10,22,11,12,0,101}，第一次分配（以个位数排序）和收集后的结果为：{20,100,10,0,21,11,101,2,22,12}，即{6,9,3,0,7,4,10,2,8,5}。

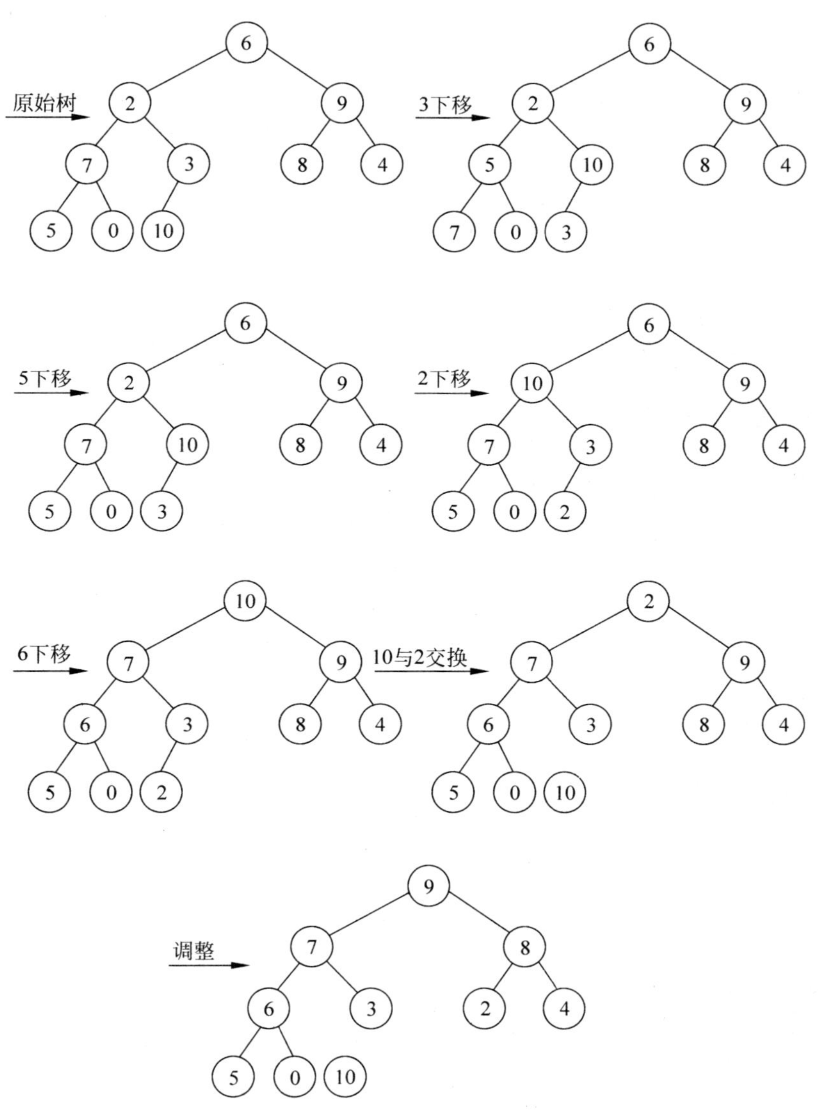

图 10.3 建堆及调整过程

7. 有如下快速排序算法，指出该算法是否正确，若不正确，请说明错误的原因。

```
void QuickSort(RecType R[],int s,int t)              //对 R[s]至 R[t]的元素进行快速排序
{    int i = s, j = t, tmp;
```

```
        if (s<t)
        {   tmp=s;
            while (i!=j)
            {   while (j>i && R[j].key>R[tmp].key)
                    j--;
                R[i]=R[j];
                while (i<j && R[i].key<R[tmp].key)
                    i++;
                R[j]=R[i];
            }
            R[i]=R[tmp];
            QuickSort(R,s,i-1);                    //对左区间递归排序
            QuickSort(R,i+1,t);                    //对右区间递归排序
        }
    }
```

答:不作深入的分析,会很容易得出该算法是正确的结论,其实这个算法是错误的。与正确的快速排序算法进行比较发现,本算法将原来tmp保存划分记录的值改为保存划分记录的下标,由于在后面的比较移动中可能改变该tmp下标对应的记录值,因而造成R[i]=R[tmp]赋值错误,从而引起排序失败。

10.3.5 算法设计题

1. **【直接插入排序算法】**以单链表作为存储结构实现直接插入排序算法。

解:先由线性表R构造一个带头节点的单链表,然后对该单链表进行从小到大的排序。排序过程是:*head节点构成一个有序表,用p指针扫描余下的节点,将*p的key域值与有序表中节点进行比较,找到合适的位置*q,将*p插入到*q节点之后。对应的算法如下:

```
#include <stdio.h>
#include <malloc.h>
typedef int KeyType;                                  //定义关键字类型
typedef struct node
{   KeyType key;
    struct node *next;
} LNode;
void CreateList(KeyType R[],int n,LNode *&head)  //尾插法建表
{   int i;
    LNode *p,*t;
    head=(LNode *)malloc(sizeof(LNode));          //创建头节点
    for (i=0;i<n;i++)
    {   p=(LNode *)malloc(sizeof(LNode));         //创建数据节点
        p->key=R[i];
        if (i==0)
        {   head->next=p;
            t=p;
        }
        else
        {   t->next=p;
```

```
            t = p;
        }
    }
    t -> next = NULL;
}
void InsertSort(LNode * &head)                    //head是带头节点的单链表
{   LNode * p = head -> next, * q, * r;
    head -> next = NULL;                          //构造空的有序表
    while (p!= NULL)
    {   r = p -> next;
        q = head;
        while (q -> next!= NULL && p -> key > q -> next -> key)
            q = q -> next;                        //找到节点 * q,在其后插入 * p
        p -> next = q -> next;
        q -> next = p;
        p = r;
    }
}
```

设计如下主函数：

```
void main()
{   int n = 10;
    LNode * h, * p;
    KeyType R[] = {5,2,4,1,3,0,8,7,9,6};
    CreateList(R,n,h);
    printf("排序前:");
    p = h -> next;
    while (p!= NULL)
    {   printf(" %d ",p -> key);
        p = p -> next;
    }
    printf("\n");
    InsertSort(h);
    printf("排序后:");
    p = h -> next;
    while (p!= NULL)
    {   printf(" %d ",p -> key);
        p = p -> next;
    }
    printf("\n");
}
```

程序执行结果如下：

```
排序前:5 2 4 1 3 0 8 7 9 6
排序后:0 1 2 3 4 5 6 7 8 9
```

2. **【直接插入排序算法】**已知顺序表中有 n 个记录，表中记录不依关键字有序排列，编写一个算法为该顺序表建立一个有序的索引表(依关键字递增排列)，索引表中的每一项应含记录的关键字和该记录在顺序表中的序号。要求算法的时间复杂度在最好的情况下能达到 O(n)。

解：从“不依关键字有序”和“最好的情况下时间复杂度为 O(n)”可知本题宜采用直接插入排列算法。对应的算法如下：

```
typedef struct idx
{   KeyType key;                                //关键字
    int no;                                     //序号
} IndexType;                                    //索引类型
CreteIndex(RecType r[ ],Indextype idx[ ],int n)  //由 r 产生 idx
{   int i,j;
    for (i = 1;i <= n;i++)
    {   j = i - 1;
        while (j > 0 && idx[j].key > r[i].key)
        {                                       //把大于 r[i].key 的所有 idx[j].key 后移
            idx[j + 1] = idx[j];
            j-- ;
        }
        idx[j + 1].key = r[i].key;              //插入 r[i].key 到 idx 中,并记下其序号 i
        idx[j = 1].no = i;
    }
}
```

在最好的情况下，顺序表按关键字递增排序，这样总是不会执行 while 中的语句，此时算法的时间复杂度为 O(n)。

3. **【双向冒泡排序算法】**试写一个双向冒泡排序的算法，即在排序过程中交替改变扫描方向。

解：先从底向上从无序区冒出一个最小的元素，再从上向底从无序区冒出一个最大的元素。双向冒泡排序的算法如下：

```
void DBubble(RecType R[ ],int n)                //对 R[0..n - 1]按递增序进行双向冒泡排序
{   int i = 0,j;
    RecType tmp;
    bool exchange = true;                       //exchange 标识本趟是否进行了记录交换
    while (exchange)
    {   exchange = false;
        for (j = n - i - 1;j > i;j -- )
            if (R[j].key < R[j - 1].key)        //由底向上
            {   exchange = true;
                tmp = R[j];R[j] = R[j - 1];R[j - 1] = tmp;
            }
        for (j = i;j < n - 1;j++)
            if (R[j].key > R[j + 1].key)        //由上向底
            {   exchange = true;
                tmp = R[j];R[j] = R[j + 1];R[j + 1] = tmp;
            }
        i++;
    }
}
```

4.【**快速排序算法**】编写快速排序的非递归算法。

解：设对记录空间 R[0..n－1]进行快速排序，要求用非递归算法。利用一个含有 low 和 high 两个整数的记录类型的数组 St[]作为栈，其中，low 和 high 分别指示某个子序列的首、尾地址。先将(0,n－1)进栈，在栈不空时循环：出栈一个子序列 R[low..high]，对其按 R[low]进行划分，分为两个子序列 low..i－1 和 i＋1..high，将(low,i－1)和(i＋1,high)进栈。对应的算法如下：

```
void QuickSort1(RecType R[],int n)              //对 R[0..n-1]进行快速排序
{   int i,j,low,high,top = -1;
    struct
    {   int low,high;
    } St[Max];
    RecType tmp;
    top++;                                      //进栈
    St[top].low = 0;St[top].high = n - 1;
    while (top > - 1                            //栈非空,则取出一个子文件进行划分
    {   low = St[top].low;high = St[top].high;  //出栈
        top -- ;
        i = low;j = high;
        if (low < high)                         //当 R[low..high]中有一个以上的元素时
        {   tmp = R[low];                       //以 tmp 为基准进行划分
            while (i!= j)
            {   while (i < j && R[j].key > tmp.key) j -- ;
                R[i] = R[j];
                while (i < j && R[i].key < tmp.key) i++;
                R[j] = R[i];
            }
            R[i] = tmp;                         //归位基准元素
            top++;
            St[top].low = low;St[top].high = i - 1;
            top++;
            St[top].low = i + 1;St[top].high = high;
        }
    }
}
```

5.【**快速排序算法**】在执行快速排序算法时，把栈换为队列对最终排序结果不会产生任何影响。设计将栈换为队列的非递归快速排序算法，并对数据序列{21,25,5,17,9,23,30,15,12,18}，分别分析在栈和队列的情况下每趟的执行结果。

解：把栈换为队列即可。对应的算法如下：

```
void QuickSort2(SqList R[],int n)               //对 R[0..n-1]进行快速排序
{   int i,j,low,high;
    int front = -1,rear = -1;                   //队首、队尾指针
    struct
    {   int low;
        int high;
    } Qu[MaxSize];
    SqList tmp;
```

```
    rear++;                                          //进队
    Qu[rear].low = 0;Qu[rear].high = n - 1;
    while (front!= rear)                             //队非空,则取出一个子文件进行划分
    {   front = (front + 1) % MaxSize;
        low = Qu[front].low;high = Qu[front].high;   //出队
        i = low;j = high;
        if (low < high)                              //当R[low..high]中有一个以上的元素时
        {   tmp = R[low];                            //以 tmp 为基准进行划分
            while (i!= j)
            {   while (i < j && R[j].key >= tmp.key) j--;
                R[i] = R[j];
                while (i < j && R[i].key <= tmp.key) i++;
                R[j] = R[i];
            }
            R[i] = tmp;                              //归位基准元素
            rear = (rear + 1) % MaxSize;
            Qu[rear].low = low;Qu[rear].high = i - 1;   //左区间进队
            rear = (rear + 1) % MaxSize;
            Qu[rear].low = i + 1;Qu[rear].high = high;  //右区间进队
        }
    }
}
```

对数据序列{21,25,5,17,9,23,30,15,12,18}采用栈时,每趟的执行结果如下(一趟中未列出的元素表示与上趟对应位置的元素相同):

排序前:	21	25	5	17	9	23	30	15	12	18
	18	12	5	17	9	15	21	30	23	25
								25	23	30
								23	25	
	15	12	5	17	9	18				
	9	12	5	15	17					
	5	9	12							
排序后:	5	9	12	15	17	18	21	23	25	30

对数据序列{21,25,5,17,9,23,30,15,12,18}采用队列时,每趟的执行结果如下:

排序前:	21	25	5	17	9	23	30	15	12	18
	18	12	5	17	9	15	21	30	23	25
	15	12	5	17	9	18				
								25	23	30
	9	12	5	15	17					
								23	25	
	5	9	12							
排序后:	5	9	12	15	17	18	21	23	25	30

6. **【快速排序算法】**改写快速排序算法,要求采用排序的序列两端取中的方式选择划分的基准记录。

解:采用两者取中的方式选择划分的基准记录,对应的快速排序算法如下:

```
int Partition(RecType R[],int i,int j)
```

```
{   RecType pivot,tmp;
    int mid = (i + j)/2;
    pivot = R[mid];
    while (i < j)
    {   while (j > i && R[j].key > pivot.key)
            j -- ;
        while (i < j && R[i].key < pivot.key)
            i++;
        if (i < j)
        {   tmp = R[j];R[j] = R[i];R[i] = tmp;
            i++;j -- ;
        }
    }
    return mid;
}
void QuickSort2(RecType R[ ],int low,int high)
{   int pivotpos;
    pivotpos = Partition(R,low,high);
    if (low < pivotpos - 1)
        QuickSort2(R,low,pivotpos - 1);
    if (pivotpos + 1 < high)
        QuickSort2(R,pivotpos + 1,high);
}
```

7.【**堆排序算法**】编写一个算法 HeapInsert(R,k,n),将关键字 k 插入到堆 R[1..n]中,并保证插入后 R 仍是堆。请分析算法的时间。

解:先将 k 插入 R 中已有元素的尾部(即原堆的长度加 1 的位置,插入后堆的长度加 1),然后从下往上调整,使插入的关键字满足堆性质。对应的算法如下:

```
void HeapInsert(RecType R[ ],KeyType k,int &n)      //将 k 插入到堆 R[1..n]中
{   int i,j;
    n++;
    R[n].key = k;                                   //增加新值到原表尾部且表长加 1
    i = n/2;j = n;
    while (i > 0)                                   //调整为堆
    {   if (R[i].key < R[j].key)
        {   R[0] = R[i];                            //交换
            R[i] = R[j];R[j] = R[0];
        }
        j = i;i = i/2;                              //继续自底向上查找
    }
}
```

时间复杂度分析:设该堆对应的树高为 h,则满足 $h \leqslant \log_2 n$,调整是自底向上查找,最多查找到树根,所以时间复杂度为 $O(\log_2 n)$。

8.【**堆排序算法**】编写一个建堆算法 BuildHeap(R,A,n):从空堆开始,依次读入元素调用上题中堆插入算法将其插入堆中。

解:建堆算法如下:

```
void BuildHeap(RecType R[ ],KeyType A[ ],int n)     //建立堆 R[1..n]
```

```
{   int i;
    int m=0;                                        //长度初始化
    for (i=0;i<n;i++)
        HeapInsert(R,A[i],m);
}
```

9. **【堆排序算法】**编写一个堆删除的算法 HeapDelete(R,i),将 R[i]从堆 R 中删去,并分析算法的时间。

解:先将 R[i]和堆中最后一个元素交换,并将堆长度减 1,然后从位置 i 开始向下调整,使其满足堆性质。堆删除的算法如下:

```
void HeapDelete(RecType R[],int i,int &n)          //将 R[i]从 R[1..n]的堆中删除
{   int cur;
    R[0]=R[i];                                      //利用 R[0]将 R[i]与 R[n]交换
    R[i]=R[n];
    R[n]=R[0];
    n--;                                            //元素个数减 1
    while (2*i<=n)                                  //从上往下调整
    {   if (R[i].key<=R[2*i].key || R[i].key<=R[2*i+1].key)
                                                    //当小于左右孩子关键字时,需调整
            if (R[2*i].key>R[2*i+1].key)            //左孩子较大
                cur=2*i;                            //cur 指向左孩子
            else
                cur=2*i+1;                          //cur 指向右孩子
        R[0]=R[i];                                  //利用 R[0]将 R[i]与较大关键字的孩子交换
        R[i]=R[cur];
        R[cur]=R[0];
        i=cur;
    }
}
```

时间复杂度分析:设该堆对应的树高为 h,则满足 $h \leqslant \log_2 n$,调整是从第 i 个节点开始自上向下调整,最多查找到树的最底层,即树高,因从第 i 个节点即第 $\log_2 i$ 层开始,所以时间复杂度为 $O(\log_2 n-\log_2 i)$。在最好情况下不用调整,只比较一次,时间复杂度为 O(1)。

10. **【堆排序算法】**设计一个算法,判断一个数据序列是否构成一个大根堆。

解:当数据个数 n 为偶数时,最后一个分支节点(编号为 n/2)只有左孩子(编号为 n),其余分支节点均为双分支节点;当 n 为奇数时,所有分支节点均为双分支节点。对每个分支节点进行判断,只有一个分支节点不满足小根堆的定义,返回 false;如果所有分支节点均满足小根堆的定义,返回 true。对应的算法如下:

```
bool IsHeap(SqList R[],int n)
{   int i;
    if (n%2==0)                                     //n 为偶数时,最后一个分支节点(编号为 n/2)
                                                    //只有左孩子(编号为 n)
    {   if (R[n/2].key>R[n].key)
            return false;
        for (i=n/2-1;i>=1;i--)                      //判断所有双分支节点
            if (R[i].key>R[2*i].key || R[i].key>R[2*i+1].key)
                return false;
```

```
    }
    else                                          //n为奇数时,所有分支节点均为双分支节点
    {   for (i = n/2;i >= 1;i -- )                //判断所有双分支节点
            if (R[i].key > R[2 * i].key || R[i].key > R[2 * i + 1].key)
                return false;
    }
    return true;
}
```

11. **【计数排序算法】**有一种简单的排序算法,叫做计数排序。这种排序算法对一个待排序的表(用数组表示)进行排序,并将排序结果存放到另一个新的表中。必须注意的是,表中所有待排序的关键字互不相同。计数排序算法针对表中的每个记录,扫描待排序的表一趟,统计表中有多少个记录的关键字比该记录的关键字小。假设针对某一个记录,统计出的计数值为 count,那么,这个记录在新的有序表中的合适的存放位置即为 count。

(1) 给出适用于计数排序的数据表定义。

(2) 使用 C 语言编写实现计数排序的算法。

(3) 对于有 n 个记录的表,关键字比较次数是多少?

(4) 与简单选择排序相比较,这种方法是否更好? 为什么?

解:(1)数据表定义如下:

```
#define Max 10                                //定义最多记录个数
typedef int KeyType;                          //定义关键字类型
typedef char InfoType[10];
typedef struct                                //记录类型
{   KeyType key;                              //关键字项
    InfoType data;                            //其他数据项,类型为 InfoType
} RecType;
```

(2) 计数排序的算法如下(由无序表 A[0..n－1]产生有序表 B[0..n－1]):

```
void CountSort(RecType A[],RecType B[],int n)
{   int i,j,count;
    for (i = 0;i < n;i++)
    {   count = 0;
        for (j = 0;j < n;j++)
            if (A[j].key < A[i].key)          //统计小于 A[i].key 的记录个数
                count++;
        B[count] = A[i];                      //A[i]应为第 count 大的记录
    }
}
```

设计如下主函数:

```
void main()
{   int i,n = 5;
    RecType A[Max] = {1,"Stud1",0,"Stud2",3,"Stud3",2,"Stud4",4,"Stud5"};
    RecType B[Max];
    printf("\n");
    printf(" 排序前:\n ");
```

```
    for (i = 0;i < n;i++)
        printf("[ %d, %s] ",A[i].key,A[i].data);
    printf("\n");
    CountSort(A,B,n);
    printf(" 排序后:\n ");
    for (i = 0;i < n;i++)
        printf("[ %d, %s] ",B[i].key,B[i].data);
    printf("\n");
    printf("\n");
}
```

程序执行结果如下：

```
排序前:
  [1,Stud1]  [0,Stud2]  [3,Stud3]  [2,Stud4]  [4,Stud5]
排序后:
  [0,Stud2]  [1,Stud1]  [2,Stud4]  [3,Stud3]  [4,Stud5]
```

(3) 对于有 n 个记录的表，关键字的比较次数是 n^2。

(4) 简单选择排序比这种方法更好，因为对具有 n 个记录的数据表进行简单选择排序只需进行$\frac{n(n-1)}{2}$次比较，且可原地进行排序。

12. **【基数排序算法】**假设随机要录入很多学生，每个学生包含姓名、性别和班号，设计一个算法按班号、性别有序输出，即先按班号输出，同一个班的学生按性别输出。班号为1001～1030。

解：在班号和性别中，班号优先，性别次之，所以先按性别排序，然后再按班号排序。由于班号 4 位中只有后两位不同，故 d=2，从低位到高位排序。对应的算法如下：

```
#include <stdio.h>
#include <malloc.h>
#include <string.h>
#define MAXR 10
#define MaxSize 10
typedef struct snode
{   char xm[10];                                //姓名
    char xb;                                    //性别 m:男 f:女
    char bh[6];                                 //班号
    struct snode * next;
} Node;
typedef struct studnode
{   char xm[10];                                //姓名
    char xb;                                    //性别 m:男 f:女
    char bh[6];                                 //班号
} SNode;
void CreateLink1(Node * &p,SNode A[],int n)    //创建单链表
{   int i;
    Node * s, * t;
    p = NULL;
    for (i = 0;i < n;i++)
    {   s = (Node * )malloc(sizeof(Node));
```

```
        strcpy(s->xm,A[i].xm);
        s->xb=A[i].xb;
        strcpy(s->bh,A[i].bh);
        if (p==NULL)
        {   p=s;
            t=s;
        }
        else
        {   t->next=s;
            t=s;
        }
    }
    t->next=NULL;
}
void Display(Node *p)                           //输出单链表
{   int i=0;
    while (p!=NULL)
    {   printf(" %s(%s,%c) ",p->xm,p->bh,p->xb);
        p=p->next;
        if ((i+1)%5==0) printf("\n");
        i++;
    }
    printf("\n");
}
void RadixSort1(Node *&p,int r,int d)
//对性别进行排序:只需进行一趟.p为待排序序列链表指针,r为基数,d为关键字位数
{   Node *head[MAXR],*tail[MAXR],*t;           //定义各链队的首尾指针
    int j,k;
    printf("按性别进行排序\n");
    for (j=0;j<r;j++)                           //初始化各链队首、尾指针
        head[j]=tail[j]=NULL;
    while (p!=NULL)                             //对原链表中每个节点循环
    {   if (p->xb=='f')                         //找第k个链队
            k=0;
        else
            k=1;
        if (head[k]==NULL)                      //进行分配,即采用尾插法建立单链表
        {   head[k]=p;
            tail[k]=p;
        }
        else
        {   tail[k]->next=p;
            tail[k]=p;
        }
        p=p->next;                              //取下一个待排序的元素
    }
    p=NULL;
    for (j=0;j<r;j++)                           //对于每一个链队循环
        if (head[j]!=NULL)                      //进行收集
        {   if (p==NULL)
            {   p=head[j];
```

```
                t = tail[j];
            }
            else
            {   t -> next = head[j];
                t = tail[j];
            }
        }
    t -> next = NULL;                               //最后一个节点的 next 域置 NULL
    Display(p);
}
void RadixSort2(Node * &p, int r, int d)
//对班号进行排序:p 为待排序序列链表指针,r 为基数,d 为关键字位数
{   Node * head[MAXR], * tail[MAXR], * t;           //定义各链队的首尾指针
    int i,j,k;
    printf("按班号进行排序\n");
    for (i = 3;i >= 2;i -- )                        //从低位到高位作 d 趟排序
    {   for (j = 0;j < r;j++)                       //初始化各链队首、尾指针
            head[j] = tail[j] = NULL;
        while (p!= NULL)                            //对于原链表中每个节点循环
        {   k = p -> bh[i] - '0';                   //找第 k 个链队
            if (head[k] == NULL)                    //进行分配,即采用尾插法建立单链表
            {   head[k] = p;
                tail[k] = p;
            }
            else
            {   tail[k] -> next = p;
                tail[k] = p;
            }
            p = p -> next;                          //取下一个待排序的元素
        }
        p = NULL;
        for (j = 0;j < r;j++)                       //对于每一个链队循环
            if (head[j]!= NULL)                     //进行收集
            {   if (p == NULL)
                {   p = head[j];
                    t = tail[j];
                }
                else
                {   t -> next = head[j];
                    t = tail[j];
                }
            }
        t -> next = NULL;                           //最后一个节点的 next 域置 NULL
        printf(" 第 %d 趟:\n",d - i + 2);Display(p);
    }
}
void Sort(Node * &p, SNode A[], int n)              //按班号和性别进行排序
{   CreateLink1(p,A,n);
    printf("排序前:\n");Display(p);
    RadixSort1(p,2,1);                              //对性别进行排序
    RadixSort2(p,10,2);                             //对班号的后两位进行排序
```

```
    printf("排序后:\n");Display(p);
}
```

设计如下主函数：

```
void main()
{    Node * h;
     int n = 10;
     SNode A[MaxSize] = {{"王华",'m',"1003"},{"阵兵",'m',"1020"},
     {"许可",'f',"1022"},{"李英",'f',"1003"},
     {"张冠",'m',"1021"},{"陈强",'m',"1002"},
     {"李真",'f',"1002"},{"章华",'m',"1001"},
     {"刘丽",'f',"1021"},{"王强",'m',"1022"}};
     Sort(h,A,n);
}
```

程序的执行结果如下：

```
排序前:
 王华(1003,m)  阵兵(1020,m)  许可(1022,f)  李英(1003,f)  张冠(1021,m)
 陈强(1002,m)  李真(1002,f)  章华(1001,m)  刘丽(1021,f)  王强(1022,m)

按性别进行排序
 许可(1022,f)  李英(1003,f)  李真(1002,f)  刘丽(1021,f)  王华(1003,m)
 阵兵(1020,m)  张冠(1021,m)  陈强(1002,m)  章华(1001,m)  王强(1022,m)

按班号进行排序
 第 1 趟:
 阵兵(1020,m)  刘丽(1021,f)  张冠(1021,m)  章华(1001,m)  许可(1022,f)
 李真(1002,f)  陈强(1002,m)  王强(1022,m)  李英(1003,f)  王华(1003,m)

 第 2 趟:
 章华(1001,m)  李真(1002,f)  陈强(1002,m)  李英(1003,f)  王华(1003,m)
 阵兵(1020,m)  刘丽(1021,f)  张冠(1021,m)  许可(1022,f)  王强(1022,m)

排序后:
 章华(1001,m)  李真(1002,f)  陈强(1002,m)  李英(1003,f)  王华(1003,m)
 阵兵(1020,m)  刘丽(1021,f)  张冠(1021,m)  许可(1022,f)  王强(1022,m)
```

CHAPTER 11

第11章 外排序

基本知识点：外排序的概念，磁盘排序和磁带排序的基本算法。

重点：置换选择排序生成初始归并段，利用败者树实现多路平衡归并，最佳归并树。

难点：置换选择排序生成初始归并段，利用败者树实现多路平衡归并，最佳归并树。

11.1 本章知识体系结构

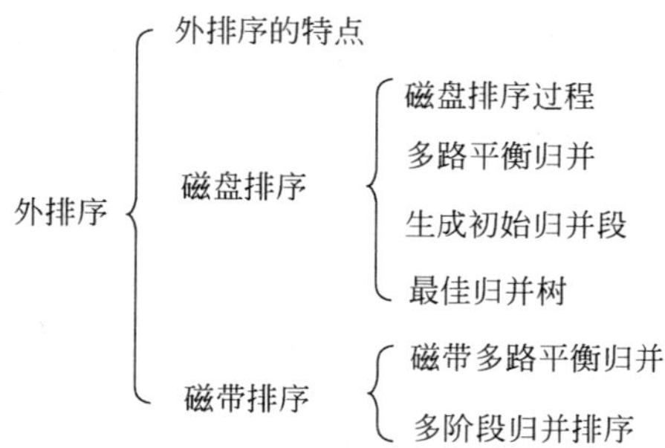

11.2 教材中练习题及参考答案

11.1 外排序中两个相对独立的阶段是什么？

答：外排序中两个相对独立的阶段是产生初始归并段和多路归并排序。

11.2 设输入的关键字满足 $k_1>k_2>\cdots>k_n$，缓冲区大小为 m，用置换一选择排序方法可产生多少个初始归并段？

答：可产生$\lceil n/m \rceil$个初始归并段。设记录 R_i 的关键字为 $k_i(1\leqslant i\leqslant n)$，先读入 m 个记录 $R_1,R_2,\cdots,R_m$，采用败者树选择 R_m，将其输出到归并段 1，$Rmin=k_m$，在该位置上读入 R_{m+1}，采用败者树选择 R_{m-1}，将其输出到归并段 1，$Rmin=k_{m-1}$，在该位置上读入 R_{m+2}，采用败者树选择 R_{m-2}，将其输出到归

并段 1，Rmin$=k_{m-2}$，…，产生归并段 1：$\{R_m, R_{m-1}, \cdots, R_1\}$。同样产生其他归并段$\{R_{2m}, R_{2m-1}, \cdots, R_{m+1}\}$，$\{R_{3m}, R_{3m-1}, \cdots, R_{2m+1}\}$，…，一共有$\lceil n/m \rceil$个初始归并段。

11.3 设输入的关键字满足 $k_1<k_2<\cdots<k_n$，缓冲区大小为 m，用置换—选择排序方法可产生多少个初始归并段？

答：可产生一个初始归并段。设记录 R_i 的关键字为 $k_i(1\leqslant i\leqslant n)$，先读入 m 个记录 $R_1, R_2, \cdots, R_m$，采用败者树选择 R_1，将其输出到归并段 1，Rmin$=k_1$，在该位置上读入 R_{m+1}，采用败者树选择 R_2，由于 $k_2>$Rmin，将其输出到归并段 1，Rmin$=k_2$，在该位置上读入 R_{m+2}，…，如此，只产生一个初始归并段，其记录为$\{R_1, R_2, \cdots, R_n\}$。实际上，由于关键字满足 $k_1<k_2<\cdots<k_n$，它已是一个初始归并段了。

11.4 如果某个文件经内排序得到 80 个初始归并段，试问：

(1) 若使用多路归并执行 3 趟完成排序，那么应取的归并路数至少应为多少？

(2) 如果操作系统要求一个程序同时可用的输入/输出文件的总数不超过 15 个，则按多路归并至少需要几趟可以完成排序？如果限定这个趟数，可取的最低路数是多少？

答：(1) 设归并路数为 k，初始归并段个数 m=80，根据归并趟数计算公式 $S=\lceil \log_k m \rceil=\lceil \log_k 80 \rceil=3$，则 $k^3\geqslant 80$，即 $k\geqslant 5$。也就是说，可取的最低路数是 5。

(2) 设多路归并的归并路数为 k，需要 k 个输入缓冲区和 1 个输出缓冲区。1 个缓冲区对应 1 个文件，有 k+1=15，因此 k=14，可作 14 路归并。由 $S=\lceil \log_k m \rceil=\lceil \log_{14} 80 \rceil=2$。即至少需两趟归并可完成排序。

若限定这个趟数，由 $S=\lceil \log_k 80 \rceil=2$，有 $80\geqslant k^2$，可取的最低路数为 9。即要在两趟内完成排序，进行 9 路排序即可。

11.5 给出一组关键字 T={12,2,16,30,8,28,4,10,20,6,18}，设内存工作区可容纳 4 个记录，写出用置换—选择排序得到的全部初始归并段。

答：采用《教程》中例 11.1 的方式得到初始归并段如表 11.1 所示。

表 11.1 初始归并段的生成过程

读入记录	内存工作区状态	Rmin	输出之后的初始归并段状态
12,2,16,30	12,2,16,30	2(i=1)	归并段 1:{2}
8	12,8,16,30	8(i=1)	归并段 1:{2,8}
28	12,28,16,30	12(i=1)	归并段 1:{2,8,12}
4	4,28,16,30	16(i=1)	归并段 1:{2,8,12,16}
10	4,28,10,30	28(i=1)	归并段 1:{2,8,12,16,28}
20	4,20,10,30	30(i=1)	归并段 1:{2,8,12,16,28,30}
6	4,20,10,6	4(4<30,开始新归并段 i=2)	归并段 1:{2,8,12,16,28,30} 归并段 2:{4}
18	18,20,10,6	6(i=2)	归并段 1:{2,8,12,16,28,30} 归并段 2:{4,6}
	18,20,10,	10(i=2)	归并段 1:{2,8,12,16,28,30} 归并段 2:{4,6,10}
	18,20,,	18(i=2)	归并段 1:{2,8,12,16,28,30} 归并段 2:{4,6,10,18}
	,20,,	20(i=2)	归并段 1:{2,8,12,16,28,30} 归并段 2:{4,6,10,18,20}

共产生两个初始归并段,归并段1为{2,8,12,16,28,30},归并段2为{4,6,10,18,20}。

11.6 置换选择排序得到初始归并段长(k字节数)为37、34、300、41、70、120、35和43。画出这些磁盘文件进行归并的4阶最佳归并树,算出归并总的读写字节数,每读写1字节计为1。

答:k=4,m=8,k-(m-1) MOD (k-1) -1=2,则设两个虚段。4阶最佳归并树如图11.1所示。

第1趟读写记录数:34+35=69

第2趟读写记录数:69+37+41+43=190

第3趟读写记录数:190+70+120+300=680

总的读写记录数为69+190+680=939,总的读写字节数为939。

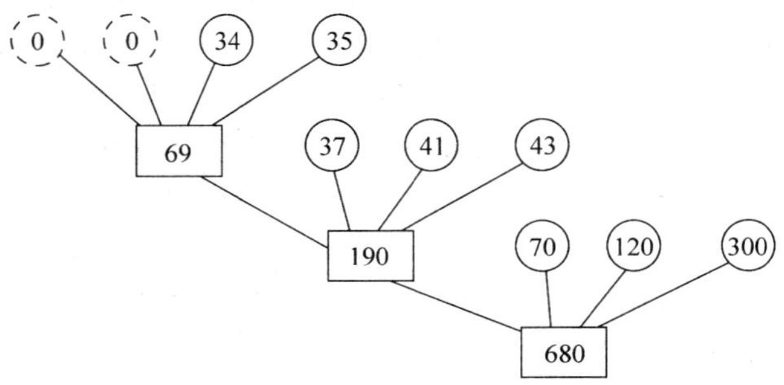

图11.1 4阶最佳归并树

11.3 补充练习题及参考答案

11.3.1 单项选择题

1. 外排序是指________。

   A. 在外存上进行的排序方法

   B. 不需要使用内存的排序方法

   C. 数据很大,需要人工干预的排序方法

   D. 排序前后数据在外存,排序时数据调入内存的排序方法

答:D。

2. 有m个初始归并段,采用k路归并时,所需的归并遍数是________。

   A. $\log_2 k$　　B. $\log_2 m$　　C. $\log_k m$　　D. $\lceil \log_k m \rceil$

答:D。

11.3.2 填空题

1. 在选择树中,“败者”是指________。

答:在一次比较中,没有上升进入其父节点的节点。

2. 归并外排序有两个基本阶段,第一阶段是__①__,第二阶段是__②__。

答:①生成初始归并段　②对这些初始归并段采用某种归并方法,进行多路归并。

11.3.3 判断题

判断以下叙述的正确性。

(1) 外排序与外部设备的特性无关。

(2) 外排序是把外存文件调入内存,可以利用内排序的方法进行排序,因此排序所花时间只取决于内排序的时间。

(3) 对外排序的 k 路平衡归并,若采用败者树则归并效率与 k 有关。

(4) 采用多路归并方法可以减少初始归并段的数量。

(5) 在外排序过程中,初始串的长度受限于内存输入输出缓冲区的大小。

(6) 在对磁盘文件进行 k 路归并排序时,k 值越大,所需的归并趟数就越少。

(7) 在对磁盘文件进行 k 路归并排序时,k 值越大,对磁盘的读/写次数就越少。

答:(1) 错误。

(2) 错误。

(3) 错误。

(4) 错误。

(5) 错误

(6) 正确。

(7) 错误。

11.3.4 简答题

1. 假设某文件经内部排序得到 100 个初始归并段,试问:

(1) 若使用多路归并三趟完成排序,则应取归并的路数至少为多少?

(2) 假设操作系统要求一个程序同时可用的输入、输出文件的总数不超过 13 个,则按多少路归并至少需要几趟可以完成排序?如果限定这个趟数,则可取的最低路数是多少?

答:(1) 这里,m=100,s=3,根据公式 $s=\lceil \log_k m \rceil$,则 k 至少为 5。

(2) 因为输入、输出文件的总数不超过 13 个,所以每次可取 12 个文件作为输入,1 个文件作为输出。这就是说每次可取 12 路进行归并,则至少需两趟归并才能完成排序。如果限定归并趟数为 2,对于总数为 100 的初始归并段,则进行 10 路归并即可。

2. 文件中记录的关键字分别为:{41,39,28,32,22,19,11,50,13,21,1,33,37,3,52,16,4,8,72,12,32}。设缓冲区 w 有容纳 5 个记录的容量。按置换选择排序的方法求初始归并段。请写出各初始归并段的关键字。

答:采用置换选择排序的方法求初始归并段如下:

归并段 1:22,28,32,39,41,50,关键字为 50;

归并段 2:1,11,13,19,21,33,37,52,72,关键字为 72;

归并段 3,4,8,12,16,32,关键字为 32。

3. 设有 11 个长度(即包含记录个数)不同的初始归并段,它们所包含的记录个数分别为{25,40,16,38,77,64,53,88,9,48,98}。试对它们作 4 路平衡归并,要求:

(1) 指出总的归并趟数;

(2) 构造最佳归并树;

(3) 根据最佳归并树计算每一趟及总的读记录数。

答：(1)总的归并趟数=$\lceil \log_4 11 \rceil$=2。

(2) n=11,k=4,(n-1)%(k-1)=1≠0,需要附加 k-1-(n-1)%(k-1)=2 个长度为 0 的虚归并段,最佳归并树如图 11.2 所示。

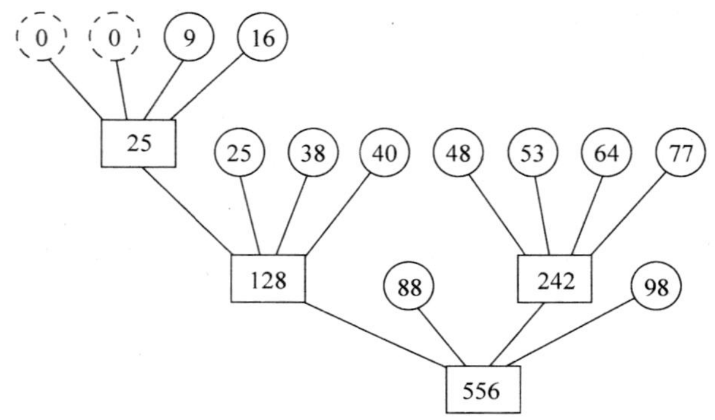

图 11.2　最佳归并树

(3) 根据最佳归并树计算每一趟及总的读记录数:

第 1 趟的读记录数为 9+16=25。

第 2 趟的读记录数为 25+25+38+40+48+53+64+77=370。

第 3 趟的读记录数为 128+88+242+98=556。

总的读记录数为 25+370+556+951。

4. 设有 13 个初始归并段,长度分别为{28,16,37,42,5,9,13,14,20,17,30,12,18}。试画出 4 路归并时的最佳归并树,并计算它的带权路径长度 WPL。

答：n=13,k=4。(n-1)%(k-1)=0,不需加虚段。最佳归并树如图 11.3 所示。

WPS=(5+9+12+13+14+16+17+18+20+28+30+37)×2+42=480。

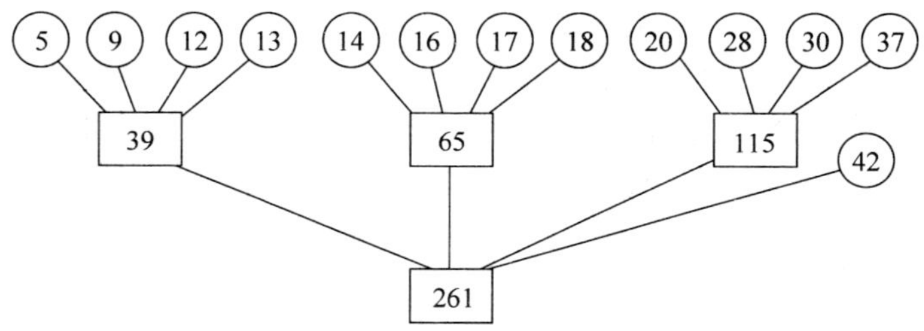

图 11.3　最佳归并树

5. 有 55 个长度为 L 的归并段,用二路多阶段归并法进行排序,写出归并过程中各磁带内容的变化情况。

答：k=2,2 阶 Fibonacci 序列为:0,1,1,2,3,5,8,13,21,44,65,…。T=2×22+13=55,i=8,所以初始分布为:

T_1=21+13=34,T_2=21,T_3=0,归并阶段数为 i-k+2=8。

其各阶段中归并段段数在各磁带机上的分布情况如表 11.2 所示。

表 11.2　三带二路归并各阶段中归并段的段数分布情况

阶段号	T_1	T_2	T_3	归并段总数
初始	34	21	0	55
1	13	0	21	34
2	0	13	8	21
3	8	5	0	13
4	3	0	5	8
5	0	3	2	5
6	2	1	0	3
7	1	0	1	2
8	0	1	0	1

6. 用 6 台磁带进行五路合并，有 497 个长度相等的归并段，设计初始分布，使排序后的文件在 T_1 上。

答：k=5，5 阶 Fibonacci 序列为：0，0，0，0，1，1，2，4，8，16，31，61，120，236，464，912，…。$T=5\times61+4\times31+3\times16+2\times8+4=497$，即 i=11，所以初始分布为：

$T_1=61$，

$T_2=61+31=92$，

$T_3=61+31+16=108$，

$T_4=61+31+16+8=116$，

$T_5=61+31+16+8+4=120$，

$T_6=0$

归并阶段数为 $i-k+2=8$。其各阶段中归并段段数在各磁带机上的分布情况如表 11.3 所示。

表 11.3　六带五路归并各阶段中归并段的段数分布情况

阶段号	T_1	T_2	T_3	T_4	T_5	T_6
初始	61	92	108	116	120	0
1	0	31	47	55	59	61
2	31	0	16	24	28	30
3	15	16	0	8	12	14
4	7	8	8	0	4	6
5	3	4	4	4	0	2
6	1	2	2	2	2	0
7	0	1	1	1	1	1
8	1	0	0	0	0	0

CHAPTER 12

第12章 文件

基本知识点：文件的基本概念。

重点：各类文件(顺序文件、索引文件、哈希文件和多关键字文件)的特点和构造方法。

难点：各类文件上文件操作的实现。

12.1 本章知识体系结构

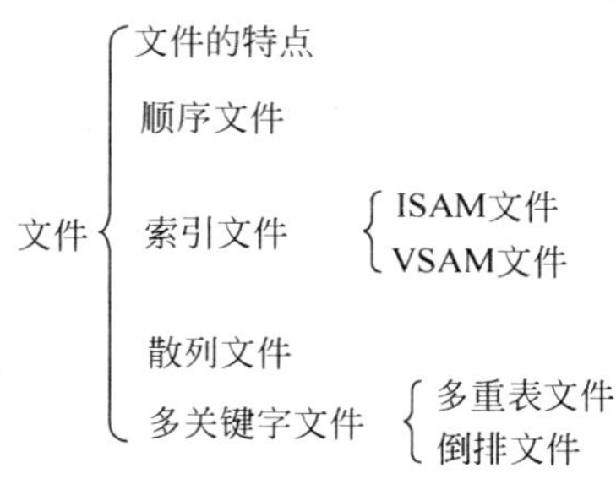

12.2 教材中练习题及参考答案

12.1 试比较顺序文件、索引非顺序文件、索引顺序文件和哈希文件的存储代价、检索、插入及删除记录时的优点和缺点。

答：(1) 顺序文件只能按顺序查找法存取,即按记录的主关键字逐个查找。这种查找法对于少量的检索是不经济的,但适合于批量检索。顺序文件的存取优点是速度快。顺序文件不能像顺序表那样进行插入、删除和修改,因为文件中的记录不能像向量空间中的数据那样“移动”,而只能通过复制整个文件来实现上述更新操作。

(2) 索引非顺序文件适合于随机存取,这是由于主文件的记录是未按关键字排序的,若要进行顺序存取将会频繁地引起磁头移动,因此索引非顺序文件不适合于顺序存取。在索引顺序文件中,由于主文件也是有序的,所以它既适合于直接存取,也适合于顺序存取。另一方面,索引非顺序文件的索引是稠密索引,而索引顺序文件的是稀疏索引,故后者的索引减少了索引项的数目,虽然它不能进行“预查找”,但由于索引占用空间较少、管理要求低,因而提高了索引表的查找速度。因此,索引顺序文件是最常用的一种文件组织。

(3) 哈希文件也称为直接存取文件,是利用哈希法(哈希法)组织文件,它类似于哈希表,根据文件中关键字的哈希函数值和处理冲突的方法,将记录保存到外存上。这种文件组织方法只适用于像磁盘这样的直接存取设备。哈希文件的优点是:文件可以随机存放,记录不必进行排序,插入、删除操作方便,存取速度快,无需索引区,因而节省存储空间。哈希文件的缺点是:不能进行顺序存取且访问方式也只限于简单询问,此外在经过多次插入、删除后可能出现文件结构不合理以及记录分布不均匀等现象,这时需要重组文件,而这个工作是很费时的。

12.2 某职工表文件如表12.1所示,其中以职工号码为主关键字。

(1) 若将职工文件组织成顺序有序文件,请写出文件的存储结构。

(2) 若将该文件组织成索引非顺序文件,请写出其索引表结构。

(3) 若将该文件组织成多重表文件,请写出主文件结构及性别索引,工作时间索引(只考虑年份)及年龄段(10岁为一个年龄段)索引。

(4) 若将该文件组织成倒排文件,请写出性别索引、职称索引及年龄段索引,组织索引要求同(3)。

表12.1 职工表

物理地址	职工号	姓名	年龄	性别	工作时间	职称
1	105	李华	36	男	1997.7	副教授
2	125	王丽	42	女	1984.7	副教授
3	108	张英	28	男	1998.7	讲师
4	182	陈军	52	男	1970.9	教授
5	135	吴斌	25	男	1999.9	助教
6	116	章萍	58	女	1965.9	教授
7	140	华明	40	男	1989.7	讲师

答:(1) 该文件若组织为顺序有序文件,则应将职工文件记录按职工号码有序存放,每个记录信息不变。假设其顺序有序文件仍存储在原文件区域,则它的文件结构如表12.2所示(假设物理地址编号从1开始)。

(2) 若该文件组织成索引非顺序文件,则主文件即为表12.1的职工文件,其索引文件如表12.3所示(假设物理地址编号从11开始)。

(3) 若将该文件组成多重链表文件,其主文件如表12.4所示;其性别索引、职称索引和年龄索引分别如表12.5、表12.6、表12.7所示。

(4) 若将该文件组织成倒排文件,主文件如表12.1所示,对应的性别索引、职称索引及年龄段索引分别如表12.8、表12.9和表12.10所示。

表 12.2 职工的顺序有序文件存储结构

物理地址	职工号	姓名	年龄	性别	工作时间	职称
1	105	李华	36	男	1997.7	副教授
2	108	张英	28	男	1998.7	讲师
3	116	章萍	58	女	1965.9	教授
4	125	王丽	42	女	1984.7	副教授
5	135	吴斌	25	男	1999.9	助教
6	140	华明	40	男	1989.7	讲师
7	182	陈军	52	男	1970.9	教授

表 12.3 索引表

物理地址	职工号	物理地址
11	105	1
12	108	3
13	116	6
14	125	2
15	135	5
16	140	7
17	182	4

表 12.4 多重链表主文件

物理地址	职工号	姓名	年龄	性别	工作时间	职称	性别链	年龄链	职称链
1	105	李华	36	男	1997.7	副教授	3	∧	2
2	125	王丽	42	女	1984.7	副教授	6	7	∧
3	108	张英	28	男	1998.7	讲师	4	5	7
4	182	陈军	52	男	1970.9	教授	5	6	6
5	135	吴斌	25	男	1999.9	助教	7	∧	∧
6	116	章萍	58	女	1965.9	教授	∧	∧	∧
7	140	华明	40	男	1989.7	讲师	∧	∧	∧

表 12.5 性别索引

次关键字	头指针	链长
男	1	5
女	2	2

表 12.6 职称索引

次关键字	头指针	链长
助教	5	1
讲师	3	2
副教授	1	2
教授	4	2

表 12.7 年龄索引

次关键字	头指针	链长
20～29	3	2
30～39	1	1
40～49	2	2
50～59	4	2

表 12.8　性别倒排索引

次关键字	物理地址
男	1,3,4,5,7
女	2,6

表 12.9　职称倒排索引

次关键字	物理地址
助教	5
讲师	3,7
副教授	1,2
教授	4,6

表 12.10　年龄倒排索引

次关键字	物理地址
20～29	3,5
30～39	1
40～49	2,7
50～59	4,6

12.3　补充练习题及参考答案

12.3.1　单项选择题

1. 影响文件检索效率的一个重要因素是________。

A. 逻辑记录的大小　　B. 物理记录的大小
C. 访问外存的次数　　D. 设备的读写速度

答：C。

2. 顺序文件适合于________。

A. 直接存取　　B. 成批处理　　C. 按关键字存取　　D. 随机存取

答：顺序文件的优点是顺序存取速度较快，故顺序存取或成批处理较方便。本题答案为 B。

3. 索引顺序文件的记录，在逻辑上按关键字的顺序排列，但物理上不一定按关键字顺序存储，故需建立一个指示逻辑记录和物理记录之间一一对应关系的________。

A. 索引表　　B. 链接表　　C. 符号表　　D. 交叉访问表

答：A。

4. 索引顺序文件中，________。

A. 主文件是无序的　　B. 主文件是有序的
C. 不适宜随机查找　　D. 索引是稠密索引

答：B。

5. 索引无序文件是指________。

A. 主文件无序，索引表有序　　B. 主文件有序，索引表无序
C. 主文件有序，索引表有序　　D. 主文件无序，索引表无序

答：A。

6. 用 ISAM 和 VSAM 组织文件属于________。

A. 顺序文件　　B. 索引文件　　C. 哈希文件　　D. 多关键字文件

答：B。

7. 删除 ISAM 文件记录时,一般________。

A. 只需作删除标志　　B. 需移动记录

C. 需改变指针　　D. 一旦删除就要整理

答:ISAM 文件在删除记录时,只需找到待删记录并设置删除标志即可,并不需移动记录或改变指针。本题答案为 A。

8. 直接存取方法是利用________进行组织的文件。

A. 哈希法　　B. 顺序索引法　　C. VSAM 法　　D. ISAM 法

答:直接存取文件也称哈希文件,是利用哈希法进行组织的文件。本题答案为 A。

9. 对于索引文件,稠密索引中的每个索引项对应被索引表中的________。

A. 所有记录　　B. n 条以下记录　　C. 一条记录　　D. 多条记录

答:在索引文件中,若索引表中的每个索引项对应主文件中的一条记录,则称此索引表为稠密索引表。本题答案为 C。

10. 对文件进行直接存取的依据是________。

A. 按逻辑记录号去存取某个记录

B. 按逻辑记录的关键字去存取某个记录

C. 按逻辑记录的结构去存取某个记录

D. 按逻辑记录的具体内容去存取某个记录

答:B。

11. 直接存取文件的特点是________。

A. 记录按关键字排序　　B. 记录可以进行顺序存取

C. 存取速度快但占用较多的存储空间　　D. 记录不需要排序且存取效率高

答:直接存取文件即哈希文件,其特点是记录不需要排序且存取效率高。本题答案为 D。

12. 对于哈希文件,以下说法错误的是________。

A. 哈希文件插入、删除方便,不需要索引区且节省存储空间

B. 哈希文件只能按关键字随机存取且存取速度快

C. 经过多次插入、删除后,可能出现溢出桶满而基桶内多数记录已被删除的情况

D. 哈希文件顺序存取方便

答:哈希文件的缺点是:不能进行顺序存取,多次插入、删除后可能会造成文件结构不合理。本题答案为 D。

13. 倒排文件的主要优点是________。

A. 便于进行插入和删除运算　　B. 便于节省存储空间

C. 便于进行文件合并　　D. 能大大提高基于非关键字的检索速度

答:D。

14. 倒排文件包含有若干个倒排表,倒排表的内容是________,倒排文件检查速度快但修改、维护较难。

A. 一个关键字值和该关键字的记录地址

B. 一个属性值和该属性的一个记录地址

C. 一个属性值和该属性的全部记录地址

D. 多个关键字值和它们相对应的某个记录地址

答：C。

15. 倒排文件中的倒排表是指________。

A. 主关键字索引　　B. 次关键字索引

C. 物理顺序与逻辑顺序不一致　　D. 多关键字索引

答：B。

12.3.2 填空题

1. 文件中的记录有物理记录和________之分。

答：逻辑记录。

2. 索引顺序文件既可以顺序存取，也可以________存取。

答：直接。

3. 顺序文件是指记录按进入文件的先后顺序存放，其________相一致。

答：逻辑顺序和物理顺序。

4. 对文件的检索有__①__、__②__和__③__检索三种方式。

答：① 顺序　② 直接　③ 按关键字。

5. 索引文件由________和主文件两部分组成。

答：索引表。

6. 索引文件的索引表都是按________有序的。

答：由索引文件的结构可知本题答案为关键字。

7. 索引文件的检索分成两步完成，第一步是__①__，第二步是__②__。

答：① 将索引表读入内存并查找到相应的物理地址　② 根据索引表所指示的物理地址将记录所在的数据块读入内存进行查找。

8. 哈希文件是用________方法组织的。

答：哈希。

9. 在多重表文件中，索引表通常都是________。

答：稀疏索引。

12.3.3 判断题

1. 判断以下叙述的正确性。

(1) 构成文件的基本单位是记录。

(2) 对顺序文件来说，两条相邻的逻辑记录，一定是存放在两条相邻的物理记录中的。

(3) 索引非顺序文件的特点是索引表中的索引项不一定按关键字大小有序排列。

(4) 对索引文件来说，索引表是建立在内存中的，而数据区是建立在外存中的。

(5) 非稠密索引只能用于索引顺序文件。

(6) 稠密索引的优点是节省存储空间。

(7) 哈希文件是一种直接存取文件。

(8) 在哈希文件上是不可以进行顺序存取的。

(9) 多重表文件是用链接方法组织起来的。

(10) 多重表文件一般含有多个索引表。

(11) 建立动态索引的目的是为了便于修改。

(12) B－树和B＋树都是用来实现动态索引的。

答:(1) 正确。

(2) 正确。

(3) 错误。

(4) 错误。

(5) 正确。

(6) 错误。

(7) 正确。

(8) 正确。

(9) 正确。

(10) 正确。

(11) 正确。

(12) 正确。

12.3.4 简答题

1. 假设某文件有21个记录,其记录关键字为{7,23,1,18,4,24,56,184,27,63,35,109,15,26,83,215,19,8,16,33,75}。构造一个哈希文件,桶的大小m=3,期望对文件进行一次查询时,读取外存数的平均值不超过1.5。试问该文件应有多大?用除余法作为哈希函数,请设计此函数并画出构造好的哈希文件。

答:已知记录个数n=21,桶容量m=3,存取桶数的期望值(即拉链法成功查找长度)a=1.5,因为

$a=1+\alpha/2$,所以 $\alpha=1$

又因为 $\alpha=\dfrac{n}{b\times m}$(b×m为总长度),所以 $b=\dfrac{n}{\alpha\times m}=7$

可知本文件应有7个桶。

哈希函数为H(key)=key MOD 7

用此函数算出各个记录桶号后构成的哈希文件如图12.1所示。

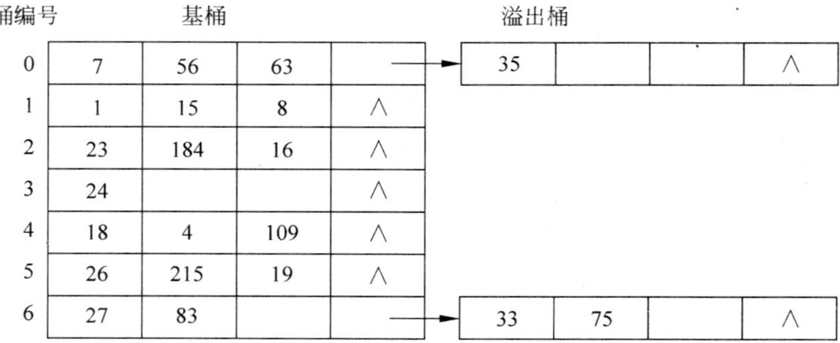

图12.1 哈希文件

2. 已知职工文件中包括职工号、职工姓名、职务和职称 4 个数据项(如表 12.11 所示)。职务有“校长”、“系主任”、“室主任”和“教员”；“校长”领导所有“系主任”,“系主任”领导他所在系的所有“室主任”,“室主任”领导他所在室的全体“教员”；职称有教授、副教授和讲师 3 种。请在职工文件的数据结构中设置若干指针项和索引,以满足下列两种查找的需要：

(1) 能够检索出全体职工间各级领导与被领导的情况；

(2) 能够分别检索出全体教授、全体副教授、全体讲师。

要求指针数量尽可能少,给出各指针项索引的名称及含义即可。

答：为了能够检索出全体职工间各级领导与被领导的情况,在职务项中增加一个“领导”指针项,指向其领导者,例如,最高领导“校长”的该指针项为 NULL,每个“系主任”的领导指针项指向“校长”,每个“室主任”的领导指针项指向相对应的“系主任”,每个“教员”的领导指针项指向相对应的“室主任”。这样,可以方便查找诸如某个“教员”的“系主任”是谁。

另外,还需建立一个“被领导”指针项,指向同一被领导的下一个职工,并建立一个相对应的“被领导”索引表。例如,假设 004 号“室主任”领导两个教员为 001 和 008,则 004 的“被领导”指针项指向 001,001 的“被领导”指针项指向 008,008 的“被领导”指针项为 NULL。在“被领导”索引表中 004 对应的索引项的头指针为 001。这样可以方便查找某领导所领导的所有下属职工。

为了能够分别检索出全体教授、全体副教授、全体讲师,在职称项中增加一个“职称”指针项和一个“职称”索引表。“职称”指针项指向同一职称的下一个职工,例如,对于“讲师”职称,001 的“职称”指针项指向 008,008 的“职称”指针项为 NULL。增加一个“职称”索引表如表 12.12 所示。

表 12.11 职工文件

职工号	姓名	职务	职称
001	张军	教员	讲师
002	沈灵	系主任	教授
003	叶明	校长	教授
004	张莲	室主任	副教授
005	叶宏	系主任	教授
006	周芳	教员	教授
007	刘光	系主任	教授
008	黄兵	教员	讲师
009	李民	室主任	教授
010	赵松	教员	副教授

表 12.12 “职称”索引表

关键字	头指针	长度
讲师	001	2
副教授	004	2
教授	002	6

APPENDIX A

附录 A 四份本科生数据结构期末考试试题及参考答案

试题 1

一、单项选择题(每小题 2 分,共 20 分)

1. 数据结构在计算机内存中的表示是指________。

A. 数据的存储结构　　　　B. 数据结构

C. 数据的逻辑结构　　　　D. 数据元素之间的关系

2. 若线性表最常用的运算是存取第 i 个元素及其前驱的值,则采用________存储方式比较节省时间。

A. 单链表　　　　B. 双链表

C. 循环单链表　　　　D. 顺序表

3. 在一个具有 n 个节点的有序单链表中插入一个新节点使得仍然有序,其算法的时间复杂度为________。

A. $O(\log_2 n)$　　B. O(1)　　C. $O(n^2)$　　D. O(n)

4. 栈和队列的共同点是________。

A. 都是先进后出　　　　B. 都是先进先出

C. 只允许在端点处插入和删除元素　　　　D. 没有共同点

5. 判定一个循环队列 Q(存放元素位置为 0～QueueSize－1,front 指向队头元素的前一个位置,rear 指向队尾元素的位置)队满的条件是________。

A. Q. front＝＝Q. rear

B. Q. front＋1＝＝Q. rear

C. Q. front＝＝(Q. rear＋1)％QueueSize

D. Q. rear＝＝(Q. front＋1)％QueueSize

6. 串是________。

A. 不少于一个字母的序列　　　　B. 任意个字母的序列

C. 不少于一个字符的序列　　　　D. 有限个字符的序列

7. 一个 n×n 的对称矩阵,如果以行或列为主序并采用压缩方式放入内存,则容量为________。

A. n^2　　B. $\frac{n^2}{2}$　　C. $\frac{n(n+1)}{2}$　　D. $\frac{(n+1)^2}{2}$

8. 二叉树若用顺序方法存储,则下列4种运算中的________最容易实现。

A. 先序遍历二叉树　　B. 判断两个指定节点是不是在同一层上

C. 层次遍历二叉树　　D. 根据节点的值查找其存储位置

9. 在n个节点的线索二叉树中,线索的数目为________。

A. n−1　　B. n　　C. n+1　　D. 2n

10. 在二叉排序树中,凡是新插入的节点,都是没有________的。

A. 孩子　　B. 关键字　　C. 平衡因子　　D. 赋值

二、填空题(每题2分,共10分)

1. 顺序队列在实现的时候,通常将数组看成是一个首尾相连的环,这样做的目的是为避免产生________现象。

2. 广义表(a,(a,b))的长度是__①__,深度是__②__。

3. 设有两个串p和q,其中q是p的子串,求q在p中首次出现的位置的算法称为________。

4. 对二叉排序树进行________遍历,可以得到按关键字从小到大排列的节点序列。

5. 若一组记录的关键字为{46,79,56,38,40,84},利用快速排序的方法,以第1个记录为基准得到的第一次划分结果为________。

三、问答题(每小题6分,共30分)

1. 设n为3的倍数,分析以下算法的时间复杂度(需给出推导过程)。

```
void fun(int n)
{    int i,j,x,y;
     for (i = 1;i <= n;i++)
         if (3 * i <= n)
             for (j = 3 * i;j <= n;j++)
             {
                 x++;y = 3 * x + 2;
             }
}
```

2. 二维数组A[4][4](即A[0..3][0..3])的元素起始地址是loc(A[0][0])=1000,元素的长度为2,则LOC(A[2][2])为多少?

3. 如果一棵哈夫曼树T有 n_0 个叶子节点,那么,树T有多少个节点,要求给出求解过程。

4. 有一个有序表R[1..13]={1,3,9,12,32,41,45,62,75,77,82,95,100},当用二分查找法查找关键字为82的节点时,经多少次比较后查找成功,依次与哪些关键字进行比较?

5. 以关键字序列{265,301,751,129,937,863,742,694,76,438}为例,给出归并排序算法的各趟排序结束时关键字序列的状态。

四、算法设计题(共40分)

1. 设计一个算法,将一个带头节点的数据域依次为 $a_1, a_2, \cdots, a_n (n \geqslant 3)$ 的双链表的所有节点逆置,即第一个节点的数据域变为 a_n,第二个节点的数据域变为 a_{n-1},…,最后一个节点的数据域为 a_1。(10分)

2. 一棵具有n个节点的完全二叉树以顺序方式存储在数组A(其大小为MaxSize)中。设计一个算法构造该二叉树的二叉链存储结构。(15分)

3. 假设图G采用邻接表存储,设计一个算法,判断无向图G是否连通。若连通则返回true;否则返回false。(15分)

试题1参考答案

一、1. A 2. D 3. D 4. C 5. C 6. D 7. C 8. C 9. C 10. A

二、1. 假溢出 2. ①2 ②2 3. 模式匹配 4. 中序 5. 40,38,46,56,79,84

三、1. **答**:该算法中的基本运算是“x++”和“y=3*x+2”语句。对于最外层的for循环,其执行频度为n+1,但对于里层的for循环,只在 $3i \leqslant n$ 即 $i \leqslant n/3$ 时才执行,故基本运算的执行频度 $= \sum_{i=1}^{n/3}\sum_{j=3i}^{n} 1 = \sum_{i=1}^{n/3}(n-3i+1) = \frac{n(n-1)}{6} = O(n^2)$。本算法的时间复杂度为 $O(n^2)$。

2. **答**:LOC(A[2][2])=LOC(A[0][0])+[(2−0)*(3−0+1)+(2−0)]*2=1020。

3. **答**:一棵哈夫曼树中只有度为2和0的节点,没有度为1的节点,由非空二叉树的性质1可知,$n_0 = n_2 + 1$,即 $n_2 = n_0 - 1$,则:总节点数 $n = n_0 + n_2 = 2n_0 - 1$。

4. **答**:n=13,R[11]=82,第1次与R[(1+13)/2=7]=45比较,第2次与R[(8+13)/2=10]=77比较,第3次与R[(11+13)/2=12]=95比较,第4次与R[(10+12)/2=11]=85比较,成功,总共比较4次,依次比较的关键字为45、77、95和85。

5. **答**:归并排序过程如下:

```
初始状态:    265,301,751,129,937,863,742,694,076,438
    第1趟:[256,301],[129,751],[863,937],[694,742],[76,438]
    第2趟:[129,256,301,751],[694,742,863,937],[76,438]
    第3趟:[76,129,256,301,438,694,742,751,863,937]
```

四、1. **解**:采用头插法建表思想,算法如下:

```
void Reverse(DLinkList * &h)
{   DLinkList * p = h -> next, * q;
    h -> next = NULL;
    while (p!= NULL)
    {   q = p -> next;
        p -> next = h -> next;                //将p所指节点插入到头节点之后
        p -> prior = h;
        p = q;
    }
}
```

2. **解**：对于以顺序方式存储在数组 A(其大小为 MaxSize)中的一棵完全二叉树，节点 A[i]的左孩子为 A[2i]，右孩子为 A[2i+1]。采用递归方式创建该二叉树的链式存储表示。对应的算法如下：

```
void Ctree(BTNode *&b,ElemType A[],int i)
{   if (i>=MaxSize || A[i]=='#')
        b=NULL;
    else
    {   b=(BTNode *)malloc(sizeof(BTNode));
        b->data=A[i];
        Ctree(b->lchild,A,2*i);              //构造*b的左子树
        Ctree(b->rchild,A,2*i+1);            //构造*b的右子树
    }
}
```

3. **解**：采用遍历方式判断无向图 G 是否连通。这里用深度优先遍历方法，先给 visited[]数组置初值 0，然后从 0 顶点开始遍历该图。在一次遍历之后，若所有顶点 i 的 visited[i]均为 1，则该图是连通的；否则不连通。对应的算法如下：

```
int visited[MaxV];
bool Connect(MyGraph *G)                     //判断无向图G的连通性
{   int i;
    bool flag=true;
    int visited[Vnum];
    for (i=0;i<G->n;i++)
        visited[i]=0;
    DFS(g,0);                                //调用DFS算法或BFS算法
    for (i=0;i<G->n;i++)
        if (visited[i]==0)
        {   flag=false;
            break;
        }
    return flag;
}
```

试题 2

一、单项选择题(每小题 2 分，共 20 分)

1. 数据的运算________。
   A. 效率与采用何种存储结构有关　　B. 是根据存储结构来定义的
   C. 有算术运算和关系运算两大类　　D. 必须用程序设计语言来描述
2. 链表不具备的特点是________。
   A. 可随机访问任一节点　　B. 插入删除不需要移动元素
   C. 不必事先估计存储空间　　D. 所需空间与其长度成正比
3. 在顺序表中删除一个元素的时间复杂度为________。
   A. $O(1)$　　B. $O(\log_2 n)$　　C. $O(n)$　　D. $O(n^2)$

4. 以下线性表的存储结构中具有随机存取功能的是________。

A. 不带头节点的单链表　　B. 带头节点的单链表

C. 循环双链表　　D. 顺序表

5. 一个栈的进栈序列是 a,b,c,d,e,则栈的不可能的输出序列是________。

A. edcba　　B. decba　　C. dceab　　D. abcde

6. 循环队列 qu(front 指向队头元素的前一个位置,rear 指向队尾元素的位置)的队空条件是________。

A. (qu.rear+1)%MaxSize==(qu.front+1)%MaxSize

B. (qu.rear+1)%MaxSize==qu.front+1

C. (qu.rear+1)%MaxSize==qu.front

D. qu.rear==qu.front

7. 两个串相等必有串长度相等且________。

A. 串的各位置字符任意　　B. 串中各位置字符均对应相同

C. 两个串含有相同的字符　　D. 两个串所含字符任意

8. 用直接插入排序对下面 4 个序列进行递增排序,元素比较次数最少的是________。

A. 94,32,40,90,80,46,21,69　　B. 32,40,21,46,69,94,90,80

C. 21,32,46,40,80,69,90,94　　D. 90,69,80,46,21,32,94,40

9. 以下序列不是堆(大根或小根)的是________。

A. {100,85,98,77,80,60,82,40,20,10,66}

B. {100,98,85,82,80,77,66,60,40,20,10}

C. {10,20,40,60,66,77,80,82,85,98,100}

D. {100,85,40,77,80,60,66,98,82,10,20}

10. 以下排序方法中,________在初始序列已基本有序的情况下排序效率最高。

A. 直接选择排序　B. 冒泡排序　　C. 快速排序　　D. 堆排序

二、填空题(每题 2 分,共 10 分)

1. 将 $f=1+\frac{1}{2}+\frac{1}{3}+\cdots\frac{1}{n}$ $(n>3)$ 转化成递归函数,其递归出口是__①__,递归体是__②__。

2. 广义表((),a,(a),((a)))的长度是__①__,深度是__②__。

3. 具有 n 个节点的二叉树采用二叉链存储结构,共有________个空指针域。

4. 在有 n 个顶点的有向图中,每个顶点的度最大可达________。

5. 外排序的基本方法是归并法。它一般要经历__①__和__②__两个阶段。

三、问答题(共 30 分)

1. 设 n 是偶数,试计算运行下列程序段后 m 的值并给出该程序段的时间复杂度(需写出过程)。(6 分)

```
int m = 0, i, j;
for (i = 1; i <= n; i++)
    for (j = 2 * i; j <= n; j++)
        m++;
```

2. 如果对线性表的运算只有 4 种，即删除第一个元素，删除最后一个元素，在第一个元素前面插入新元素，在最后一个元素的后面插入新元素，则最好使用以下哪种存储结构？说明理由。(12 分)

(1) 只有表尾指针没有表头指针的循环单链表。

(2) 只有表尾指针没有表头指针的非循环双链表。

(3) 只有表头指针没有表尾指针的循环双链表。

(4) 既有表头指针也有表尾指针的循环单链表。

3. 有一个有序表 R[1..13]={2,3,5,10,32,41,45,62,75,77,85,95,100}，当用二分查找法查找关键字为 75 的节点时，经多少次比较后查找成功，依次与哪些关键字进行比较？(6 分)

4. 设二叉排序树中关键字互不相同，证明，其中最小关键字节点必无左孩子，最大关键字节点必无右孩子。(6 分)

四、算法设计题(共 40 分)

1. 设计一个算法，将一个头节点为 L 的单链表(假设节点值为整数)分解成两个单链表 L1 和 L2，使得 L1 链表中含有原链表 L1 中值为奇数的元素，而 L2 链表中含有原链表 A 中值为偶数的元素，且保持原来的相对顺序。(10 分)

2. 假设二叉树采用二叉链存储结构存储，设计一个算法，求先序遍历序列中第 k($1\leqslant k\leqslant$二叉树中节点个数)个节点的值。(15 分)

3. 假设图 G 采用邻接表存储，设计一个算法求无向图 G 的连通分量个数。(15 分)

试题 2 参考答案

一、1. A　2. A　3. C　4. D　5. C　6. D　7. B　8. C　9. D　10. B

二、1. ① $f(1)=1$　② $f(n)=f(n-1)+\frac{1}{n}$　2. ①4　②3　3. n+1　4. 2(n-1)

5. ① 产生初始归并段(或顺串)　② 多路归并

三、1. **答**：算法的基本操作为 m++，由于内循环从 2*i～n，即 i 的最大值满足：$2i\leqslant n, i\leqslant\frac{n}{2}$，所以该语句的频度：

$$T(n)=\sum_{i=1}^{n/2}\sum_{j=2i}^{n}1=\sum_{i=1}^{n/2}(n-2i+1)=n*\frac{n}{2}-2\sum_{i=1}^{n/2}i+\frac{n}{2}=\frac{n^2}{4}=O(n^2)$$

该程序段的时间复杂度为 $O(n^2)$。

2. **答**：(3)，原因是在该链表上实现这 4 种运算的时间复杂度均为 O(1)。

3. **答**：1..13：R[(1+13)/2]=R[7]=45<75，

8..13：R[(8+13)/2]=R[10]=77>75，

8..9：R[(8+9)/2]=R[8]=62<75，

9..9：R[(9+9)/2]=R[9]=75

经 4 次比较后查找成功，依次与 45、77、62 和 75 关键字进行比较。

4. **证明**：因为假设最小元为 min，若最小元 min 有左孩子 min'，根据二叉排序树的定义得到 min'<min，与 min 是最小元矛盾，由此反证出最小元必无左孩子；同理可反证出最大元必无右孩子。

四、1. **解**：采用尾插法建立表 L1 和 L2。算法如下：

```
void split(LinkList * L, LinkList * &L1, LinkList * &L2)
{   LinkList * p = L -> next, * r1, * r2;
    L1 = L;r1 = L1;
    L2 = ( LinkList * )malloc(sizeof(LinkList));
    r2 = L2;
    while (p!= NULL)
    {   if (p -> data % 2 == 1)                    //为奇数
        {   r1 -> next = p;r1 = p;
            p = p -> next;
        }
        else                                       //为偶数
        {   r2 -> next = p;r2 = p;
            p = p -> next;
        }
    }
    r1 -> next = r2 -> next = NULL;
}
```

2. **解**：用全局变量 i(初值为 1)保存在先序遍历中访问的一个节点的序号，当 i=k 时，此时访问的是第 k 个节点，输出其 data 域值。对应的算法如下：

```
int i = 1;                                         //全局变量
void PreNode(BTNode * b,int k)
{   if (b!= NULL)
    {   if (i == k)
            printf(" %d\n",b -> data);             //输出第 k 个节点的值
        else
            i ++ ;                                 //访问下一个节点
        PreNode(b -> lchild,k);                    //递归遍历左子树
        PreNode(b -> rchild,k);                    //递归遍历右子树
    }
}
```

3. **解**：采用遍历方式求无向图 G 的连通个数。若用深度优先遍历方法，先给 visited[] 数组置初值 0，然后从 0 顶点开始遍历该图，调用 DFS 的次数即为连通分量的个数。对应的算法如下：

```
int visited[MAXV];                                 //全局变量
int ConNum(AGraph * G)                             //判断无向图 G 的连通性
{   int i,num = 0;
    for (i = 0;i < G -> n;i++)
        visited[i] = 0;
    for (i = 0;i < G -> n;i++)
        if (visited[i] == 0)
        {   num++;
            DFS(G,i);                              //调用 DFS 算法
        }
    return num;
}
```

试题 3

一、单项选择题(每小题 2 分,共 20 分)

1. 在存储数据时,通常不仅要存储各数据元素的值,而且还要存储________。

A. 数据的处理方法　　　　B. 数据元素的类型

C. 数据元素之间的关系　　　　D. 数据的存储方法

2. 下述函数中对应的时间复杂度(n 为问题规模)最小是________。

A. $T1(n)=n\log_2 n+5000n$　　　　B. $T2(n)=n^2-8000n$

C. $T3(n)=n^{\log_2 n}-6000n$　　　　D. $T4(n)=100\,000\log_2 n$

3. 设线性表有 n 个元素,在以下操作中,________在顺序表上实现比在链表上实现效率更高。

A. 输出第 $i(1\leqslant i\leqslant n)$个元素值

B. 交换第 1 个元素与第 2 个元素的值

C. 顺序输出这 n 个元素的值

D. 输出与给定值 x 相等的元素在线性表中的序号

4. 设 n 个元素进栈序列是 $p_1,p_2,p_3,\cdots,p_n$,其输出序列是 $1,2,3,\cdots,n$,若 $p_3=3$,则 p_1 的值________。

A. 可能是 2　　B. 一定是 2　　C. 不可能是 1　　D. 一定是 1

5. 以下各种存储结构中,最适合用做链队的链表是________。

A. 带队首指针和队尾指针的循环单链表

B. 带队首指针和队尾指针的非循环单链表

C. 只带队首指针的非循环单链表

D. 只带队首指针的循环单链表

6. 对于链串 s(长度为 n,每个节点存储一个字符),查找元素值为 ch 的算法的时间复杂度为________。

A. O(1)　　B. O(n)　　C. $O(n^2)$　　D. 以上都不对

7. 设二维数组 A[6][10],每个数组元素占用 4 个存储单元,若按行优先顺序存放的数组元素 a[3][5]的存储地址为 1000,则 a[0][0]的存储地址是________。

A. 872　　B. 860　　C. 868　　D. 864

8. 一个具有 1025 个节点的二叉树的高 h 为________。

A. 11　　B. 10　　C. 11～1025　　D. 12～1024

9. 一棵二叉树的后序遍历序列为 DABEC,中序遍历序列为 DEBAC,则先序遍历序列为________。

A. ACBED　　B. DECAB　　C. DEABC　　D. CEDBA

10. 对图 A.1 所示的无向图,从顶点 1 开始进行深度优先遍历;可得到顶点访问序列________。

A. 1 2 4 3 5 7 6　　　　B. 1 2 4 3 5 6 7

C. 1 2 4 5 6 3 7　　　　　　D. 1 2 3 4 5 7 6

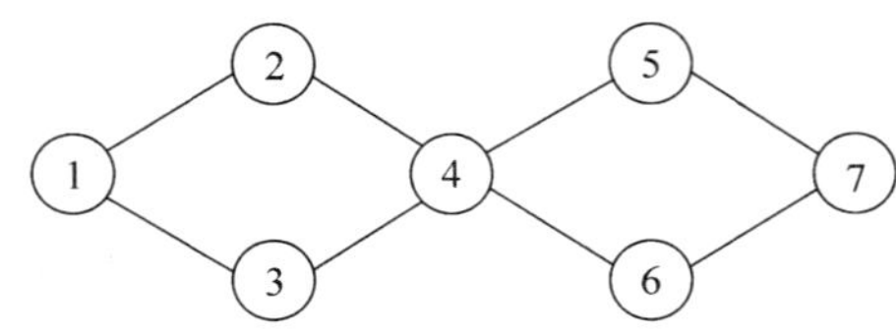

图 A.1　一个无向图

二、填空题(每题 2 分,共 10 分)

1. 顺序队和链队的区别仅在于________的不同。

2. 在有 n 个顶点的有向图中,每个顶点的度最大可达________。

3. 对有 18 个元素的有序表 R[1..18]进行二分查找,则查找 R[3]的比较序列的下标为________。

4. 对含有 n 元素的关键字序列进行直接选择排序时,所需的关键字之间的比较次数为________。

5. 已知关键字序列为{2,7,4,3,1,9,10,5,6,8},采用堆排序法对该序列作升序排序时,构造的初始堆(大根堆)是________。(不用画出堆,只需写出初始堆的序列)

三、问答题(共 40 分)

1. 一棵完全二叉树上有 1001 个节点,其中叶子节点的个数是多少?(需写出推导过程,8 分)

2. 分别给出在如下情况下求任意一个顶点的度的过程(只需文字描述):(8 分)

(1) 含 n 个顶点的无向图采用邻接矩阵存储;

(2) 含 n 个顶点的无向图采用邻接表存储;

(3) 含 n 个顶点的有向图采用邻接矩阵存储;

(4) 含 n 个顶点的有向图采用邻接表存储。

3. 将整数序列{4,5,7,2,1,3,6}中的数依次插入到一棵空的平衡二叉树中,试构造相应的平衡二叉树。(要求画出每个元素插入过程,若需调整,还需给出调整后的结果,并指出是什么类型的调整,12 分)

4. 在实现插入直接排序过程中,假设 R[0..i－1]为有序区,R[i..n－1]为无序区,现要将 R[i]插入到有序区中,可以用二分查找来确定 R[i]在有序区中的可能插入位置,这样做能否改善直接插入排序算法的时间复杂度?为什么?(8 分)

5. 简述外排序的两个阶段。(4 分)

四、算法设计题(共 30 分)

1. 设计一个算法 delminnode(LinkList *&L),在带头节点的单链表 L 中删除所有节点值最小的节点(可能有多个节点值最小的节点)。(15 分)

2. 假设二叉树采用二叉链存储结构存储,设计一个算法 copy(BTNode *b,BTNode *&t),由二叉树 b 复制成另一棵二叉树 t。(15 分)

试题 3 参考答案

一、1. C　2. D　3. A　4. A　5. B　6. B　7. B　8. C　9. D　10. A

二、1. 存储方法或存储结构　2. 2(n－1)　3. 9、4、2、3　4. n(n－1)/2　5. 10,8,9,6,7,2,4,5,3,1

三、1. **答**：二叉树中度为 1 的节点个数只能是 1 或 0。设 $n_1=1$，$n=n_0+n_1+n_2=n_0+n_2+1=1001$，由性质 1 可知 $n_0=n_2+1$，由两式可求 $n_0=500.5$，不成立；设 $n_1=0$，$n=n_0+n_1+n_2=n_0+n_2=1001$，由性质 1 可知 $n_0=n_2+1$，由两式可求 $n_0=501$。本题答案为：501。

2. **答**：对于邻接矩阵表示的无向图，顶点 i 的度等于第 i 行中元素等于 1 的个数；对于邻接矩阵表示的有向图，顶点 i 的出度等于第 i 行中元素等于 1 的个数，入度等于第 i 列中元素等于 1 的个数；顶点 i 的度等于它们之和。

对于邻接表表示的无向图，顶点 i 的度等于 G－＞adjlist[i]为头节点的单链表中节点的个数；对于邻接表表示的有向图，顶点 i 的出度等于 G－＞adjlist[i]为头节点的单链表中的节点个数，入度需要遍历各顶点的边表，若 G－＞adjlist[k]为头节点的单链表中存在顶点编号为 i 的节点，则顶点 i 的入度增 1，顶点 i 的度等于它们之和。

3. **答**：建立平衡二叉树过程如图 A.2 所示(图中加阴影的节点表示要调整的节点)。

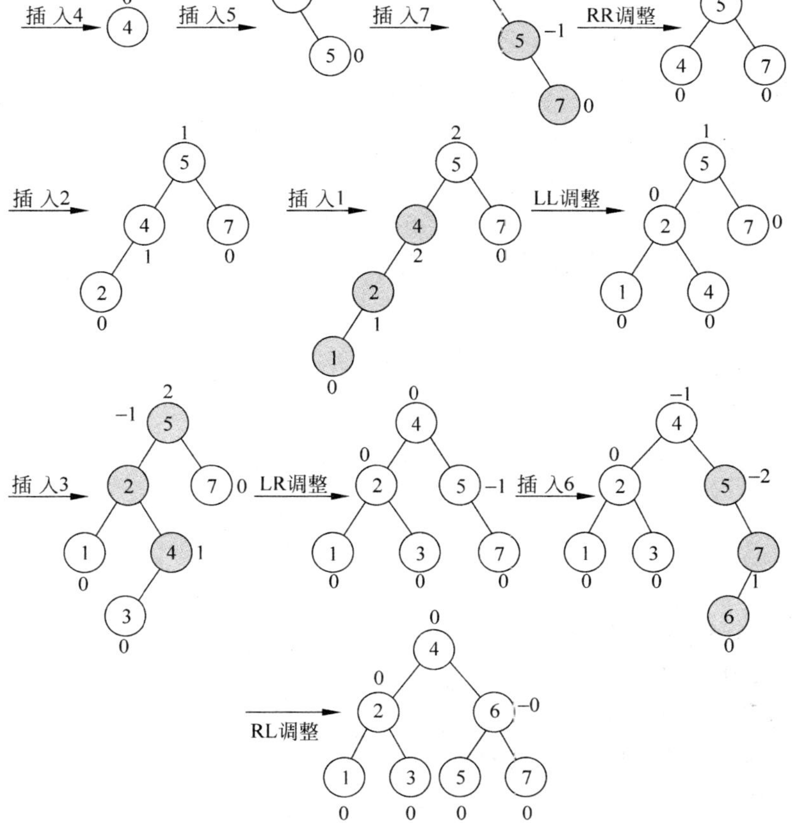

图 A.2　构造平衡二叉树过程

4. **答**:不能。因为在这里采用二分查找只减少了关键字间的比较次数,而记录的移动次数不变,时间的复杂度仍为 $O(n^2)$。

5. **答**:生成初始归并段(或顺串),采用多路平衡归并方法进行归并。

四、1. **解**:用 p 从头至尾扫描单链表,求出最小节点值 mindata。然后用 pre、p(pre 指向 * p 的前驱节点)扫描整个单链表,并通过比较删除值为 mindata 的节点。算法如下:

```
void delminnode(LinkList * &L)
{   LinkList * pre = L, * p = pre -> next;
    ElemType mindata = p -> data;
    while (p!= NULL)
    {   if (p -> data < mindata)
            mindata = p -> data;
        p = p -> next;
    }
    p = pre -> next;
    while (p!= NULL)
    {   if (p -> data == mindata)
        {   pre -> next = p -> next;
            free(p);
        }
        pre = pre -> next;
        p = pre -> next;
    }
}
```

2. **解**:由二叉链 b 复制产生二叉链 t 的递归算法如下:

```
void copy(BTNode * b,BTNode * &t)
{   BTNode * l, * r;
    if (b == NULL) t = NULL;
    else
    {   t = (BTNode * )malloc(sizeof(BTNode));
        copy(b -> lchild,l);
        copy(b -> rchild,r);
        t -> lchild = l;
        t -> rchild = r;
    }
}
```

试题 4

一、单项选择题(每小题 2 分,共 20 分)

1. 下列说法中,不正确的是________。
   A. 数据元素是数据的基本单位
   B. 数据项是数据中不可分割的最小可标识单位
   C. 数据可由若干个数据元素构成
   D. 数据项可由若干个数据元素构成

2. 若线性表最常用的运算是存取第 i 个元素及其前驱元素，则采用________存储方式最节省时间。

A. 单链表　　B. 双链表　　C. 单循环链表　　D. 顺序表

3. 在一个具有 n 个节点的有序单链表中插入一个新节点使其仍然有序，其算法的时间复杂度为________。

A. $O(\log_2 n)$　　B. $O(1)$　　C. $O(n^2)$　　D. $O(n)$

4. 设 n 个元素进栈序列是 $p_1,p_2,p_3,\cdots,p_n$，其输出序列是 $1,2,3,\cdots,n$，若 $p_n=1$，则 $p_i(1\leqslant i\leqslant n-1)$的值是________。

A. $n-i+1$　　B. $n-i$　　C. i　　D. 有多种可能

5. 判定一个环形队列 Q(存放元素位置为 0～MaxSize－1，front 指向队头元素的前一个位置，rear 指向队尾元素的位置)队满的条件是________。

A. Q.front==Q.rear　　B. Q.front+1==Q.rear

C. Q.front==(Q.rear+1)%MaxSize

D. Q.rear==(Q.front+1)%MaxSize

6. 已知 t='abcaabbcabcaabdab'，该模式串的 next 数组值为________。

A. －1,0,0,0,1,1,2,0,0,1,2,3,4,5,6,0,1

B. 0,1,0,0,1,1,2,0,0,1,2,3,4,5,6,0,1

C. －1,0,0,0,1,1,2,0,0,1,2,3,4,5,6,7,1

D. －1,0,0,0,1,1,2,3,0,1,2,3,4,5,6,0,1

7. 设二维数组 A[6][10]，每个数组元素占用 4 个存储单元，若按行优先顺序存放数组元素，a[0][0]的存储地址为 860，则 a[3][5]的存储地址是________。

A. 1000　　B. 860　　C. 1140　　D. 1200

8. 广义表((a,b,c,d))的表头是__①__，表尾是__②__。

A. a　　B. ( )　　C. (a,b,c,d)　　D. ((a,b,c,d))

9. 在对 n 个元素进行冒泡排序的过程中，最好情况下的时间复杂度为________。

A. $O(1)$　　B. $O(\log_2 n)$　　C. $O(n^2)$　　D. $O(n)$

10. 有一种排序方法，它每一趟都从未排序序列中挑选出最小元素，并将其放入已排序序列的一端，该排序方法是________。

A. 希尔排序　　B. 归并排序

C. 直接插入排序　　D. 简单选择排序

二、填空题(每题 2 分，共 10 分)

1. 有 5 个元素，其进栈次序为 A、B、C、D、E，在各种可能的出栈次序中，以元素 C、D 最先出栈(即 C 第一个且 D 第二个出栈)的有 CDBAE、________。

2. 一棵二叉树的先序遍历序列为 ABCDEF，中序遍历序列为 CBAEDF，则后序遍历序列为________。

3. 在含有 n 个节点的二叉排序树中查找，在成功查找情况下，最大的查找长度为__①__；在平衡二叉树中查找，在成功查找情况下，平均查找长度为__②__。

4. 设有 1000 个无序的元素，希望用最快的速度挑选出其中前 10 个最大的元素，在直接插入排序、快速排序、堆排序和基数排序中最好选用________排序法。

5. 对于如图 A.3 所示的图 G,用普里姆算法从顶点 1 开始求最小生成树,按次序产生的边是___①___,用克鲁斯卡尔算法产生的边次序是___②___。(注:边用(i,j)的形式表示)

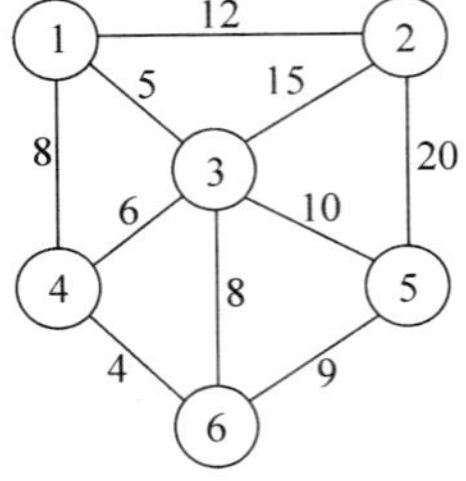

图 A.3 图 G

三、问答题(每小题 8 分,共 40 分)

1. 分析以下算法的时间复杂度(需给出推导过程)。

```
int fun(int n)                                    //n 为正整数
{   int i,j,s = 0;
    for (i = 1;i <= n;i++)
        for (j = 3 * i;j <= n;j++)
            s + = B[i][j];
    sum = s;
    return(sum);
}
```

2. 二叉排序树的结构如图 A.4 所示,其中各节点的关键字依次为 32~40,请标出各节点的关键字。

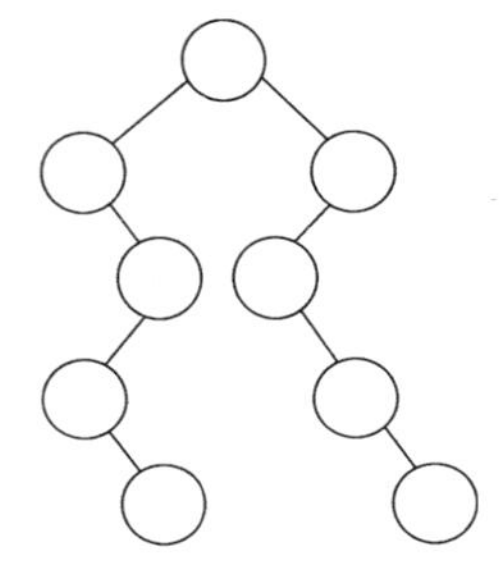
图 A.4 一棵二叉排序树的结构

3. 若一棵度为 4 的树中度为 1、2、3、4 的节点个数分别为 4、3、2、2,则该树的叶子节点的个数是多少?总节点个数是多少?(需给出求解过程)。

4. 有一个有序表 R[1..13]={1,3,9,12,32,41,45,62,75,77,82,95,100},当用二分查找法查找关键字为 82 的节点时,经多少次比较后查找成功,依次与哪些关键字进行比较?(需给出求解过程)。

5. 对于 n 个顶点的无向图。

(1) 采用邻接矩阵存储时,简述求图中边数的方法和判断任意两个顶点 i 和 j 是否有边相连的方法。

(2) 采用邻接表存储时,简述求图中边数的方法和判断任意两个顶点 i 和 j 是否有边相连的方法。

四、算法设计题(共 30 分)

1. 有 3 个带头节点并且节点值递增的单链表 h1、h2 和 h3,它们的节点个数分别为 m、n 和 k,单链表的节点类型如下:

```
typedef struct node
{   int data;
    struct node * next;
} LinkList;
```

设计一个算法:

```
void merge(LinkList * &h, LinkList * h1,LinkList * h2,LinkList * h3)
```

其功能是将 h1、h2 和 h3 的所有节点归并成一个新的递增单链表 h,要求空间复杂度为 O(1),时间复杂度为 O(m+n+k)。(15 分)

2. 假设一个仅包含二元运算符加、减、乘和除的算术表达式以二叉链存储结构进行存储，该二叉链的节点类型如下：

```
typedef struct node
{    int data;
     struct node * lchild, * rchild;
} BTNode;
```

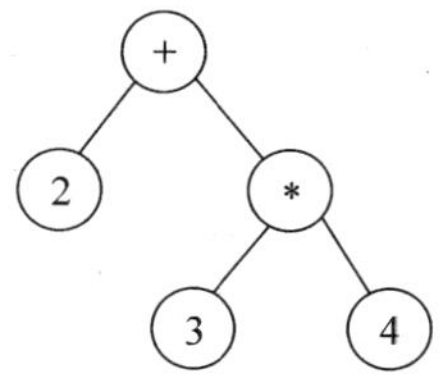

假设在构造二叉链时已考虑了运算符的优先级，例如“2＋3＊4”表达式对应的二叉链如图 A.5 所示。设计一个算法：

```
float ExpValue(BTNode * b)
```

其功能计算二叉树 b 对应的表达式值。

图 A.5　表达式二叉树

试题 4 参考答案

一、1. D　2. D　3. D　4. A　5. C　6. A　7. A　8. ①C　②B　9. D　10. D

二、1. CDEBA、CDBEA(不分前后次序)。2. CBEFDA 3. ① n　② $O(\log_2 n)\lceil \log_2 n \rceil$。4. 堆排序 5. ① (1,3),(3,4),(4,6),(6,5),(1,2) ②(4,6),(1,3),(4,3),(6,5),(2,1)。

三、1. **答**：算法中的基本操作为 s＋＝B[i][j]语句，其频度为：

$$T(n)=\sum_{i=1}^{n/3}\sum_{j=3i}^{n}1=\sum_{i=1}^{n/3}(n-3i+1)=O(n^2)$$

所以算法时间复杂度为 $O(n^2)$。

2. **答**：二叉排序树中各节点与关键字之间的关系如图 A.6(a)所示，由此得到如图 A.6(b)所示的二叉排序树。

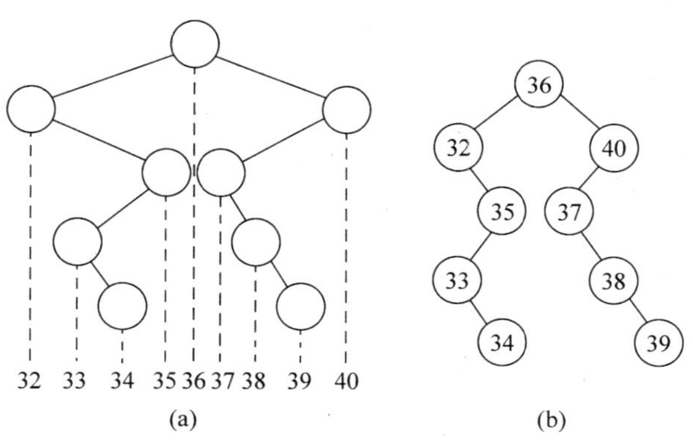

图 A.6　一棵二叉排序树

3. **答**：节点总数 $n=n_0+n_1+n_2+n_3+n_4$，又由于除根节点外，每个节点都对应一个分支，所以总的分支数等于 n－1，而度为 i(0≤i≤4)的节点的分支数为 i，所以有：$n-1=0\times n_0+1\times n_1+2\times n_2+3\times n_3+4\times n_4$。综合两式得：$n_0=n_2+2n_3+3n_4+1=3+2\times2+3\times2=14$。$n=n_0+n_1+n_2+n_3+n_4=14+4+3+2+2=25$。

4. **答**：n＝13，R[11]＝82，第 1 次与 R[(1＋13)/2＝7]＝45 比较，第 2 次与 R[(8＋

13)/2=10]=77 比较，第 3 次与 R[(11+13)/2=12]=95 比较，第 4 次与 R[(10+12)/2=11]=85 比较，成功，总共比较 4 次，依次比较的关键字为 45、77、95 和 85。

5. **答**：(1) 邻接矩阵中 1 的个数除以 2，A[i][j]是否为 1。

(2) 邻接表中边节点个数除以 2，从 i 表头节点开头的链表中是否包含 j 节点。

四、1. **解**：对应的算法如下：

```
void merge1(LinkList *&h, LinkList *h1,LinkList *h2)
{    //两个单链表归并
     LinkList *p1 = h1->next, *p2 = h2->next, *t;
     h = h1;t = h;
     while (p1!= NULL && p2!= NULL)
     {    if (p1->data < p2->data)
          {    t->next = p1; t = p1; p1 = p1->next; }
          else
          {    t->next = p2; t = p2; p2 = p2->next; }
     }
     if (p1!= NULL) t->next = p1;
     if (p2!= NULL) t->next = p2;
}
void merge(LinkList *&h, LinkList *h1,LinkList *h2,LinkList *h3)
{    LinkList *h4;
     merge1(h4,h1,h2);
     merge1(h,h4,h3);
}
```

2. **解**：对应的算法如下：

```
float ExpValue(BTNode *b)                              //计算表达式值
{    float lv,rv,value = 0;
     if (b!= NULL)
     {    if (b->data!= '+' && b->data!= '-' && b->data!= '*' && b->data!= '/')
               return(b->data);
          lv = ExpValue(b->lchild);
          rv = ExpValue(b->rchild);
          switch(char(b->data))
          {
          case '+':value = lv + rv;break;
          case '-':value = lv - rv;break;
          case '*':value = lv * rv;break;
          case '/':if (rv!= 0)     value = lv/rv;
                   else exit(0);
                   break;
          }
     }
     return(value);
}
```

APPENDIX B

附录 B

三份数据结构考研试题及参考答案

试题 1(满分 75)

一、单项选择题(2×10 分,共 20 分)

1. 某算法的时间复杂度为 $O(n^2)$,表明该算法的________。

A. 问题规模是 n^2　　B. 执行时间等于 n^2

C. 执行时间与 n^2 成正比　　D. 问题规模与 n^2 成正比

2. 设线性表有 n 个元素,在以下操作中,________在顺序表上实现比在链表上实现效率更高。

A. 输出第 i(1≤i≤n)个元素值

B. 交换第 1 个元素与第 2 个元素的值

C. 顺序输出这 n 个元素的值

D. 输出与给定值 x 相等的元素在线性表中的序号

3. 设 n 个元素进栈序列是 1,2,3,…,n,其输出序列是 $p_1,p_2,\cdots,p_n$,若 $p_1=3$,则 p_2 的值为________。

A. 一定是 2　　B. 一定是 1

C. 不可能是 1　　D. 以上都不对

4. 设循环队列中数组的下标是 0～N－1,其头尾指针分别为 f(指向队头元素的前一位置)和 r(指向队尾元素的位置),则其元素个数为________。

A. r－f　　B. r－f－1

C. (r－f)%N＋1　　D. (r－f＋N)%N

5. 若串 s＝'abcdefgh',其子串(含空串和自身)的个数是________。

A. 8　　B. 37

C. 36　　D. 9

6. 若将 n 阶上三角矩阵 A 按列优先顺序压缩存放在一维数组 B[1..n(n＋1)/2]中,第一个非零元素 a_{11} 存于 B[1]中,则应存放到 B[k]中的非零元素 a_{ij}(1≤i≤n,1≤j≤i)的下标 i,j 与 k 的对应关系是 k＝________。

A. $\frac{i(i+1)}{2}+j$　　B. $\frac{i(i-1)}{2}+j-1$

C. $\frac{j(j+1)}{2}+i$　　D. $\frac{j(j-1)}{2}+i-1$

7. 设高度为h(根节点为第1层)的二叉树上只有度为0和度为2的节点,则此类二叉树中所包含的节点数至少为________。

A. 2h　　B. 2h－1　　C. 2h＋1　　D. h＋1

8. 无向图的邻接矩阵是一个________。

A. 对称矩阵　　B. 零矩阵　　C. 上三角矩阵　　D. 对角矩阵

9. 对线性表进行二分查找时,要求线性表必须________。

A. 以顺序方式存储

B. 以链接方式存储

C. 以顺序方式存储且节点按关键字有序排序

D. 以链表方式存储且节点按关键字有序排序

10. 在以下排序算法中,________不能保证每趟排序至少能将一个元素放到其最终位置上。

A. 快速排序　　B. 希尔排序　　C. 堆排序　　D. 冒泡排序

二、问答题(共30分)

1. 有5个字符,根据其使用频率设计对应的哈夫曼编码,以下哪些是可能的哈夫曼编码。(8分)

(1) 000,001,010,011,1

(2) 0000,0001,001,01,1

(3) 000,001,01,10,11

(4) 00,100,101,110,111

2. 一个有向图G的邻接表存储如图B.1所示,现按深度优先搜索遍历,从顶点1出发,所得到的顶点序列是什么?(5分)

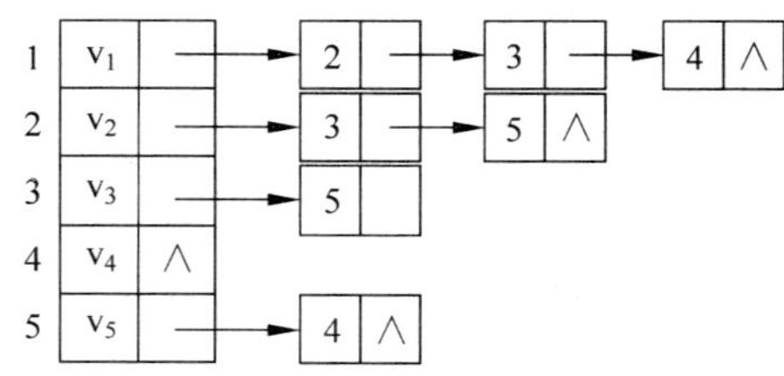

图B.1　一个有向图G的邻接表

3. 已知一个有序表为(12,18,20,25,29,32,40,62,83,90,95,98),当二分查找值为29和90的元素时,分别需要多少次比较才能查找成功?若采用顺序查找(从前端开始)时,分别需要多少次比较才能查找成功?(8分)

4. 按13、24、37、90、53的次序形成二叉平衡树,回答以下问题:(9分)

(1) 该二叉平衡树的高度是多少?

(2) 其根节点是谁?

（3）左子树中有哪些节点？

（4）右子树中有哪些节点？

三、算法设计题（共25分）

1. 设计一个算法 int increase(LinkList ＊L)，判定带头节点单链表L是否是递减的，若是返回 true，否则返回 false。（10分）

2. 假设二叉树采用二叉链存储结构存储，试设计一个算法，输出该二叉树中第一条最长的路径长度，并输出此路径上各节点的值。（15分）

试题1参考答案

一、1. C　2. A　3. C　4. D　5. B　6. D　7. B　8. A　9. C　10. B。

二、1. **答**：在一组哈夫曼编码中任一编码不可能是其他编码的前缀，而且哈夫曼树中只有度为0或2的节点(4)不满足这种条件，可能的哈夫曼编码为(1)、(2)和(3)。

2. **答**：1，2，3，5，4。

3. **答**：由二分查找法得到的二分查找判定树如图B.2所示。二分查找值为29和90的元素时，分别需要4次比较才能查找成功。若采用顺序查找(从前端开始)时，分别需要5次和10次比较才能查找成功。

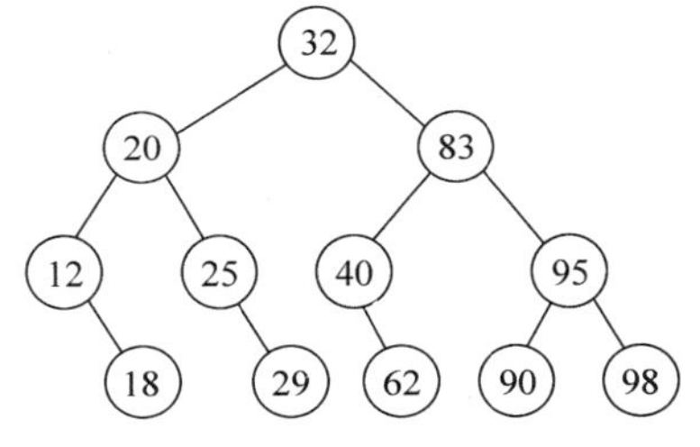

图B.2　一棵判定树

4. **答**：形成二叉平衡树的过程如图B.3所示。本题答案为：(1) 3　(2) 24　(3) {13}　(4) {37,53,90}（与顺序无关）。

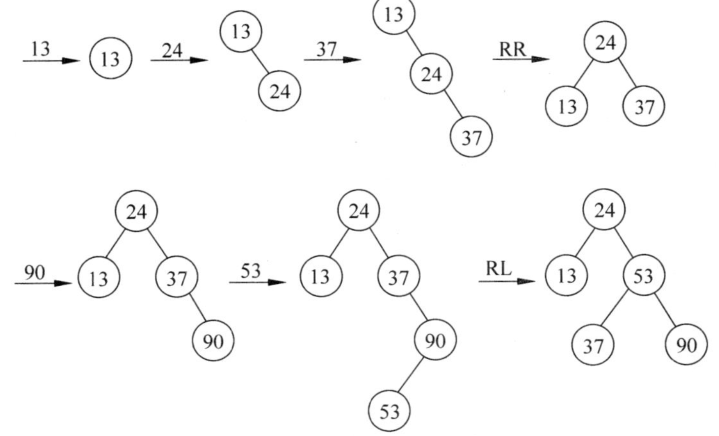

图B.3　构造一棵平衡二叉树

三、1. **解**：判定链表L从第二个节点开始的每个节点的值是否比其前驱的值小。若有一个不成立，则整个链表便不是递减的。算法如下：

```
bool increase(LinkList *L)
{   LinkList *p = L->next, *q;                //p指向第一个数据节点
    if (p!= NULL)
```

```
    {   while (p->next!= NULL)
        {   q=p->next;                        //q指向内p节点的后继节点
            if (q->data<=p->data)             //若逆序则继续判断下一个节点
                p=q;
            else
                return false;
        }
    }
    return true;
}
```

2. **解**:用 path 数组保存扫描到当前节点的路径,pathlen 数组保存扫描到当前节点的路径长度,longpath 保存最长的路径,longpathlen 保存最长路径长度。当 b 为空时,表示当前扫描的一个分支已扫描完毕,将 pathlen 与 longpathlen 进行比较,将较长的路径及路径长度分别保存在 longpath 和 longpathlen 中。对应的算法如下:

```
void LongPath(BTNode *b,ElemType path[],int pathlen,
    ElemType longpath[],int &longpathlen)
{   int i;
    if (b==NULL)
    {   if (pathlen>longpathlen)              //若当前路径更长,将路径保存在 longpath 中
        {   for (i=pathlen-1;i>=0;i--)
                longpath[i]=path[i];
            longpathlen=pathlen;
        }
    }
    else
    {   path[pathlen]=b->data;                //将当前节点放入路径中
        pathlen++;                            //路径长度增1
        LongPath(b->lchild,path,pathlen,longpath,longpathlen);
                                              //递归扫描左子树
        LongPath(b->rchild,path,pathlen,longpath,longpathlen);
                                              //递归扫描右子树
    }
}
```

试题 2(满分 75)

一、单项选择题(2×10分,共20分)

1. 在设计存储结构时,通常不仅要存储各数据元素的值,而且还要存储________。

A. 数据的处理方法　　　　B. 数据元素的类型

C. 数据元素之间的关系　　　　D. 数据的存储方法

2. 若已知一个栈的进栈序列 $p_1,p_2,p_3,\cdots,p_n$,输出序列是 $1,2,3,\cdots,n$。若 $p_n=1$,则 $p_i(1\leqslant i<n)$为________。

A. $n-i+1$　　　　B. $n-i$

C. i　　D. 有多种可能

3. a＊(b+c)−d 的后缀表达式是________。

A. abcd＊+−　　B. abc+＊d−　　C. abc＊+d−　　D. −+＊abcd

4. 一个 n×n 的对称矩阵，如果采用压缩存储放入内存，则容量为________。

A. n^2　　B. $n^2/2$　　C. $n(n+1)/2$　　D. $(n+1)^2/2$

5. 在一棵非空二叉树的中序遍历序列中，根节点的后边________。

A. 只有右子树上的所有节点　　B. 只有右子树上的部分节点

C. 只有左子树上的部分节点　　D. 只有左子树上的所有节点

6. 一个图中包含 k 个连通分量，若按深度优先搜索方法访问所有节点，则必须调用________次深度优先遍历算法。

A. k　　B. 1　　C. k−1　　D. k+1

7. 已知一个有向图的邻接表存储结构如图 B.4 所示。根据有向图的深度优先遍历算法，从顶点 1 出发，所得到的顶点序列是________。

A. 1,2,3,5,4　　B. 1,2,3,4,5　　C. 1,3,4,5,2　　D. 1,4,3,5,2

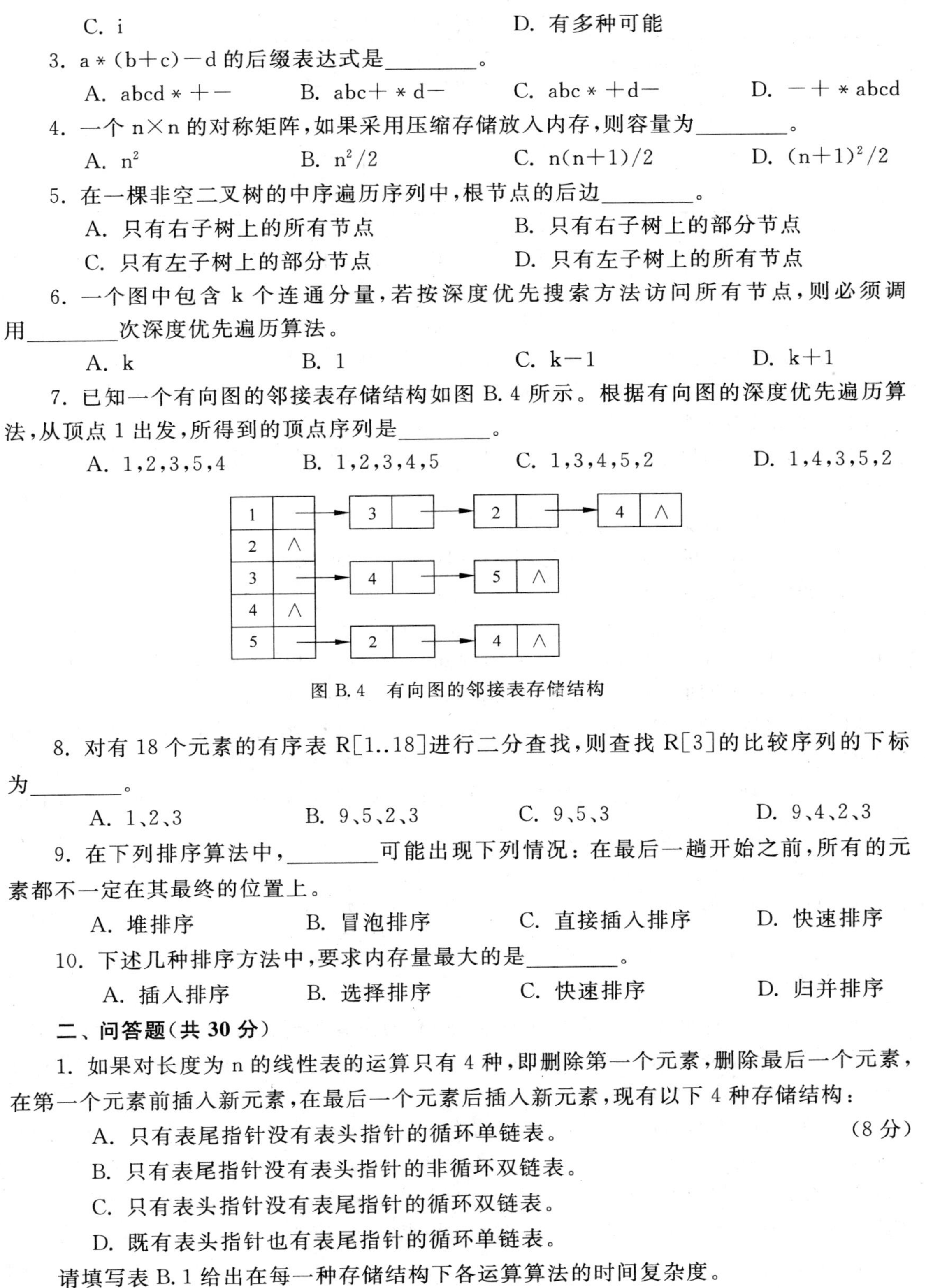

图 B.4 有向图的邻接表存储结构

8. 对有 18 个元素的有序表 R[1..18]进行二分查找，则查找 R[3]的比较序列的下标为________。

A. 1、2、3　　B. 9、5、2、3　　C. 9、5、3　　D. 9、4、2、3

9. 在下列排序算法中，________可能出现下列情况：在最后一趟开始之前，所有的元素都不一定在其最终的位置上。

A. 堆排序　　B. 冒泡排序　　C. 直接插入排序　　D. 快速排序

10. 下述几种排序方法中，要求内存量最大的是________。

A. 插入排序　　B. 选择排序　　C. 快速排序　　D. 归并排序

二、问答题(共 30 分)

1. 如果对长度为 n 的线性表的运算只有 4 种，即删除第一个元素，删除最后一个元素，在第一个元素前插入新元素，在最后一个元素后插入新元素，现有以下 4 种存储结构：(8 分)

A. 只有表尾指针没有表头指针的循环单链表。

B. 只有表尾指针没有表头指针的非循环双链表。

C. 只有表头指针没有表尾指针的循环双链表。

D. 既有表头指针也有表尾指针的循环单链表。

请填写表 B.1 给出在每一种存储结构下各运算算法的时间复杂度。

表 B.1 运算的时间复杂度表

运算 / 存储结构	删除第一个元素	删除最后一个元素	第一个元素前插入元素	最后一个元素后插入元素
A				
B				
C				
D				

2. 若一棵哈夫曼树的叶子节点个数为5,则该树的总节点个数为多少?(要求写出求解过程) (5分)

3. 在有n个顶点的有向图中,每个顶点的度最大可达多少?。 (5分)

4. 对给定的数列R={7,16,4,8,20,9,6,18,5},构造一棵二叉排序树,并且: (7分)

(1) 给出按中序遍历得到的数列R1。

(2) 给出按后序遍历得到的数列R2。

5. 在直接插入排序、希尔排序、冒泡排序、简单选择排序、快速排序、堆排序和基数排序方法中: (5分)

(1) 不需要进行关键字比较的是哪些?

(2) 关键字比较的次数与记录的初始排列次序无关的是哪些?

三、算法设计题(共25分)

1. 设有一个带头节点的单链表hc,其节点值序列为(a_1,b_1,a_2,b_2,…,a_n,b_n)(n≥1,且a、b成对出现),设计一个算法void split(LinkList * hc,LinkList * &ha,LinkList * &hb),将hc拆分成两个带头节点的单链表ha和hb,其中ha的节点值序列为(a_1,a_2,…,a_n),hb的节点值序列为(b_n,b_{n-1},…,b_1),要求ha利用原hc的头节点,算法的空间复杂度为O(1)。 (10分)

2. 假设一棵二叉树采用二叉链存储结构进行存储,节点类型为NodeType,NodeType的定义如下: (15分)

```
typedef struct node
{    char name[10];                          //存放名字
     int val;                                //存放数量
     struct node * lchild, * rchild;         //左、右孩子节点指针
} NodeType;
```

现给定的二叉树中,每个节点都有name值(假设所有节点的name值均不相同),但只有叶子节点提供了val值,其他各分支节点的val为0,每个分支节点的val值应等于它的孩子节点的val值之和。要求:

(1) 设计查找指定name值na的节点指针的算法NodeType * find(NodeType * bt, char na[])。若找到这样的节点,返回其节点指针,否则返回NULL; (7分)

(2) 设计统计指定节点(其节点指针为p)的val值的算法int getval(NodeType * p),例如,对于图B.5所示的二叉树,求得的各分支节点的val值如下: (8分)

n11: 7

n121: 5

n12：5

n1：12

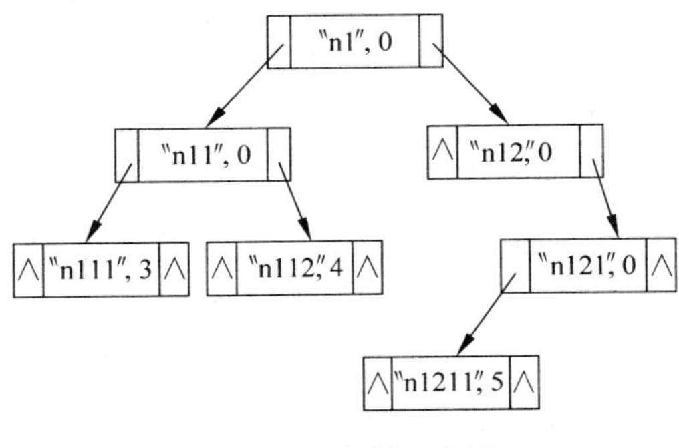

图 B.5　一棵二叉树

试题 2 参考答案

一、1. C　2. A　3. B　4. C　5. A　6. A　7. C　8. D　9. C　10. D

二、1. **答**：如表 B.2 所示。

表 B.2　运算的时间复杂度表

存储结构＼运算	删除第一个元素	删除最后一个元素	第一个元素前插入元素	最后一个元素后插入元素
A	O(1)	O(n)	O(1)	O(1)
B	O(n)	O(1)	O(n)	O(1)
C	O(1)	O(1)	O(1)	O(1)
D	O(1)	O(n)	O(1)	O(1)

2. **答**：由哈夫曼树性质可知 $n_1=0$，由二叉树性质可知 $n_0=n_2+1$，$n_0=5$，则 $n_2=n_0-1=4$，$n=n_0+n_1+n_2=5+0+4=9$。

3. **答**：对 n 个顶点的有向图，一个顶点到其余 n－1 个顶点都可以有一个出边和一条入边，度为 2(n－1)。

4. **答**：二叉排序树如图 B.6 所示。

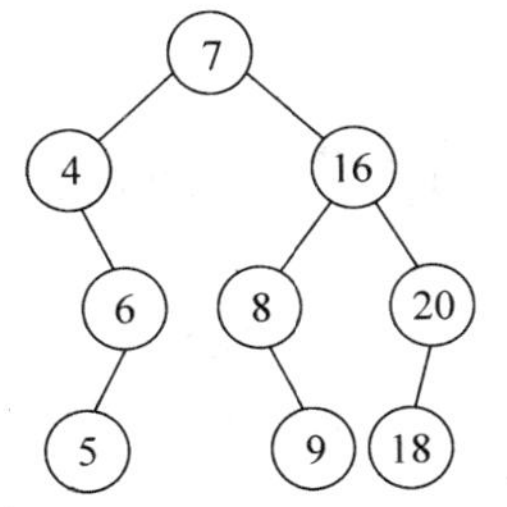

图 B.6　一棵二叉排序树

(1) 按中序遍历得到的数列 R1 为：4,5,6,7,8,9,16,18,20。

(2) 按后序遍历得到的数列 R2 为：5,6,4,9,8,18,20,16,7。

5. 答：(1) 基数排序　(2) 简单选择排序和堆排序

三、1. **解**：用 p 指针扫描 hc 的所有数据节点，采用尾插法建立单链表 ha，采用头插法建立单链表 hb。算法如下：

```
void split(LinkList * hc,LinkList * &ha,LinkList * &hb)
{   LinkList * p = hc -> next;, * q, * ra;
    ha = hc;ra = ha;
    hb = (LinkList * )malloc(sizeof(LinkList));
    hb -> next = NULL;
    while (p!= NULL)
```

```
    {   ra->next=p;ra=p;                      //采用尾插法将*p插到ha的尾部
        p=p->next;
        q=p->next;
        p->next=hb->next;hb->next=p;          //采用头插法将*p插到hb的头部
        p=q;
    }
    ra->next=NULL;
}
```

2. **解**:(1)采用先序遍历方法。

```
NodeType *find(NodeType *bt,char na[])
{   NodeType *p;
    if (bt==NULL) return(NULL)
    if (strcmp(bt->name,na)==0) return(bt);
    p=find(bt->lchild,na);
    if (p!=NULL) return(p);
    else return(find(bt->rchild,na));
}
```

(2)采用后序遍历方法。

```
int getval(NodeType *p)
{   int lval,rval;
    if (p==NULL) return(0);
    if (p->lchild==NULL && p->rchild==NULL) //*p为叶子节点
        return(p->val);
    else                                    //*p不为叶子节点
    {   lval=getval(p->lchild);             //求左孩子的val值
        rval=getval(p->rchild);             //求右孩子的val值
        p->val=lval+rval;                   //求*p节点的val值
        return(p->val);
    }
    else return(0);
}
```

试题2(满分75)

一、单项选择题(2×10分,共20分)

1. 某线性表最常用的操作是在最后一个节点之后插入一个节点或删除第一个节点,故采用________存储方式最节省运算时间。

A. 单链表　　B. 循环单链表
C. 双链表　　D. 仅有尾节点指针的循环单链表

2. 栈和队列的共同点是________。

A. 都是先进后出　　B. 都是先进先出
C. 只允许在端点处插入和删除元素　　D. 没有共同点

3. 对于含有n个互不相同字符的串,则真子串(不包括串自身但含空串)的个数是________。

A. n　　B. n^2　　C. n(n+1)/2　　D. n(n-1)/2

4. 在一棵度为 3 的树中，度为 3 的节点个数为 2，度为 2 的节点个数为 1，则度为 0 的节点个数为________。

A. 4　　B. 5　　C. 6　　D. 7

5. 某二叉树的先序遍历序列和后序遍历序列正好相反，则该二叉树一定是________。

A. 空或只有一个节点　　B. 完全二叉树

C. 二叉排序树　　D. 高度等于其节点数

6. 对如图 B.7 所示的无向图，从顶点 1 开始进行深度优先遍历。可能得到顶点访问序列是________。

A. 1 2 4 3 5 7 6　　B. 1 2 4 3 5 6 7

C. 1 2 4 5 6 3 7　　D. 1 2 3 4 5 7 6

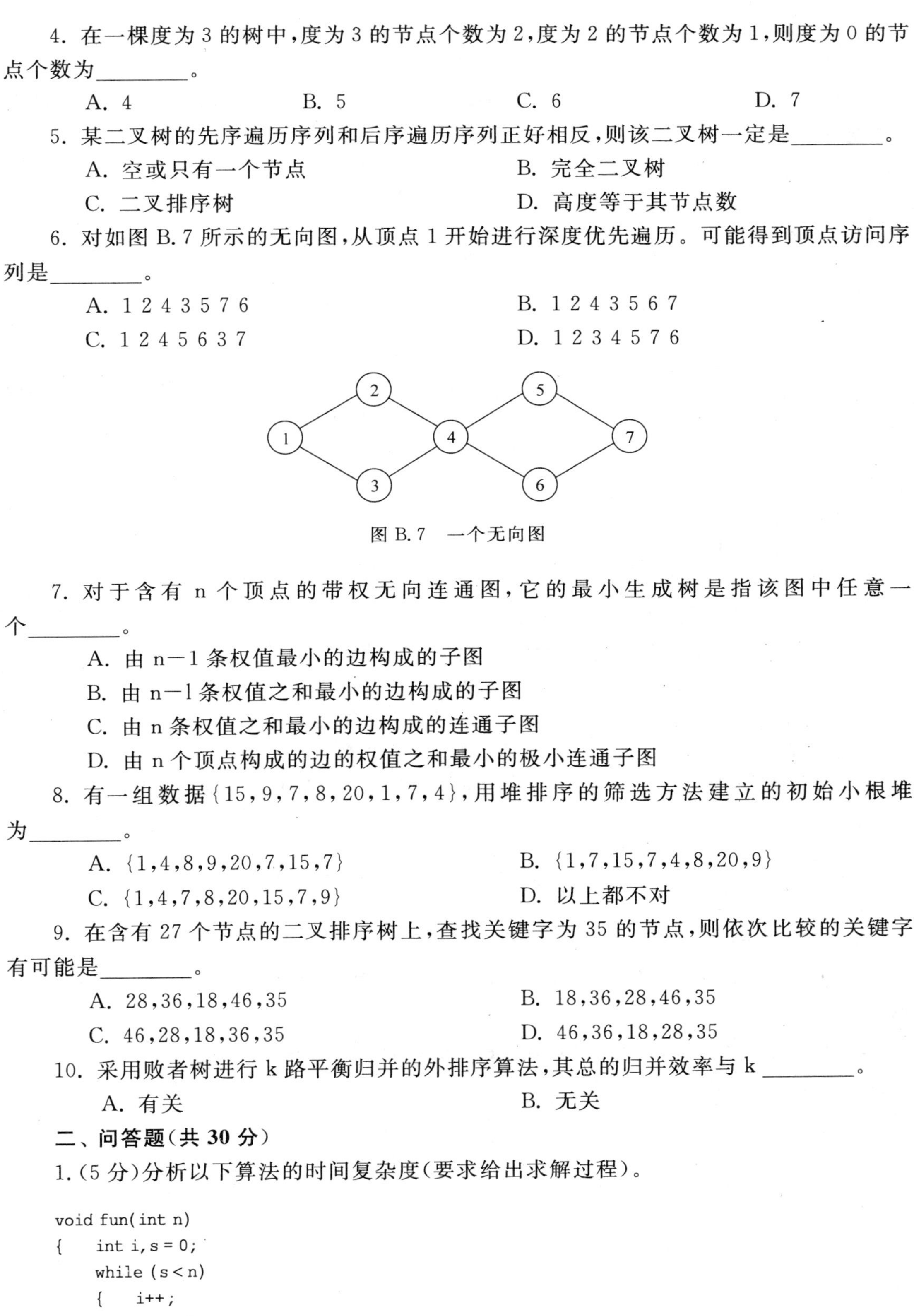

图 B.7　一个无向图

7. 对于含有 n 个顶点的带权无向连通图，它的最小生成树是指该图中任意一个________。

A. 由 n－1 条权值最小的边构成的子图

B. 由 n－1 条权值之和最小的边构成的子图

C. 由 n 条权值之和最小的边构成的连通子图

D. 由 n 个顶点构成的边的权值之和最小的极小连通子图

8. 有一组数据{15,9,7,8,20,1,7,4}，用堆排序的筛选方法建立的初始小根堆为________。

A. {1,4,8,9,20,7,15,7}　　B. {1,7,15,7,4,8,20,9}

C. {1,4,7,8,20,15,7,9}　　D. 以上都不对

9. 在含有 27 个节点的二叉排序树上，查找关键字为 35 的节点，则依次比较的关键字有可能是________。

A. 28,36,18,46,35　　B. 18,36,28,46,35

C. 46,28,18,36,35　　D. 46,36,18,28,35

10. 采用败者树进行 k 路平衡归并的外排序算法，其总的归并效率与 k ________。

A. 有关　　B. 无关

二、问答题(共 30 分)

1.(5 分)分析以下算法的时间复杂度(要求给出求解过程)。

```
void fun(int n)
{   int i,s = 0;
    while (s < n)
    {   i++;
        s + = i;
```

```
    }
}
```

2.(5分)设 b 是二叉树(采用二叉链存储结构存储)的根节点指针,给出以下算法的递归模型并说明算法的功能:

```
int fun(BTNode * b)
{   if (b == NULL) return 0;
    else if (b -> lchild!= NULL && b -> rchild!= NULL)
        return fun(b -> lchild) + fun(b -> rchild) + 1;
    else
        return fun(b -> lchild) + fun(b -> rchild);
}
```

3.(5分)有一个长度为12的有序表 R[0..11],按二分查找法对该表进行查找,在表内各元素等概率情况下查找成功所需的平均比较次数是多少?(要求给出求解过程)

4.(8分)一棵二叉树的先序、中序和后序序列分别如下,其中有一部分未显示出来。试求出空格处的内容,并画出该二叉树。

先序序列:_B_F_ICEH_G

中序序列:D_KFIA_EJC

后序序列:_K_FBHJ_G_A

5.(4分)对于有 n 个顶点、e 条边的图。

(1) 若是无向图,采用邻接矩阵存储,其非零的元素有多少?

(2) 若是有向图,采用邻接矩阵存储,其非零的元素有多少?

(3) 若是无向图,采用邻接表存储,其表头节点和表节点个数是多少?

(4) 若是有向图,采用邻接表存储,其表头节点和表节点个数是多少?

6.(3分)简要说明在执行快速排序算法时,若把栈换为队列会对最终排序结果有什么影响?

三、算法设计题(共25分)

1. (10分)设有一个带头节点的单链表 hc,设计一个算法:

```
void split(LinkList * hc, LinkList * &ha, LinkList * &hb,ElemType x,ElemType y)
```

将 hc 拆分成两个带头节点的单链表 ha 和 hb,其中 ha 的所有节点值均大于等于 x 且小于等于 y,hb 为其他节点。

2.(15分)假设一棵二叉树采用二叉链存储结构进行存储,每个节点的类型如下(每个节点值均为正整数且大小均不同):

```
typedef struct node
{   int data;
    struct node * lchild, * rchild;             //左、右孩子节点指针
} BSTNode;
```

(1) (10分)设计一个算法 int isBST(BSTNode * bt),判断二叉树 bt 是否是一棵二叉排序树;

(2) (5分)说明你的算法的正确性。

试题 3 参考答案

一、1.D 2.C 3.C 4.B 5.D 6.A 7.D 8.C 9.D 10.B

二、1. **答**：算法中的基本操作为 while 语句，设 while 循环语句执行 T(n)次，有：

$s=1+2+3+\cdots+T(n)<n$，即 $(1+T(n)*(T(n))/2<n$，显然 $T(n)<\sqrt{(1+T(n))*T(n)}<\sqrt{2n}=O(\sqrt{n})$，所以算法时间复杂度为 $O(\sqrt{n})$。

2. **答**：对应的递归模型如下：

```
f(b) = 0                                    b = NULL
f(b) = f(b->lchild) + f(b->rchild) + 1      若 *b 为双分支节点
f(b) = f(b->lchild) + f(b->rchild)          其他情况
```

该算法用于计算 b 二叉树中双分支节点的个数。

3. **答**：构造相应的判定树如图 B.8 所示(图中节点的值对应元素的序号)，第一层 1 个节点，第二层两个节点，第三层 4 个节点，第四层 5 个节点，则：$ASL=\frac{1\times1+2\times2+3\times4+4\times5}{12}=\frac{37}{12}$。

4. **答**：由这些显示部分推出二叉树如图 B.9 所示。则先序序列为：ABDFKICEHJG；中序序列为：DBKFIAHEJCG；后序序列为：DKIFBHJEGCA。

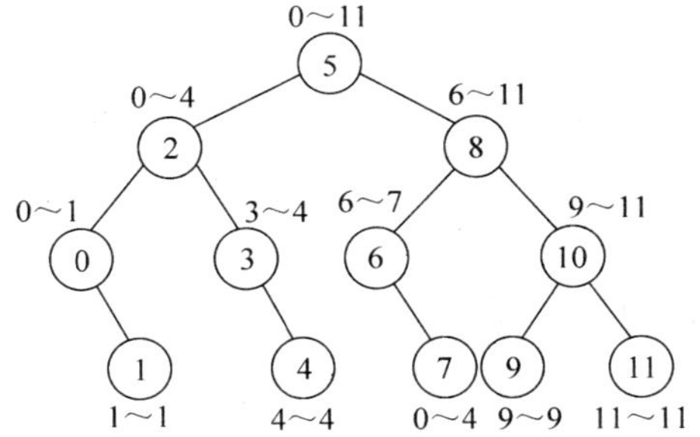

图 B.8 一棵判定树

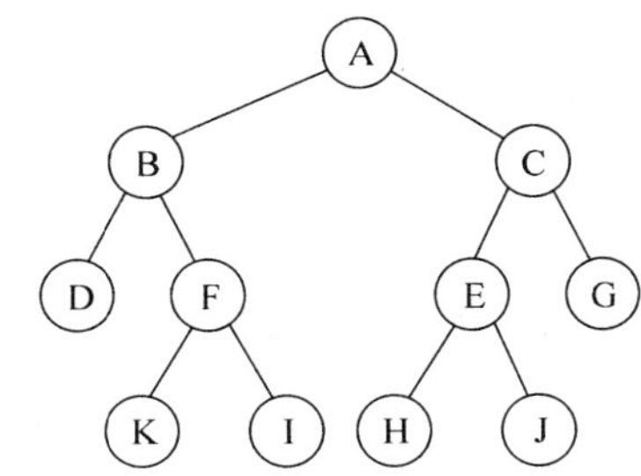

图 B.9 一棵二叉树

5. **答**：(1) 2e (2) e (3) n+2e (4) n+e

6. **答**：在执行快速排序算法时，用栈保存每趟快速排序划分后左、右子区段的首、尾地址，其目的是为了在处理子区段未排序子序列时能够知道其范围，这样才能对该子序列进行排序(排序过程中可能产生新的左、右区段)，但这与处理子序列的先后顺序没什么关系，而仅仅起存储作用。因此，用队列同样可以存储子区段的首、尾地址，即可以取代栈的作用。在执行快速排序算法时，把栈换为队列对最终排序结果不会产生任何影响。

三、1. **解**：算法如下：

```
void split(LinkList *hc,LinkList *&ha, LinkList *&hb,
ElemType x,ElemType y)
{   LinkList *p = hc->next, *ra, *rb;
    ha = hc;
    ra = ha;
    hb = ( LinkList *)malloc(sizeof(LinkList));
```

```
    rb = hb;
    while (p!= NULL)
    {   if (p -> data >= x && p -> data <= y)
        {   ra -> next = p;
            ra = p;
        }
        else
        {   rb -> next = p;
            rb = p;
        }
        p = p -> next;
    }
}
```

2. **解**:(1) 算法如下:

```
int d = 0;
int isBST(BSTNode * bt)
{   int b1,b2;
    if (bt == NULL)
        return 1;
    else
    {   b1 = isBST(bt -> lchild);
        if (b1 == 0 || bt -> data > d) return 0;
        d = bt -> data;
        b2 = isBST(bt -> rchild);
        return b2;
    }
}
```

(2) 如果一棵二叉树的中序序列是一个递增的有序序列,则它是一棵二叉排序树。

APPENDIX C

附录 C

2009年全国计算机专业硕士学位研究生入学考试数据结构部分试题及参考答案

一、单项选择题(每小题 2 分)

1. 为解决计算机主机与打印机之间的速度不匹配问题,通常设计一个打印数据缓冲区,主机将要输出的数据依次写入该缓冲区,而打印机则依次从该缓冲区中取出数据。该缓冲区的逻辑结构应该是________。

A. 栈　　B. 队列　　C. 树　　D. 图

解:缓冲区采用先进先出方式,正好适合队列的特点。本题答案为 B。

2. 设栈 S 和队列 Q 的初始状态均为空,元素 a,b,c,d,e,f,g 依次进入栈 S。若每个元素出栈后立即进入队列 Q,且 7 个元素出列的顺序是 b,d,c,f,e,a,g,则栈 S 的容量至少是________。

A. 1　　B. 2　　C. 3　　D. 4

解:由于队列不改变进出序列,本题变为通过一个栈将 a,b,c,d,e,f,g 序列变为 b,d,c,f,e,a,g 序列时栈空间至少多大。从利用栈实现序列转换的过程可以看到,栈中最多有 3 个元素,即栈大小至少为 3。本题答案为 C。

3. 给定二叉树如图 C.1 所示。设 N 代表二叉树的根,L 代表根节点的左子树,R 代表根节点的右子树。若遍历后的节点序列为 3,1,7,5,6,2,4,则其遍历方式是________。

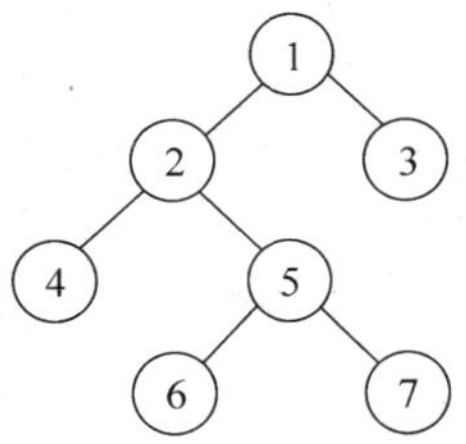

图 C.1　一棵二叉树

A. LRN　　B. NRL　　C. RLN　　D. RNL

解:遍历后的结果是先右子树,再根节点,最后为左子树,即为 RNL。本题答案为 D。本题的其他 3 种遍历序列如下:

LRN(先左子树,再右子树,最后访问根节点):4,6,7,5,2,3,1。

NRL(先访问根节点,再右子树,最后左子树):1,3,2,5,7,6,4。

RLN(先右子树,再访问左子树,最后根节点):3,7,6,5,4,2,1。

4. 如图 C.2 所示的 4 棵二叉排序树中,满足平衡二叉树定义的是________。

解:求出各节点的平衡因子,当平衡因子的绝对值大于 1 时就不是平衡二叉树。本题答案为 B。

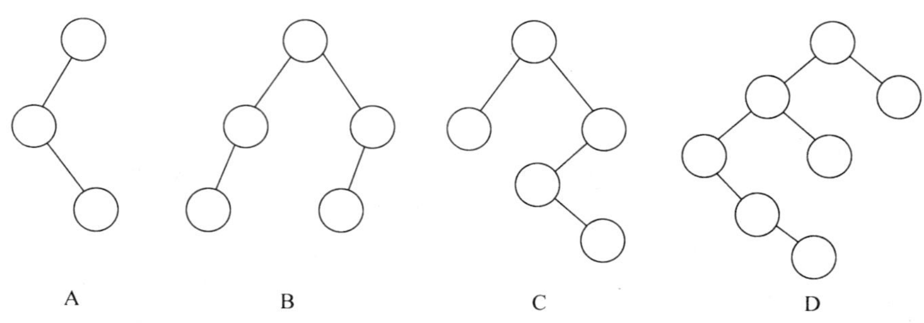

图 C.2 4 棵二叉树

5. 已知一棵完全二叉树的第 6 层(设根为第 1 层)有 8 个叶子节点,则该完全二叉树的节点个数最多是________。

A. 39　　B. 52　　C. 111　　D. 119

解:完全二叉树的叶子节点只能在最下面两层,对于本题,节点最多的情况是第 6 层为倒数第二层,即 1～6 层构成一个满二叉树,其节点总数为 $2^6-1=63$。其中第 6 层有 $2^5=32$ 个节点,含 8 个叶子节点,则另外有 $32-8=24$ 个非叶子节点,它们中每个节点有两个孩子节点(均为第 7 层的叶子节点),计 48 个叶子节点。这样最多的节点个数为 $63+48=111$。本题答案为 C。

6. 将森林转换成对应的二叉树,若在二叉树中,节点 u 是节点 v 的父节点的父节点,则在原来的森林中,u 和 v 可能具有的关系是________。

Ⅰ. 父子关系

Ⅱ. 兄弟关系

Ⅲ. u 的父节点与 v 的父节点是兄弟关系

A. 只有Ⅱ　　B. Ⅰ和Ⅱ　　C. Ⅰ和Ⅲ　　D. Ⅰ、Ⅱ和Ⅲ

解:如图 C.3(a)和(b)所示,Ⅰ和Ⅱ有可能。Ⅲ不可能,如图 4.39(c)所示,设在原来的森林中 u 和 v 的父节点分别为 x 和 y,转换成二叉树后,y 为 x 的右孩子,u 不可能是 v 的父节点的父节点。本题答案为 B。

7. 下列关于无向连通图特征的叙述中,正确的是________。

Ⅰ. 所有顶点的度之和为偶数

Ⅱ. 边数大于顶点个数减 1

Ⅲ. 至少有一个顶点的度为 1

A. 只有Ⅰ　　B. 只有Ⅱ　　C. Ⅰ和Ⅱ　　D. Ⅰ和Ⅲ

解:在无向图中,一条边在度之和中计为 2,所以度之和为边数的 2 倍,Ⅰ正确。无向连通图边数最少时为树图,此时边数为顶点个数减 1,Ⅱ错误。一个顶点数为 3,边数为 3 的无向连通图中所有顶点度为 2,Ⅲ错误。本题答案为 A。

8. 下列叙述中,不符合 m 阶 B—树定义要求的是________。

A. 根节点最多有 m 棵子树　　B. 所有叶子节点都在同一层上

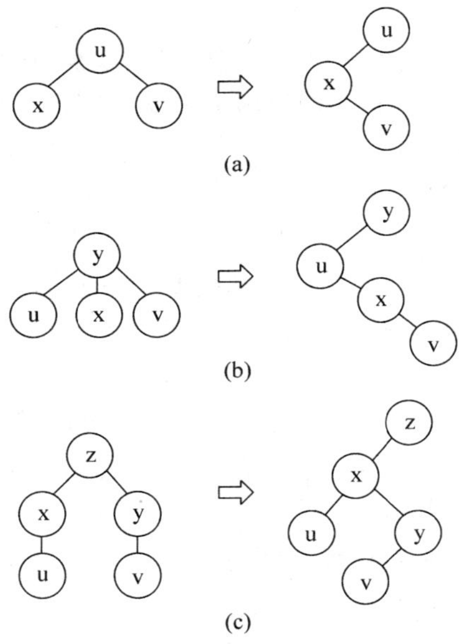

图 C.3 将树转换成二叉树

C. 各节点内关键字均升序或降序排列　　D. 叶子节点之间通过指针链接

解：在 m 阶 B－树中叶子节点之间并没有通过指针链接，只有 B＋树是这样的。本题答案为 D。

9. 已知关键字序列 5,8,12,19,28,20,15,22 是小根堆，插入关键字 3，调整好后得到的小根堆是________。

A. 3,5,12,8,28,20,15,22,19　　B. 3,5,12,19,20,15,22,8,28

C. 3,8,12,5,20,15,22,28,19　　D. 3,12,5,8,28,20,15,22,19

解：插入关键字 3 的过程如图 C.4 所示。本题答案为 A。

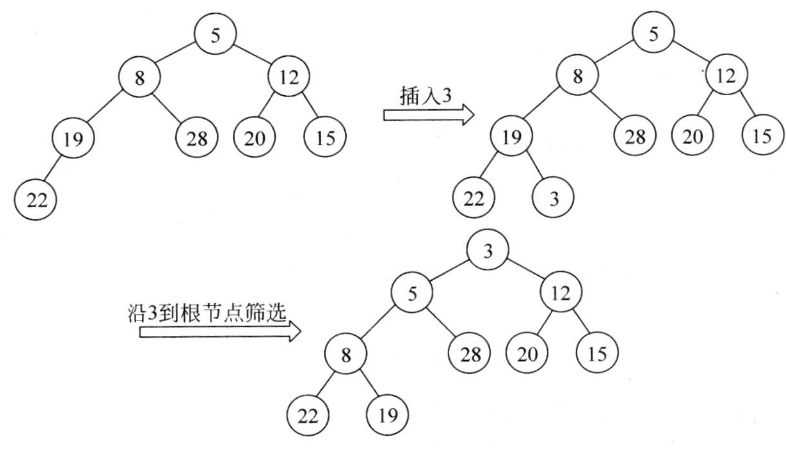

图 C.4 插入关键字 3 的过程

10. 若数据元素序列{11,12,13,7,8,9,23,4,5}是采用下列排序方法之一得到的第二趟排序后的结果，则该排序算法只能是________。

A. 冒泡排序　　B. 插入排序　　C. 选择排序　　D. 二路归并排序

解：冒泡排序和选择排序算法产生的有序区都是全局有序区，而{11,12}和{4,5}都不是全局有序的，所以使用冒泡排序和选择排序不可能得到这样的结果。二路归并排序经过第二趟后使得每4个元素是有序的，而{11,12,13,7}不是有序的，所以也不可能是二路归并排序第二趟后的结果。本题答案为B。

二、综合应用题

1.(10分) 带权图(权值非负，表示边连接的两顶点间的距离)的最短路径问题是找出从初始顶点到目标顶点之间的一条最短路径。假设从初始顶点到目标顶点之间存在路径，现有一种解决该问题的方法：

(1) 设最短路径初始时仅包含初始顶点，令当前顶点u为初始顶点；

(2) 选择离u最近且尚未在最短路径中的一个顶点v，加入到最短路径中，修改当前顶点u=v；

(3) 重复步骤(2)，直到u是目标顶点时为止。

请问上述方法能否求得最短路径？若该方法可行，请证明之；否则，请举例说明。

【答案要点】该方法不一定能(或不能)求得最短路径。(4分)举例说明：(6分)

如图C.5所示，在图C.5(a)中，设初始顶点为1，目标顶点为4，欲求从顶点1到顶点4之间的最短路径。显然这两顶点之间的最短路径长度为2。但利用给定的方法求得的路径长度为3，这条路径并不是这两个顶点之间的最短路径。

在图C.5(b)中，设初始顶点为1，目标顶点为3，欲求从顶点1到顶点3之间的最短路径。利用给定的方法，无法求出顶点1到顶点3的路径。

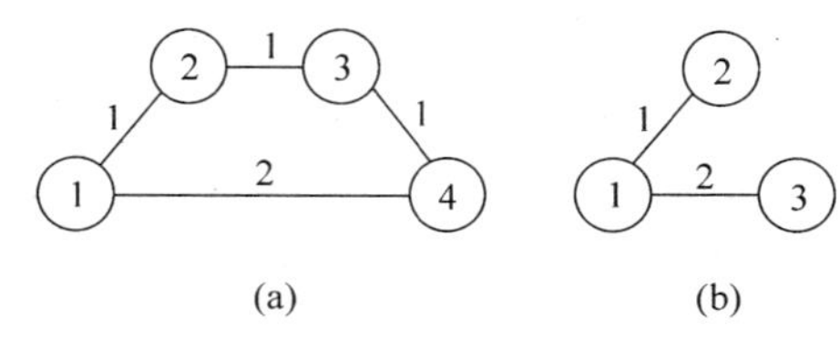

图C.5　两个图

【评分说明】

(1) 若考生回答"能求出最短路径"，无论给出何种证明，均不给分。

(2) 考生只要举出类似上述的一个反例说明"不能求出最短路径"或答案中体现了"局部最优不等于全局最优"的思想，均可给6分；若举例说明不完全正确，可酌情给分。

2.(15分) 已知一个带有表头节点的单链表，节点结构为：

data	link

假设该单链表只给出了头指针list。在不改变链表的前提下，请设计一个尽可能高效的算法，查找链表中倒数第k个位置上的节点(k为正整数)。若查找成功，算法输出该节点的data域的值，并返回1；否则，只返回0。要求：

(1) 描述算法的基本设计思想；

(2) 描述算法的详细实现步骤；

(3) 根据设计思想和实现步骤，采用程序设计语言描述算法(使用 C 或 C++或 JAVA 语言实现)，关键之处请给出简要注释。

【答案要点】

(1) 算法的基本设计思想：(5 分)

定义两个指针变量 p 和 q，初始时均指向头节点的下一个节点。p 指针沿链表移动；当 p 指针移动到第 k 个节点时，q 指针开始与 p 指针同步移动；当 p 指针移动到链表最后一个节点时，q 指针所指元素为倒数第 k 个节点。

以上过程对链表仅进行一遍扫描。

(2) 算法的详细实现步骤：(5 分)

① count=0，p 和 q 指向链表表头节点的下一个节点；

② 若 p 为空，转⑤；

③ 若 count 等于 k，则 q 指向下一个节点；否则，count=count+1；

④ p 指向下一个节点，转②；

⑤ 若 count 等于 k，则查找成功，输出该节点的 data 域的值，返回 1；否则，查找失败，返回 0；

⑥ 算法结束。

(3) 算法实现：(5 分)

```
typedef struct LNode
{    int data;
     struct LNode * link;
} * LinkList;
int Searchk(LinkList list, int k)
{    LinkList p,q;
     int count = 0;
     p = q = list -> link;
     while (p!= NULL)
     {    if (count < k)
               count++;
          else
               q = q -> link;
          p = p -> link;
     }
     if (count < k)
          return(0);
     else
     {    printf(" % d",q -> data);
          return(1);
     }
}
```

【评分说明】

(1) 若所给出的算法采用一遍扫描就能得到正确结果，可给满分 15 分；若采用两遍或多遍扫描才能得到正确结果的，最高给 10 分。若采用递归算法得到正确结果的，最高给 10 分；若实现的算法的空间复杂度过高(使用了大小与 k 有关的辅助数组)，但结果正确，最高给10分。

(2) 参考答案中只给出了使用C语言的版本,使用C++/JAVA语言正确实现的算法同样给分。

(3) 若在算法基本思想描述和算法步骤描述中因文字表达没有非常清晰地反映出算法的思考,但在算法实现中能够清晰看出算法思路和步骤且正确的,按照(1)的标准给分。

(4) 若考生的答案中算法基本思想描述、算法步骤描述或算法实现中部分正确,可酌情给分。

APPENDIX D

附录 D

2010年全国计算机专业硕士学位研究生入学考试数据结构部分试题及参考答案

一、单项选择题(每小题2分)

1. 若元素a、b、c、d、e、f依次进栈,允许进栈、退栈的操作交替进行,但不允许连续三次退栈操作,则不可能得到的出栈序列是________。

A. dcebfa　　B. cbdaef　　C. bcaefd　　D. afedcb

解:选项A操作:a进,b进,c进,d进,d出,c出,e进,e出,b出,f进,f出,a出。

选项B操作:a进,b进,c进,c出,b出,d进,d出,a出,e进,e出,f进,f出。

选项C操作:a进,b进,b出,c进,c出,a出,d进,e进,e出,f进,f出,d出。

选项D操作:a进,a出,b进,c进,d进,e进,f进,f出,e出,d出,c出,b出。

从中看到,选项D中最后连续出栈5次,不符合要求。本题答案为D。

2. 某队列允许在两端进行入队操作,但仅允许在一端进行出队操作,若a、b、c、d、e元素进队,则不可能得到的顺序是________。

A. bacde　　B. dbace　　C. dbcae　　D. ecbad

解:本题的队列实际上是一个输出受限的双端队列。

选项A操作:a后端进,b前端进,c后端进,d后端进,e后端进,全出队。

选项B操作:a后端进,b前端进,c后端进,d前端进,e后端进,全出队。

选项C操作:a后端进,b前端进,因d未出,此时只能进队,c怎么进都不可能在b、a之间。

选项D操作:a后端进,b前端进,c前端进,d后端进,e前端进,全出队。

本题答案为C。

3. 如图D.1所示的线索二叉树中(用虚线表示线索),符合后序线索树定义的是________。

解:二叉树的后序序列是dbca。本题答案为D。

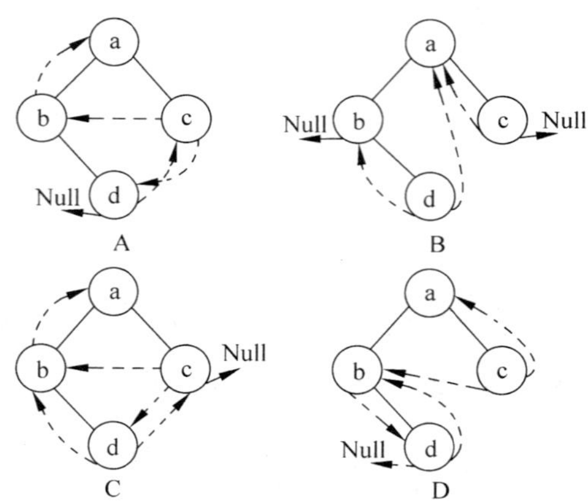

图 D.1　4 棵线索二叉树

4. 如图 D.2 所示的平衡二叉树中插入关键字 48 后得到一棵新平衡二叉树，在新平衡二叉树中，关键字 37 所在节点的左、右孩子节点中保存的关键字分别是________。

A. 13,48　　B. 24,48　　C. 24,53　　D. 24,90

解：在平衡二叉树中插入关键字 48 后，进行 RL 调整，如图 D.3 所示。本题答案为 C。

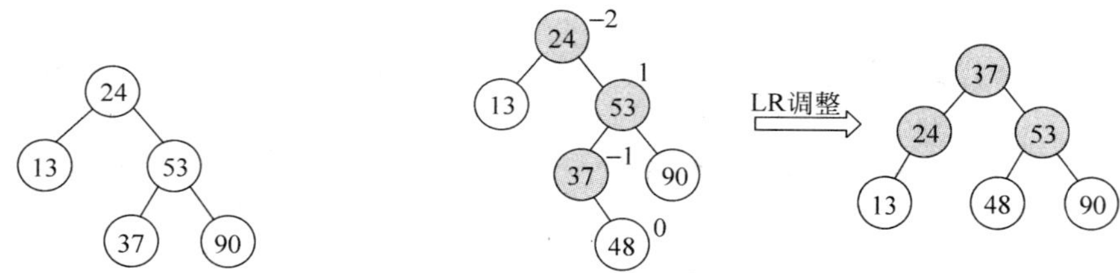

图 D.2　一棵平衡二叉树　　图 D.3　平衡二叉树的插入和调整过程

5. 一棵度为 4 的树 T 中，若有 20 个度为 4 的节点，10 个度为 3 的节点，1 个度为 2 的节点，10 个度为 1 的节点，则树 T 的叶子节点个数是________。

A. 41　　B. 82　　C. 113　　D. 122

解：树 T 中只能有度为 0、1、2、3、4 的节点。$n=n_0+n_1+n_2+n_3+n_4$，度之和为 $n-1$，又有度之和为 $1\times n_1+2\times n_2+3\times n_3+4\times n_4=1\times10+2\times1+3\times10+4\times20=122$，则 $n=122+1=123$，$n_0=n-n_1-n_2-n_3-n_4=123-41=82$。本题答案为 B。

6. 对由 n(n≥2)个权值均不同的字符构成的哈夫曼树，关于该树的叙述中，错误的是________。

A. 该树一定是一棵完全二叉树

B. 该树中一定没有度为 1 的节点

C. 树中两个权值最小的节点一定是兄弟节点

D. 树中任一非叶子节点的权值一定不小于下一层任一节点的权值

解：构成的哈夫曼树不一定是一棵完全二叉树。本题答案为 A。

7. 若无向图 G(V,E)中含 7 个顶点，则保证图 G 在任何情况下都是连通的，则需要的边数最少是________。

A. 6　　　　B. 15　　　　C. 16　　　　D. 21

解：对于具有 n 个顶点的无向图，当其中 n－1 个顶点构成一个完全图时，再加上任一条边必然构成一个连通图，所以最少边数为(n－1)(n－2)/2＋1＝16。本题答案为 C。

8. 对如图 D.4 所示的图进行拓扑排序，可以得到不同的拓扑序列个数是________。

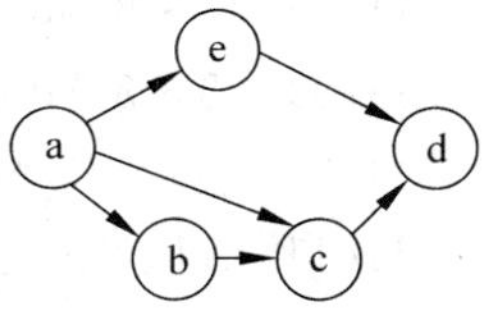

A. 4　　　　B. 3　　　　C. 2　　　　D. 1

图 D.4　一个有向图

解：不同的拓扑序列有：aebcd、abced、abecd。本题答案为 B。

9. 已知一个长度为 16 的顺序表，其元素按关键字有序排序，若采用折半查找法查找一个不存在的元素，则比较的次数最多是________。

A. 4　　　　B. 5　　　　C. 6　　　　D. 7

解：n＝16，采用折半查找法查找一个不存在的元素，即为不成功查找。不成功查找的最多比较次数为$\lceil \log_2(n+1) \rceil = \lceil \log_2 17 \rceil = 5$。本题答案为 B。

10. 采用递归方式对顺序表进行快速排序，下列关于递归次数的叙述中，正确的是________。

A. 递归次数与初始数据的排列次序无关

B. 每次划分后，先处理较长的分区可以减少递归次数

C. 每次划分后，先处理较短的分区可以减少递归次数

D. 递归次数与每次划分后得到的分区处理顺序无关

解：快速排序的过程是以一个元素为基准将整个数据表一分为二，基准归位，左、右两个子表(分区)都是无序的，然后分别对左、右子表进行递归快速排序，无论先处理哪个子表都可以，也不影响递归树的结果和递归调用的次数。本题答案为 D。

11. 对一组数据(2,12,16,88,5,10)进行排序，若前三趟的结果如下：

第一趟：2,12,16,5,10,88

第二趟：2,12,5,10,16,88

第三趟：2,5,10,12,16,88

则采用的排序方法可能是________。

A. 冒泡排序　　　　B. 希尔排序　　　　C. 归并排序　　　　D. 基数排序

解：希尔排序第一趟会将(2,16,5)分为一组，将其排序，从第一趟结果看出不可能是希尔排序。归并排序会将(16,88)分为一组，将其排序，从第一趟结果看出不可能是归并排序。基数排序第一趟的结果会将个位数或十位数排在相邻位置，也就是第一趟会将 2、5 相邻或 12、16、10 相邻，从第一趟结果看出不可能是基数排序，而且由于所有关键字最多两位，只能进行两趟基数排序。本题答案为 A。

二、综合应用题

1. (10 分)将关键字序列{7,8,30,11,18,9,14}散列存储到散列表中，散列表的存储空间是一个下标从 0 开始的一维数组，散列函数为：H(key)＝(key×3) MOD 7，处理冲突采用线性探测再散列法，要求装填(载)因子为 0.7。

(1) 请画出所构造的散列表。

(2) 分别计算等概率情况下,查找成功和查找不成功的平均查找长度。

解:(1) n=7,α=0.7=n/m,则 m=n/0.7=10。计算各关键字存储地址的过程如下:

H(7)=7×3 MOD 7=0

H(8)=8×3 MOD 7=3

H(30)=30×3 MOD 7=6

H(11)=11×3 MOD 7=5

H(18)=18×3 MOD 7=5　　冲突

d1=(5+1) MOD 10=6　　仍冲突

d2=(6+1) MOD 10=7

H(9)=9×3 MOD 7=6　　冲突

d1=(6+1) MOD 10=7　　仍冲突

d2=(7+1) MOD 10=8

H(14)=14×3 MOD 7=0　　冲突

d1=(0+1) MOD 10=1

构造的哈希表如表 D.1 所示。

表 D.1　哈希表

下标	0	1	2	3	4	5	6	7	8	9
关键字	7	14		8		11	30	18	9	
探测次数	1	2		1		1	1	3	3	

(2) 在等概率情况下:

ASL 成功=(1+2+1+1+1+3+3)/7=12/7=1.71

由于任一关键字 k,H(k)的值只能是 0~6 之间,在不成功的情况下,H(k)为 0 需要比较 3 次,H(k)为 1 需要比较两次,H(k)为 2 需要比较 1 次,H(k)为 3 需要比较两次,H(k)为 4 需要比较 1 次,H(k)为 5 需要比较 5 次,H(k)为 6 需要比较 4 次,共 7 种情况,如表 D.2 所示。

表 D.2　不成功查找的探测次数

下标	0	1	2	3	4	5	6	7	8	9
关键字	7	14		8		11	30	18	9	
探测次数	3	2	1	2	1	5	4	3	2	1

所以有:

$$ASL_{不成功}=(3+2+1+2+1+5+4)/7=18/7=2.57$$

2. (13 分)设将 n(n>1)个整数存放到一维数组 R 中。试设计一个时间和空间两方面尽可能高效的算法,将 R 中整数序列循环左移 p(0<p<n)个位置,即将 R 中的数据序列 $(X_0,X_1,\cdots,X_{n-1})$ 变换为 $(X_p,X_{p+1},\cdots,X_{n-1},X_0,X_1,\cdots,X_{p-1})$,要求:

(1) 给出算法的基本设计思想。

(2) 根据设计思想,采用 C、C++或 Java 语言描述算法,关键之处给出注释。

(3) 说明你所设计算法的时间复杂度和空间复杂度。

解：(1) 先将这 n 个元素的数据序列($X_0,X_1,\cdots,X_p,X_{p+1},\cdots,X_{n-1}$)原地逆置，得到的数据序列为($X_{n-1},\cdots,X_p,X_{p-1},\cdots,X_0$)，然后再将前 n－p 个元素($X_{n-1},\cdots,X_p$)和后 p 个元素($X_{p-1},\cdots,X_0$)分别原地逆置，得到最终结果($X_p,X_{p+1},\cdots,X_{n-1},X_0,X_1,\cdots,X_{p-1}$)。

设 R 中 n 个元素($X_0,X_1,\cdots,X_p,\cdots,X_{n-1}$)原地逆置后的结果为($Y_0,Y_1,\cdots,Y_{n-p-1},Y_{n-p},\cdots,Y_{n-1}$)，a=($Y_0,Y_1,\cdots,Y_{n-p-1}$)(共有 n－p 个元素)，b=($Y_{n-p},\cdots,Y_{n-1}$)（共有 p 个元素)，再分别将 a、b 原地逆置，即得到 R 循环左移 p($0<p<n$)个位置的结果。

算法可以用两个函数，即 reverse()和 leftShift()实现相应的功能，后者调用 reverse()函数三次。

(2) 算法如下：

```
void reverse(int R[],int left,int right)            //将 R[left..right]逆置
{    int k = left,j = right,tmp;
     while (k < j)
     {                                              //交换 R[k[与 R[j]
          tmp = R[k];
          R[k] = R[j];
          R[j] = tmp;
          k++;                                      //k 右移一个位置
          j--;                                      //j 左移一个位置
     }
}
void leftShift(int R[],int n,int p)                 //循环左移
{    if (p > 0 && p < n)
     {    reverse(R,0,n - 1);                       //将全部数据逆置
          reverse(R,0,n - p - 1);                   //将前 n - p 个元素逆置
          reverse(R,n - p,n - 1);                   //将后 p 个元素逆置
     }
}
```

(3) 算法的时间复杂度为 O(n)，空间复杂度为 O(1)。

APPENDIXE

附录 E 2011年全国计算机专业硕士学位研究生入学考试数据结构部分试题及参考答案

一、单项选择题(每小题 2 分)

1. 设 n 是描述问题规模的非负整数,下面程序片段的时间复杂度为________。

```
x = 2;
while (x < n/2)
    x = 2 * x;
```

A. $O(\log_2 n)$　　B. $O(n)$　　C. $O(n\log_2 n)$　　D. $O(n^2)$

解:基本算法是语句 x=2 * x,设其执行时间为 T(n),则有:$2^{T(n)} \leqslant n/2$,即 $T(n) < \log_2 n/2 = O(\log_2 n)$。本题答案为 A。

2. 元素 a、b、c、d、e 依次进入初始为空的栈中,若元素进栈后可停留、可出栈,直到所有的元素都出栈,则所有可能的出栈序列中,以元素 d 开头的序列个数是________。

A. 3　　B. 4　　C. 5　　D. 6

解:若元素 d 第一个出栈,此时 a、b、c 均在栈中,e 可以进栈,从而构成的出栈序列为:decba、dceba、dcbea、dcbae。本题答案为 B。

3. 已知循环队列存储在一维数组 A[0..n-1]中,且队列非空时 front 和 rear 分别指向队头元素和队尾元素。若初始时队列空,且要求第一个进入队列的元素存储在 A[0]处,则初始时 front 和 rear 的值分别是________。

A. 0,0　　B. 0,n-1　　C. n-1,0　　D. n-1,n-1

解:在循环队列中,进队操作是队尾指针 rear 循环加 1,再在该处放置进队的元素,本题要求第一个进入队列的元素存储在 A[0]处,则 rear 应为 n-1,因为这样(rear+1)%n=0。而队头指向队头元素,此时队头位置为 0,所以 front 的初值为 0。本题答案为 B。

提示:在一般的数据结构教程中,环形队列的队头指针 front 设计为指向队列中队头元素的前一个位置,而队尾指针 rear 指向队尾元素的位置,本题的 front 和 rear 有所不同。

4. 一棵完全二叉树上有 768 个节点，则该二叉树中叶节点的个数是________。

A. 257　　B. 258　　C. 384　　D. 385

解：对于完全二叉树，n=768 为偶数，所以 $n_1=1$，而 $n_0=n_2+1$，$n=n_0+n_1+n_2$，即有：$n_0=n/2=384$。本题答案为 C。

5. 若一棵二叉树的先序遍历序列和后序遍历分别是 1,2,3,4 和 4,3,2,1，则该二叉树的中序遍历序列不会是________。

A. 1,2,3,4　　B. 2,3,4,1　　C. 3,2,4,1　　D. 4,3,2,1

解：本题求解是将先序序列 1,2,3,4 与某个中序序列构造出一棵二叉树，再看其后序序列是否为 4,3,2,1。当选项为 C 时，构造出的二叉树的后序序列为 3,4,2,1。本题答案为 C。

6. 已知一棵有 2011 个节点的树，其叶节点个数为 116，该树对应的二叉树中无右孩子的节点个数为________。

A. 115　　B. 116　　C. 1895　　D. 1896

解：由上例分析可看，二叉树中无右孩子的节点个数为树(或森林)中非终端节点个数加 1，本题中非终端节点个数=2011－116=1895，因此二叉树中无右孩子的节点个数=1895+1=1896。本题答案为 D。

7. 对于下列关键字序列，不可能构成某二叉排序树中一条查找路径的序列是________。

A. 95,22,91,24,94,71　　B. 92,20,91,34,88,35

C. 21,89,77,29,36,38　　D. 12,25,71,68,33,34

解：各选项对应的查找过程如图 E.1 所示，从中看到只有选项 A 对应的查找树不构成一棵二叉排序树，图中虚线圆框内部分表示违背二叉排序树性质的子树。本题答案为 A。

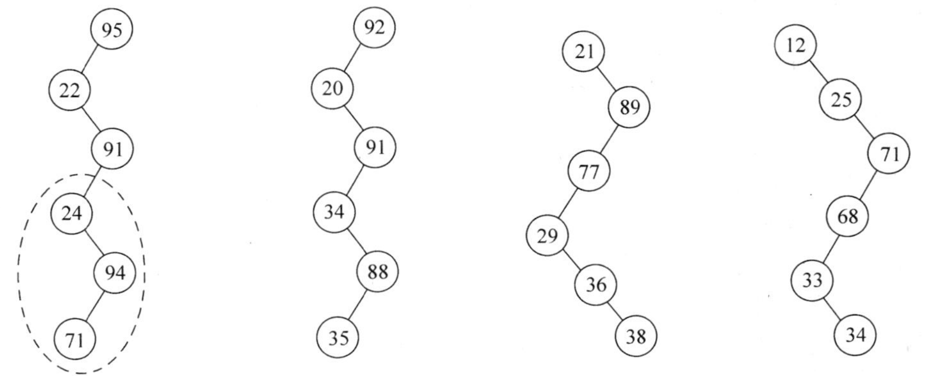

(a) 选项A对应的查找过程　(b) 选项B对应的查找过程　(c) 选项C对应的查找过程　(d) 选项D对应的查找过程

图 E.1　各选项对应的查找过程

8. 下列关于图的叙述中，正确的是________。

Ⅰ. 回路是简单路径

Ⅱ. 存储稀疏图，用邻接矩阵比邻接表更省空间

Ⅲ. 若有向图中存在拓扑序列，则该图不存在回路

A. 仅Ⅱ　　B. 仅Ⅰ、Ⅱ　　C. 仅Ⅲ　　D. 仅Ⅰ、Ⅲ

解：简单回路才属简单路径，Ⅰ错误，存储稀疏图，用邻接表比邻接矩阵更省空间，Ⅱ错误；Ⅲ正确。本题答案为C。

9．为提高散列(Hash)表的查找效率，可以采取的正确措施是________。

Ⅰ．增大装填(载)因子

Ⅱ．设计冲突(碰撞)少的散列函数

Ⅲ．处理冲突(碰撞)时避免产生聚集(堆积)现象

A. 仅Ⅰ　　B. 仅Ⅱ　　C. 仅Ⅰ、Ⅱ　　D. 仅Ⅱ、Ⅲ

解：装填(载)因子 α 越大，发生冲突的可能性越大，所以Ⅰ错误。因为哈希表是由散列函数和处理冲突两部分组成的，查找效率与这两部分有关，所以Ⅱ和Ⅲ是正确的。本题答案为D。

10．为实现快速排序法，待排序序列宜采用存储方式是________。

A. 顺序存储　　B. 散列存储

C. 链式存储　　D. 索引存储

解：快速排序算法要求存储结构具有随机存储特征，因为要快速定位子区间。本题答案为A。

11．已知序列25，13，10，12，9是大根堆，在序列尾部插入新元素18，将其再调整为大根堆，调整过程中元素之间进行的比较次数是________。

A. 1　　B. 2　　C. 4　　D. 5

解：插入新元素18时，只需和它的所有祖先节点进行比较，它有两个祖先节点。本题答案为B。

二、综合应用题

1．(8分)已知有6个顶点(顶点编号为0～5)的有向带权图G，其邻接矩阵A为上三角矩阵，按行为主序(行优先)保存在如下的一维数组中。

4	6	∞	∞	∞	5	∞	∞	∞	4	3	∞	∞	3	3

要求：

(1) 写出图G的邻接矩阵A。

(2) 画出有向带权图G。

(3) 求图G的关键路径，并计算该关键路径的长度。

解：(1) 图G的邻接矩阵A如图E.2所示。

(2) 有向带权图G如图E.3所示。

(3) 图E.4中粗线所标识的4个活动组成图G的关键路径。

$$A=\begin{bmatrix} 0 & 4 & 6 & \infty & \infty & \infty \\ \infty & 0 & 5 & \infty & \infty & \infty \\ \infty & \infty & 0 & 4 & 3 & \infty \\ \infty & \infty & \infty & 0 & \infty & 3\infty \\ \infty & \infty & \infty & \infty & 0 & 3 \\ \infty & \infty & \infty & \infty & \infty & 0 \end{bmatrix}$$

图E.2　邻接矩阵A

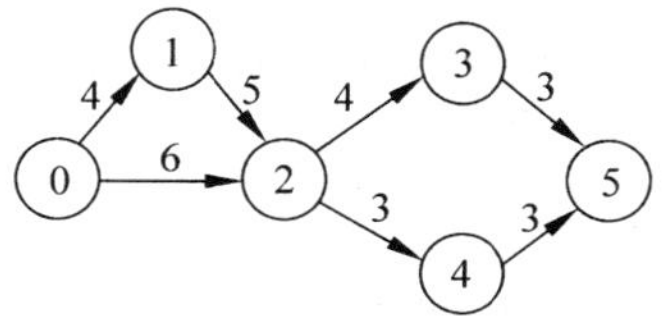

图 E.3　图 G

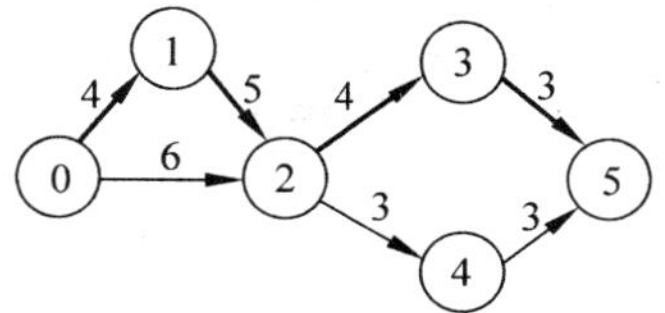

图 E.4　图 G 中的关键路径

2. (15 分)一个长度为 L(L≥1)的升序序列 S,处在第⌈L/2⌉个位置的数称为 S 的中位数。例如:若序列 S1=(11,13,15,17,19),则 S1 的中位数是 15。两个序列的中位数是含它们所有元素的升序序列的中位数。例如,若 S2=(2,4,6,8,20),则 S1 和 S2 的中位数是 11。现有两个等长升序序列 A 和 B,试设计一个在时间和空间两方面都尽可能高效的算法,找出两个序列 A 和 B 的中位数。要求:

(1) 给出算法的基本设计思想。

(2) 根据设计思想,采用 C 或 C++或 JAVA 语言描述算法,关键之处给出注释。

(3) 说明你所设计算法的时间复杂度和空间复杂度。

解:分别求两个升序序列 A、B 的中位数,设为 a 和 b。若 a=b,则 a 或 b 即为所求的中位数;否则,舍弃 a、b 中较小者所在序列之较小一半,同时舍弃较大者所在序列之较大一半,要求两次舍弃的元素个数相同。在保留的两个升序序列中,重复上述过程,直到两个序列中均只含一个元素时为止,则较小者即为所求的中位数。

(2) 算法实现如下:

```
int M_Search(int A[],int B[],int n)
{   int start1,end1,mid1,start2,end2,mid2;
    start1 = 0; end1 = n - 1;
    start2 = 0; end2 = n - 1;
    while(start1! = end1 || start2! = end2)
    {   mid1 = (start1 + end1)/2;
        mid2  =  (start2 + end2)/2;
        if(A[mid1] == B[mid2])
            return A[mid1];
        if(A[mid1]< B[mid2])
        {   //分别考虑奇数和偶数,保持两个子数组元素个数相等
            if((start1 + end1) % 2 == 0)
            {   //若元素为奇数个
                start1 = mid1;                      //舍弃 A 中间点以前的部分且保留中间点
                end2 = mid2;                        //舍弃 B 中间点以后的部分且保留中间点
            }
            else
            {   //若元素为偶数个
                start1 = mid1 + 1;                  //舍弃 A 的前半部分
                end2 = mid2;                        //舍弃 B 的后半部分
            }
        }
        else
        {   if((start1 + end1) % 2 == 0)
            {   //若元素为奇数个
```

```
                end1 = mid1;                    //舍弃 A 中间点以后的部分且保留中间点
                start2 = mid2;                  //舍弃 B 中间点以前的部分且保留中间点
            }
            else
            {   //若元素为偶数个
                end1 = mid1;                    //舍弃 A 的后半部分
                start2 = mid2 + 1;              //舍弃 B 的前半部分
            }
        }
    }
    return A[start1]< B[start2]?A[start1]:B[start2];
}
```

(3) 上述所给算法的时间、空间复杂度分别是 $O(\log_2 n)$和 O(1)。

【评分说明】

① 若考生设计的算法满足题目的功能要求且正确,则(1)、(2)根据所实现算法的效率给分。考生也可以采用 2 路归并的思想实现,算法如下:

```
int M_Search(int A[], int B[], int n)
{   int i,j,k;
    i = j = k = 0;
    while(i < n && j < n)
    {   k++;
        if(A[i]< B[j])
        {   i++;
            if(k == n)
                return A[i - 1];
        }
        else
        {   j++;
            if(k == n)
                return B[j - 1];
        }
    }
}
```

② 在算法的基本设计思想描述中因文字表达没有非常清晰反映出算法思路,但在算法实现中能够清晰看出算法思想且正确的,可适当给分。

③ 若算法的基本设计思想描述或算法实现中部分正确,可适当给分。

④ 若考生所估计的时间复杂度及空间复杂度与考生所实现的算法一致,可适当给分。